普 通 高 等 教 育 精 品 教 材

普通高等教育"十一五"国家级规划教材

计算机科学与技术系列教材 信息技术方向

计算机系统平台
（第2版）

张丽 李晓明 编著

清华大学出版社

北京

内 容 简 介

本书从平台的角度描述计算机系统的各个层次,包括硬件、软件、网络和机房设施建设。全书共 5 篇。第 1 篇(第 1 章)主要介绍用户角度的操作系统平台的样貌和特性,以及操作系统基本概念和作用;第 2 篇(第 2、3 章)介绍计算机的硬件组成和信息表示;第 3 篇(第 4、5 章)介绍计算机软件平台,包括操作系统功能实现的基本原理和应用程序开发平台;第 4 篇(第 6、7 章)介绍计算机网络平台,包括网络平台的服务和网络平台基础知识;第 5 篇(第 8 章)介绍计算机系统基础设施与环境平台。

本书适合作为高等学校计算机科学与技术专业、数字媒体技术专业本科生的教材,同时适用于以计算机技术为基础的相关专业的基础课。本书还可供希望全面了解计算机系统的其他专业人员自学。

图书在版编目(CIP)数据

计算机系统平台 / 张丽,李晓明编著. -- 2 版.

北京 : 清华大学出版社,2024.8. --(计算机科学与
技术系列教材). -- ISBN 978-7-302-66920-3

Ⅰ. TP3

中国国家版本馆 CIP 数据核字第 2024E35N88 号

责任编辑:张瑞庆　战晓雷
封面设计:常雪影
责任校对:李建庄
责任印制:刘　菲

出版发行:清华大学出版社
　　　网　　　址:https://www.tup.com.cn,https://www.wqxuetang.com
　　　地　　　址:北京清华大学学研大厦 A 座　　　　　　　邮　　编:100084
　　　社 总 机:010-83470000　　　　　　　　　　　　　　邮　　购:010-62786544
　　　投稿与读者服务:010-62776969,c-service@tup.tsinghua.edu.cn
　　　质量反馈:010-62772015,zhiliang@tup.tsinghua.edu.cn
　　　课件下载:https://www.tup.com.cn,010-83470236
印 装 者:三河市铭诚印务有限公司
经　　销:全国新华书店
开　　本:185mm×260mm　　　印　　张:19　　　字　　数:462 千字
版　　次:2009 年 6 月第 1 版　　2024 年 8 月第 2 版　　印　　次:2024 年 8 月第 1 次印刷
定　　价:59.90 元

产品编号:097201-01

序　言

　　随着高等教育规模的扩大以及信息化在社会经济各个领域的迅速普及,计算机类专业在校学生数量已在理工科各专业中遥遥领先。但是,计算机和信息化行业是一个高度多样化的行业,计算机从业人员从事的工作性质范围甚广。为了使得计算机专业能更好地适应社会发展的需求,从2004年开始,教育部高等学校计算机科学与技术教学指导委员会组织专家对国内计算机专业教育改革进行了深入的研究与探索,提出了以"培养规格分类"为核心思想的专业发展思路,将计算机科学与技术专业分成计算机科学(CS)、软件工程(SE)、计算机工程(CE)和信息技术(IT)四个方向,并且自2008年开始进入试点阶段。

　　以信息化技术的广泛应用为动力,实现信息化与工业化的融合,这是我们面临的重大战略任务。这一目标的实现依赖于培养出一支新一代劳动大军。除了计算机和网络等硬件、软件的研制开发生产人员外,必须要有更大量的专业人员从事信息化系统的建设并提供信息服务。

　　信息技术方向作为计算机科学与技术专业中分规格培养的一个方向,其目标就是培养在各类组织机构中承担信息化建设任务的专业人员。对他们的能力、素质与知识结构的要求尽管与计算机科学、软件工程、计算机工程等方向有交叉,但其特点也很清楚。信息技术方向培养能够熟练地应用各种软、硬件系统知识构建优化的信息系统,实施有效技术管理与维护。他们应该更了解各种计算机软、硬件系统的功能和性能,更善于系统的集成与配置,更有能力管理和维护复杂信息系统的运行。在信息技术应用广泛深入拓展的今天,这样的要求已远远超出了传统意义上人们对信息中心等机构技术人员组成和能力的理解。

　　信息技术在国外也是近年来才发展起来的新方向。其专业建设刚刚开始起步。本系列教材是国内第一套遵照教育部高等学校计算机科学与技术教学指导委员会编制的《高等学校计算机科学与技术专业发展战略研究报告暨专业规范(试行)》(以下简称专业规范),针对信息技术方向需要组织编写的教材,编委会成员主要是教育部高等学校计算机科学与技术教学指导委员会制定专业规范信息技术方向研究组的核心成员。本系列教材的着重点是信息技术方向特色课程,即与计算机专业其他方向差别明显的课程的教材建设,力图通过这些教材,全面准确地体现专业规范的要求,为当前的试点工作以及今后信息技术方向更好的发展奠定良好的基础。

　　参与本系列教材编写的作者均为多年从事计算机教育的专家，其中多数人直接参与了计算机专业教育改革研究与专业规范的起草，对于以分规格培养为核心的改革理念有着深刻的理解。

　　当然，信息技术方向是全新的方向，这套教材的实用性还需要在教学实践中检验。本系列教材编委和作者按照信息技术方向的规范在这一新方向的教材建设方面做了很好的尝试，特别是把重点放在与其他方向不同的地方，为教材的编写提出了很高的要求，也有很大的难度，但对这一新方向的建设具有重要的意义。我希望通过本系列教材的出版，使得有更多的教育界的同仁参与到信息技术方向的建设中，更好地促进计算机教育为国家社会经济发展服务。

中国科学院院士
教育部高等学校计算机科学与技术教学指导委员会主任

前　言

本书第 1 版是"十五"期间参照教育部高等学校计算机科学与技术教学指导委员会编制的《高等学校计算机科学与技术专业发展战略研究报告暨专业规范（试行）》(后简称《规范》)的附录 2.4A 和 2.4B 的内容编写的。"计算机系统平台"是《规范》中信息技术专业方向的建议课程之一。

按照《规范》的建议，"计算机系统平台"这门课程的前导课程有"信息技术概论"、"信息技术应用数学入门"和"程序设计与问题求解"，后续课程有"计算机网络与互联网"、"Web 系统与技术"、"应用集成原理与工具"和"系统管理与维护"等。开设"计算机系统平台"课程的时间最早可以安排在一年级下学期，比较合适的是二年级上学期，但不要晚于二年级下学期。这是我们编写本书时考虑的一个基本定位。

本书虽然是针对信息技术专业方向编写的，但是在十余年的教学过程中，编者也将其作为数字媒体技术专业的计算机基础课程教材，即本书也适用于以计算机技术为基础，需要掌握计算机系统的基础知识，但不需要对计算机系统本身进行研究的与数字媒体技术专业相似或对计算机基础知识需求相近的其他学科的基础课，作为一门综合类基础课程替代"计算机组成原理""操作系统原理"以及"计算机网络"等课程。

本书力求内容的实用性。这种实用性不仅体现在着重于基本概念及其关系的描述而不进行过多的细节讨论上，而且体现在问题引导的陈述方式上。在这种方式下，一些关键技术产生时的实际问题背景得到了强调，从而有可能促进学生的思考，加深对技术的理解。我们追求内容深度和广度的平衡，以及表述的简洁和严谨。读者也许能体会到，本书在总体上具有可读性的同时，有些内容需要仔细推敲才能真正读懂，即使没有完全懂也不会影响后续内容的学习。

以"计算机系统平台"为书名的教材目前还不多见。可以说这正是信息技术方向教学内容的一个特色。按照《规范》，信息技术方向的基本目标是围绕社会中各种组织机构(以及个人)的信息化需求，通过对计算技术的选择、应用和集成，创建优化的信息系统并对其运行实行有效的技术维护和管理。我们理解，"系统集成"是上述文字蕴涵的一个要义。所谓系统集成，大致上说就是让各种相关技术协同发挥作用以实现某种功能或目标的过程。如何进行有效的系统集成？过去几十年来人们的实践表明,根据普遍的需求构建通用的平台,让满足特殊需求的系统集成在这样的平台上运行,是一条行之有效的技术路线。

那么,到底什么是平台？一般地讲,平台就是满足一类事物的共同需求,能够使那些事物方便地在其上形成、存在、运行与展现的基础设施。在生活中,火车站的月台就是一个平台,它支持各种火车的停靠、加水加油、旅客的上下车等。在工程中,造船厂的船坞就是一个平台,如果没有它上面的各种基本设施,一条船的建造不是不可能,但会麻烦很多。在计算机中,打开机箱看到的上面有一个个插槽的主板就是一个平台,借助于它,就能够方便地构成各种配置的计算机。我们常常听到的软件开发平台也是这个意思,即一整套基础软件工具和环境,可能是通用的(例如 Java),也可能是专用的(或者说面向领域的,例如 WebLogic),使得开发软件变得容易。当谈到软件的时候,常常要区别"软件开发平台"和"软件运行平台",有些只是开发平台(例如 C 语言编译器),而有些则只是运行平台(例如操作系统),还有些则二者兼任(例如整个 Java 体系)。

根据信息技术方向的定位,本书不讨论计算机系统平台构建,而是从不同的角度或层面观察计算机系统平台,了解并掌握它们所提供的支撑功能,知道我们能在上面做哪些事情。当然,本书也会扼要地介绍一些典型功能实现的基本原理,目的是让读者能够更好地理解和使用计算机系统平台。

本书分为 5 篇,共 8 章。

第 1 篇包含第 1 章,介绍计算机操作平台,基本出发点是解答这样的问题：当我们购买了一台计算机,上面已经安装了操作系统,但还没有任何应用程序,此时能做些什么呢？不同类型的用户能做的事情有所不同。普通用户能做的就是进行各种配置以及安装所需的应用软件;对于具有程序开发能力的用户,还可以直接利用操作系统提供的函数编写程序。这一篇的目的就是在不涉及实现细节的情况下使读者对操作系统形成一个初步但切实的概念。

第 2 篇包含第 2、3 章,介绍计算机的硬件组成和计算机中信息的表示。由于本书的定位不在于使读者对计算机原理有系统的了解,这一篇主要是结合 PC 的结构,从应用的角度对硬件加以介绍。在信息表示方面也类似,主要介绍二进制和典型信息在计算机中的编码,使读者建立这样的概念：任何形式的信息都可以用 0、1 字符串编码。这一篇是学习和理解操作系统功能实现原理的必备硬件知识。

第 3 篇包含第 4、5 章,介绍计算机软件平台。第 4 章介绍操作系统功能实现的基本原理以及 Shell 编程,前者的目标在于加深读者对操作系统运行过程的理解,后者的目标在于加深读者对操作系统作为一个平台所提供的功能的理解。第 5 章是对应用软件开发平台的简要介绍。具体的应用软件开发平台有很多,第 5 章从平台的概念出发,介绍它们的共性内容,即它们一般能为程序员提供的工具和功能,包括集成环境、预先实现的应用程序库接口等。

　　第 4 篇包含第 6、7 章,介绍计算机网络平台。第 6 章从平台角度介绍计算机网络为用户提供了怎样的服务以及这些服务的实现细节,主要目标是通过典型的网络服务使读者理解网络平台的作用。第 7 章介绍网络平台基础知识,目标是通过这些必要的基础知识使读者对网络本身的架构和实现有基本的理解。一些网络基础服务也在这一章中介绍,因为它们的作用是为其他服务提供基础支持,所以也可以看作网络基础知识。这一篇的重点不是系统介绍网络实现的原理,也不是详细介绍各种网络应用的功能,而是从网络使用和维护的角度介绍所涉及的各种配置及其功能表现的机制和基本原理。

　　第 5 篇包含第 8 章,将视野拓宽,介绍在企业和机构中常会用到的大型服务器和集群的相关概念,以及路由器和交换机等网络互联设备。另外,按照《规范》的要求,信息技术方向的学生应该在大型计算机设施的运行和维护方面具有竞争力,为此,第 8 章特别对机房设施及其相关要求进行了介绍。如果将本书用作数字媒体技术等专业的教材,则可以忽略第 8 章的内容。

　　本次修订更新了一些内容。例如,第 1 章中增加了最新国产操作系统的介绍,第 2 章中更新了相关硬件最新技术,第 5 章更新了部分开发平台信息及框架,第 8 章(第 1 版的第 9 章)更新了部分标准以及最新的硬件状况。本次修订还更正了个别错误。另外,第 5 章删去了关于系统启动的内容,这是因为计算机启动技术目前正处于更新换代之际,旧的技术已经弃用,新的技术还没有稳定。第 1 版第 5 章原有的 Shell 编程内容移入第 4 章的最后,以使读者加深对操作系统功能实现的理解。第 6 章(第 1 版的第 7 章)完善了网络应用程序体系结构的内容,增加了 Web 服务的内容,如 AJAX、HTML5 等,以便读者能够更加全面地了解 Web 服务的整体构成,为理解 Web 服务的实现提供基础支持。第 7 章(第 1 版的第 8 章)增加了 OSI 参考模型各层功能,以及数据在网络中的处理传输过程的介绍,还增加了网络通信编程基础的内容,即 Socket 编程,并为此介绍了传输层的功能,以便读者能够很好地理解 Socket 编程接口,为学习网络编程或者理解网络程序提供基础支持。

　　如同《规范》中所论述的那样,信息技术是当代计算机学科发展的一个重要方向,计算机平台技术是该方向的一个核心内容。然而,如何根据信息技术的人才培养定位编写出一本这样的教材,对我们是一个挑战。本书的构思来源于对《规范》中信息技术方向的理解,基本内容主要来自编者多年讲授计算机相关课程的教学实践。编者根据《规范》的要求进行了调整,同时针对十余年使用过程中的问题进行了修订。尽管如此,限于编者的学识以及对信息技术人才知识结构的理解水平,书中可能存在不妥之处,恳请读者不吝指正。同时编者也意识到,将原本分散在传统计算机专业的几门课中的内容抽取出来,

FOREWORD

形成一门独立的课程，对教师也是一个挑战。欢迎使用本书的教师也能与编者交流自己讲授课程的体会和经验。

编者
2024 年 5 月

目　录

C O N T E N T S

C O N T E N T S

CONTENTS

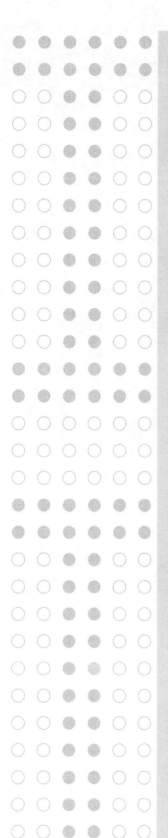

第1篇　计算机操作平台

　　操作系统为用户提供了一个操控计算机的平台。通过它,普通终端用户和程序员都可以方便地控制计算机这个复杂并具有超强能力的设备。操作系统界面也因此成为用户对计算机系统最直接的感知。为了让读者更容易地理解计算机系统,本篇就从用户最熟悉的计算机操作平台开始介绍。本篇只包含第1章。本篇首先介绍计算机操作平台的外观以及怎样按照自己的喜好配置操作平台,然后介绍操作平台的基本功能。在此基础上,介绍操作系统的发展过程,以使读者了解操作系统产生的原因及其任务和重要性。最后,介绍众多操作系统中两个常见并各具特色的典型系统——Windows 和 Linux,同时简要介绍操作系统的分类。本篇作为全书的开篇,力图使读者逐步从表面到内部、从现象到原理了解和理解计算机系统,从而可以更好地操控它,使之效率达到最高。

第 1 章　操作系统概览

按下电源开关启动计算机,通常看到的是一幅美丽的背景图案,上面有一些图标和菜单。单击这些图标或菜单,计算机就会为用户做一些事情,如播放一段音乐或弹出一个可以输入文字的编辑框。当然,在看到美丽的图案之前,一般要经过或长或短的一段等待时间,并按提示在屏幕上出现的登录对话框中输入正确的用户名和密码。这种和我们交互的界面实际上是一种被称为操作系统的软件的一部分。

理论上,没有操作系统的计算机也可以完成用户希望它做的事情。计算机这台机器是按照用户给它的指令做事的。但是,它的指令与人类的语言有很大不同,让它完成一个动作,需要给它下达很复杂的一系列指令。为此,专业人员针对某种任务把这些指令写在一起,统一发给计算机,这些指令就构成了软件,也称为程序。管理和使用计算机是通过一系列软件实现的。实际完成任务的还是计算机里那些电子的、机械的元器件,我们将其称为硬件。这样,每个计算机系统就都由硬件和软件这两大部分组成。硬件就是那些看得见、摸得着的实实在在的部分,如显示器、主机、硬盘。从设计和生产的角度看,计算机的各个硬件部件还可以不断细分,例如,主机包含中央处理器、内存等,而中央处理器又包含寄存器、算术逻辑部件等。软件则是指人们编制好的、给计算机的指令清单以及计算机完成这些任务必需的信息。软件在计算机中被记录在由某种存储介质构成的硬件上,如硬盘、U 盘等。

在众多软件中,最特殊且最重要的一类软件是操作系统,也就是用户一开机就运行起来的那一部分。它的主要功能是帮助用户使用计算机,是用户和计算机交互、向其发布指令的帮手。因为直接向计算机发送指令是一个复杂的过程,有了操作系统,用户就可以通过简单地点击鼠标或输入键盘命令让操作系统得知用户的需求,然后操作系统就会用计算机能懂的方式命令计算机为用户做事。也就是说,操作系统隔离了操控计算机的复杂性,将计算机能做的事情以一种比较明了的方式呈现给用户,为用户提供了一个操控计算机的平台。有了它,用户不需要知道计算机内部的各个部件都是干什么的,都在干什么,也不需要知道怎样具体控制和使用它们的指令和过程细节。

软件被分为系统软件和应用软件两大类。操作系统属于系统软件。应用软件是为满足用户特定需求而设计的软件,例如办公软件 WPS、360 浏览器、媒体播放器等。现在所有的软件都是人类设计的,计算机只是根据这些软件的指示完成人类交给的任务,还不能自己产生软件。人们正在努力让计算机学会思考,从而能够自己产生软件,自己设定并完成任务(这个目标是好事还是坏事,还需要人类慎重思考)。

从计算机的发展过程来看,软件在计算机系统中所占的比重越来越大。计算机系统也从具有较多的机械特性转变为具有更多的智能特性。但是,无论何时,计算机硬件始终都是计算机系统的物质基础,是软件运行的前提条件,就像人的身体是一切智慧产生的物质基础一样。

本章先来介绍人们最熟悉的计算机系统操作平台,也是最重要的系统软件——操作系统。

1.1 终端用户的操作平台

世界上有很多厂家在生产计算机,同时也有很多公司和组织在为这些计算机编制操作系统,因此就有了很多种不同的操作系统。在这些操作系统中,有些从用户体验到具体实现都非常的不同,如 Linux 操作系统和 Windows 操作系统;也有些看起来非常相似,如 UNIX 操作系统和 Linux 操作系统。不过,既然都是操作系统,那么它们就有很多本质上相同的内容。例如,它们都会提供与用户交互的手段,让用户通过它们使用计算机;它们都要管理磁盘,让用户存储信息;等等。就好像每个火车站的站台都不同,但是它们都是站台,都是帮助人们上下火车的,因此它们有些本质的东西是相同的,例如,一定在某个醒目的地方写着这一站的名字,在火车轨道旁边留有人们站立的地方。

下面就来看看操作系统这个操作平台大致是什么样子,在这个平台上人们一般可以做什么事情,操作系统到底给人们帮了什么忙。

在进入正题之前,首先分析一下计算机系统的用户。计算机系统的用户大致可以分为两类。一类是普通用户,确切地说应该称为终端用户。他们对计算机知识的了解可能很少,使用计算机或是出于工作需要,如银行的业务处理,或是为了个人休闲娱乐,如上网聊天、看电影、打游戏等。终端用户一般使用专用的业务软件或 WPS、360 浏览器等应用程序。除了终端用户外,计算机系统还有另外一类用户,就是编写面向终端用户的应用软件的程序员。程序员一般对计算机知识掌握得比较多,熟悉一种或多种程序设计语言。程序员与终端用户的专业背景和需求都是不一样的,所以操作系统也就以不同于终端用户的方式与程序员交流,因而程序员看到的操作系统平台与终端用户看到的也是不一样的。

本节先来看看普通用户眼里的操作系统是什么样子的,即终端用户的操作平台。

1.1.1 终端用户的操作系统界面

无论什么样的操作系统,其任务都是帮助用户使用计算机,为此它首先必须有一个与用户交互的界面,让用户把需要告诉它。

早期的操作系统与人交互的方式是如图 1-1 所示的一个黑乎乎的屏幕。当人们需要计算机做事情时,就用键盘输入相应的命令,因此把这种界面称为命令行界面。例如,在早期 PC 操作系统 DOS 上,如果用户想列出磁盘上的所有文件,就要输入 dir 命令并按 Enter 键。不同操作系统能接受的命令是不同的,需要用户分别学习。

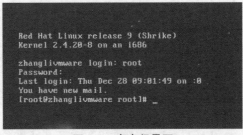

图 1-1 命令行界面

显然键盘命令不够方便,如果不知道操作系统命令,就只能对着屏幕上的命令提示符发

呆了。而且键盘命令又很难记,就算记住了,长时间不用,也容易想不起来。本来当时人们
对计算机就有一种"敬畏感",觉得它深不可测。键盘命令这种操作方式更是加深了人们的
这种感觉。所以,这种命令行界面不利于计算机的普及。现在的操作系统都采用了另外一
种很友好的交流方式,即图形界面,如图 1-2 所示。操作系统的工作界面不再是一个只有命
令提示符、等待用户输入命令的黑屏幕,而是一幅色彩鲜艳的图画,上面有各种图标或者菜
单。人们只要用鼠标点击图标或菜单,操作系统就会安排计算机完成相应的任务。用户不
再需要记住命令,常用命令的图标或菜单项都可以直接在屏幕上找到。而且图形界面上通
常都有进入"帮助"的图标或菜单项,用户可以通过帮助文档自学使用计算机。

图 1-2　图形界面

尽管现在的操作系统都有了图形界面,同时仍然都保留着命令行这种交互方式。例如,
图 1-1 实际上是 Linux 操作系统的命令行界面,而 Windows 操作系统也有一个命令提示符
窗口(在"开始"菜单中选择"运行",在"运行"对话框中输入 cmd 得到),它也是一种命令行
界面。之所以保留这种交互方式是因为在某些特殊情况下命令行界面仍然有它特殊的
作用。

图形界面使操作计算机变得十分简单,只要点击鼠标,计算机就可以按用户的要求工作
了,于是越来越多的人开始使用计算机。图形界面的发明为计算机的普及立下了汗马功劳。

键盘输入的命令的集合以及在图形界面上可以实施的操作的集合(例如拖曳、剪切、粘
贴等),在操作系统的术语中被称为联机接口,或称为交互式接口,因为用户是在计算机前联
机控制的。所谓接口就是人和计算机相互作用的交互界面。与联机接口相对应,操作系统
还有一种称为脱机控制的人机接口方式,这种接口方式一般只有巨型机和大型机的操作系
统才会采用。所谓脱机就是用户不在计算机前联机控制,而是把需要操作系统执行的命令
列个清单一起交给它,然后就让操作系统去做了。这种接口也被称为批处理接口,因为它通
常用来完成批处理任务。Linux 操作系统的 Shell 脚本就是脱机控制计算机的一种接口
方式。

用户通过操作系统提供的命令行界面、图形界面或者脱机控制接口将要求传递给操作系统,操作系统根据用户的要求控制计算机完成相应的任务。

操作系统的接口分为联机和脱机两种,其中联机接口有命令行界面和图形界面两种。

1.1.2 操作系统的基本功能

操作系统的基本功能是运行应用程序、管理存储的信息和显示系统状态。

1. 运行应用程序

有了操作系统这个平台,人们能做什么,又不能做什么呢? 例如,想听一段音乐,操作系统能满足用户的要求吗? 回答是:它不能直接满足用户的要求,必须有一个能够播放音乐的应用程序,例如"酷狗"。操作系统可以做的事情是让计算机运行这个应用程序,这样就能听到音乐了。

实际上,直接满足用户需求的是计算机上的各种各样的应用软件,如文字编辑软件、视频播放软件、财务系统软件等,但是这些软件必须在操作系统这个平台上运行,它们必须通过操作系统使用计算机的硬件(至于为什么要这样,会在后面的章节中逐步讲解)。因此,操作系统实际上是应用软件的运行平台。

在操作系统上运行应用软件非常容易。通常只要输入程序名或者用鼠标双击程序图标即可。不过,现在多数应用软件在第一次运行之前都需要有一个安装过程。安装过程所做的事情通常是把相关文件复制到特定目录下,并把运行时需要的一些信息写在相关的系统配置文件或者用户配置文件中。

图 1-3 是 Ubuntu 操作系统的图形界面。要运行安装好的程序,只要在图形界面双击程序图标,则该浏览器就运行起来了。

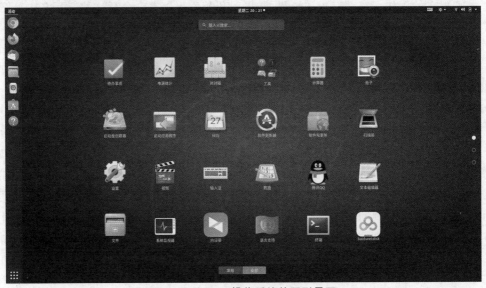

图 1-3　Ubuntu 操作系统的图形界面

除了直接在菜单上用鼠标选定程序名之外,也可以在操作系统的命令行界面输入程序名的方式运行应用程序。例如,在 Linux 的命令行界面(确切地说是 Shell)中,要运行浏览器 Konqueror,它的可执行文件存储在/usr/bin 目录下(通常 Linux 下安装的应用程序的可执行文件都存放在该目录下),只要在命令提示符后输入如下命令:

```
/usr/bin/konqueror
```

如果当前目录就是/usr/bin,那么只要输入如下命令:

```
./konqueror
```

其中,"./"表示当前目录。也就是说,这种方式要在程序名前面加上完整的目录。如果不想在程序名前面加上目录,那么就需要在配置文件中设置路径,具体可以阅读相关书籍或者 Linux 的帮助。其他操作系统运行应用程序的方式都与此类似。

2. 管理存储的信息

人们常常会用计算机保存一些信息,如下载一些好听的歌曲保存在硬盘上,或者写一份简历备用,或者把手机中的照片复制到计算机硬盘的某个目录下。通常这种事情都需要操作系统的帮助。

为了让用户方便地在硬盘、U 盘等存储器上存取信息,操作系统提供了创建和删除文件以及更改文件名、移动文件位置等功能。这样用户就不需要了解访问这些存储设备的细节了。操作系统要求用户把信息以文件的形式存储,用一个文件名标识,可以通过文件名向操作系统说明要访问的信息。

图 1-4 显示的是 Ubuntu 操作系统文件系统根目录的内容,包括其下保存的目录和文件。用户无须知道文件在磁盘上的具体存放位置,只需要知道文件的名字和逻辑位置即可。这里的逻辑位置是指文件在目录树中的位置。在多数操作系统中,文件被组织到若干目录中,目录可以再被组织到上一级目录中,这样就形成了层次组织结构——目录树,每个目录都有名字。目录也被称为文件夹。这样组织的好处将在 4.3 节中说明。

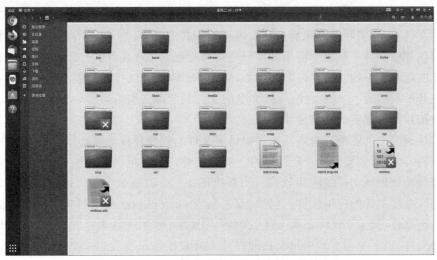

图 1-4　Ubuntu 操作系统文件系统根目录的内容

操作系统负责管理外存上长期存储的信息。它为用户提供创建、复制、删除文件的功能。
通常系统中的文件都以目录树的形式组织起来。

双击图 1-4 中的某个目录,就会出现新的窗口以显示目录中的内容。单击选中某个文件,然后再右击该文件,屏幕上就会出现如图 1-5 所示的快捷菜单。

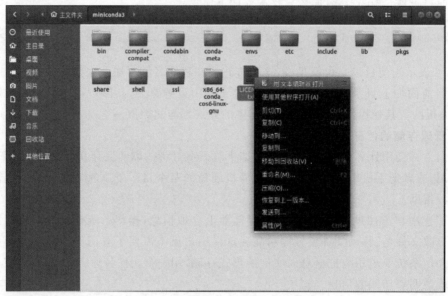

图 1-5 文件及目录操作的快捷菜单

通过该快捷菜单中的"复制""剪切"选项可以复制和剪切文件。该菜单中的"重命名"可以用来更改文件或目录的名字。

通常文件名分为两部分,由点(.)分开,如 kunming.jpg。点前面的部分通常由用户指定。而点后面的部分则由处理文件的应用程序自动生成,被称为文件扩展名。例如,用 Word 软件编写的文件扩展名通常是 doc,而照片文件扩展名通常是 jpg。不同的扩展名代表不同的文件类型,实际上意味着信息内容存储格式的不同。所以,不同类型的文件要由不同的应用软件解释。一般一个应用软件只能解释相近的几种文件类型。只有选择合适的应用软件才能查看到正确的文件内容。例如,用 Word 软件可以打开扩展名为 doc 的文件,但是不能打开扩展名为 ppt 的文件。txt 类型的文件只能由文本编辑器一类软件解释,而 jpeg 文件则由图片编辑或者查看软件才能打开。

操作系统的文件管理只为终端用户提供了文件的创建和移动等操作。如果想查看或更改文件的内容,那么就要借助于应用软件。对于文件内容的增、删、改任务,操作系统所提供的帮助是启动处理该文件的应用软件。当双击图 1-5 中的某个文件时,操作系统就会启动能够处理该类型文件的应用软件。例如,双击名为 example.txt 的文件时,系统就会启动某个文本编辑软件(如 gedit)以显示文件的内容。因为 txt 扩展名表示文件是一个以文本形式保存文件,因而要用文本编辑类软件打开。通常操作系统会用一个表格记录某种扩展名的文件需要用什么应用程序来打开。因而,文件的扩展名不能随意更改。如果文件的类型在表格中没有记录,当用户双击要打开的文件时,操作系统会显示出系统中可以处理文件的所有应用程序,让用户选择。用户选择后,操作系统会记住这种类型的文件曾经用该应用程序打开过。下次用户再要打开这种类型的文件时,操作系统就直接启动它记录的应用程序。

前面这些图形界面中的操作在命令行界面中都有对应的命令。例如,命令 cp 可以把一个文件复制到另一个地方,命令 mv 可以移动文件的位置。其实,前面提到的这些对于文件的操作,严格地说,并不是操作系统直接提供的,而是由应用程序借助于操作系统的接口函数提供的。人们看到的 Linux 系列操作系统的图形界面,实际上称为 Linux 桌面环境,它本身就是由一组应用程序构成的。Linux 操作系统本身也提供对文件的这些操作,不过不以图形界面的方式提供。管理文件的这些应用程序是 Linux 操作系统基本文件操作的外部封装,通常都作为基本组件随 Linux 操作系统发布。对于 Windows 这样的操作系统,文件管理的功能则是由操作系统本身的图形界面直接支持的。由此可以看出,操作系统之间确实有很大不同,但是它们的功能和目标是一致的。

3. 显示系统状态

有了运行应用程序和管理存储的信息这两项功能,普通用户的需求基本上就满足了。不过,有时候用户也需要对系统目前的状态有所了解和掌握。因此,操作系统也提供了这部分功能。例如,在 Ubuntu 命令行界面中输入 top 命令,就可以看到系统中正在运行的进程的情况。在图形界面的菜单中选择"系统监视器",如图 1-6 所示,也可以达到同样的目的。进程是指程序的一次执行过程(第 4 章会详细说明这个概念)。在命令行界面中输入可执行程序名,或者在图形界面中双击可执行程序图标,程序开始执行,也就产生了一个进程。top 命令会显示出系统中进程使用 CPU 的时间、占用的内存量、进程的状态以及进程是由哪个用户启动的等信息。

图 1-6　系统监视器

另外,每个操作系统都有日志,里面记录着系统中发生的重要事情。一旦系统运行不正常,用户就可以通过命令查看日志的内容,推断到底哪里出了问题。

其实,在操作系统这个平台上,可以做很多事情。这里介绍的只是操作系统最基本的几项功能。这就好像站台最基本的功能是让旅客安全地上下火车。除此之外,它还有好多设施,如显示时间的钟、提供开水的饮水机等,提供必需的或者额外的功能以方便旅客。操作系统也一样,它还有很多基本的和额外的功能。不同的操作系统在其他功能上会有不同的表现,就好像不同站台的辅助功能也或多或少地不同一样。可以查阅操作系统的使用手册以了解和学习关于操作系统功能的更多内容。后面会介绍操作系统针对程序员用户的基本功能。对于终端用户来讲,操作系统的目标就是通过尽可能友好的界面让用户可以方便地使用计算机。

　　运行应用程序、管理存储的信息和显示系统状态是操作系统平台提供给终端用户最基本的三项功能。

1.1.3　操作系统平台的配置

　　每一个操作系统版本发布之后,它的功能就是确定的了。就像站台修好了,它的功能也就固定了一样。但是,每个操作系统都给用户提供了一定的选择,让用户配置操作系统平台的一些选项。

　　现在的操作系统都是支持多用户的系统。因此,操作系统平台上可以进行的配置一般也分为两大类:一类是某个用户的个人环境的配置;另一类是针对操作系统平台的整体环境的配置,对系统的所有用户都起作用。

　　每个用户可以对自己的个人操作环境进行配置。例如,在图形界面下,用户可以选择自己喜欢的桌面背景,设置屏幕保护出现的时间以及使用的屏幕保护程序等。在支持多个命令行界面(Shell)的 Linux 操作系统中,用户可以配置自己登录后默认使用的是哪一个命令行界面。

　　除了配置操作平台外观外,用户也可以对运行环境进行配置。运行环境通常由一些称为环境变量的信息描述。例如,操作系统都有一个名为 PATH 的环境变量,它定义了用户执行的应用程序或命令在系统中的查找顺序。1.1.2 节中讲过,在命令行界面运行应用程序时,必须给出程序所在的完整目录名,如/usr/bin/konqueror,这样操作系统才能在磁盘上找到这个应用程序(为什么要这样,在 4.3.1 节中有详细的解释)。但是,如果把/usr/bin/加入 PATH 环境变量中,那么只输入程序或命令名,即 konqueror,就可以运行这个程序了。这是因为操作系统如果在当前工作目录下找不到输入的程序或命令,就会查看 PATH 环境变量,在里面给出的路径中逐个查找这个程序或命令,当查找到/usr/bin/目录时就会找到konqueror,因此就能运行它了。

　　在 Linux 的命令行界面(bash Shell)中,可以在命令提示符后输入如下命令设置环境变量:

```
export PATH=$PATH:/home/mypath
```

这条命令把/home/mypath 目录添加到 PATH 环境变量中,＄PATH 表示取原来 PATH环境变量的值,冒号是多个路径之间的分隔符。所以这条命令就是在原来 PATH 环境变量设置的路径中再增加/home/mypath 目录。设置完之后,可以用以下命令显示环境变量PATH 的值:

```
echo $PATH
```

　　会发现在后面确实多了一个目录/home/mypath。这样,以后运行/home/mypath 目录下的程序时,就不用输入目录名了。也可以把设置路径的 export 命令写入用户主目录下的一个名为.bash_profile 的文件中。这样每次命令行界面(bash Shell)启动时就会将 PATH 环境变量的值设置好。

　　在 Windows 操作系统中设置环境变量就更容易了。例如,在 Windows 10 中,右击"开始"菜单,选择"系统"→"高级系统设置"→"环境变量"命令,就会看到如图 1-7 所示的"环境变量"对话框。从图 1-7 中可以看出,环境变量被分为两部分,即用户变量和系统变量。单击"新建""编辑"和"删除"按钮就可以对环境变量进行增、改、删操作。从图 1-7 中可以看到环境变量有很多个,系统或者其他应用程序在运行中会使用这些环境变量中的一个或者几个。

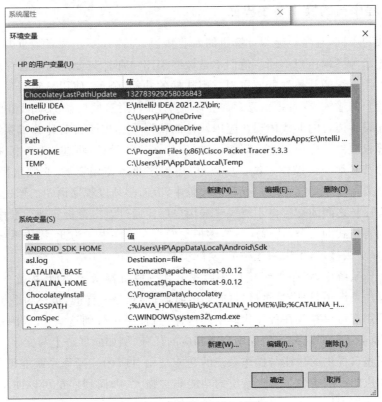

图 1-7　"环境变量"对话框

　　系统管理员可以对操作系统平台的整体环境进行配置。通常他可以做的事情包括:增、删、改可进入系统的用户账号;设置随系统启动的服务;安装和删除系统中可用的应用程序;增、删系统支持的硬件设备;设置主机的名字;设置主机所用的网络地址;设置系统日期与时间;设置文件和目录的权限;设置系统的默认登录界面是命令行方式还是图形窗口等。

　　当然,系统管理员还可以设置系统的环境变量,设置方式同用户自己设置的类似。例如,在 Linux 操作系统下,系统管理员同样可以用命令设置环境变量。不过,一般系统管理员都用配置文件完成。系统管理员要把环境变量设置命令添加到/etc/profile 文件中,而不是用户主目录下的.bash_profile 文件中。在 Linux 操作系统中,系统的配置文件都在/etc 目录下。当用户登录后,系统在启动命令行界面(Shell)时会先读取/etc/profile 文件并执行其中的命令,然后再读取用户主目录下的.bash_profile 文件。

系统管理员的配置工作就好像站台建设完毕之后车站管理者对站台进行的进一步配置工作一样。他可能需要调整站台上时钟的时间,他还可能规定什么样的人什么时间可以进入站台,例如,只有持有即将发车的车票才可以进入站台或者所有人都可以进入站台。系统管理员能够以及必须做的配置和管理工作是如此之多,以至于可以有一门称为"系统管理与配置"的课程专门讲这些工作。

1.2 程序员的操作系统平台

1.2.1 程序员的操作系统界面

与终端用户不同,程序员懂得计算机的专业知识,但这并不是两者最重要的区别,关键是程序员的需求与终端用户不同。他们不是像终端用户那样只要能运行程序就行了,而是需要调动和使用系统的软硬件资源实现应用软件的功能,例如,使用显示器显示结果,或者从键盘读取用户的输入,或者把信息存放在硬盘中,而且对这些资源的调配和使用的具体细节必须以程序设计语言的形式体现在应用软件的代码中。按照目前计算机系统的设计,操作系统是计算机硬件和应用程序之间的桥梁(为什么这样设计,将在 1.3.2 节说明),要使用任何硬件资源都必须经过操作系统。所以,应用程序要想使用资源,必须给操作系统下命令。这些命令要由程序员放在应用程序的代码中,因而必须以程序语句的形式出现。由此,操作系统和程序员之间的交流也不能像终端用户那样通过点击鼠标实现。操作系统必须提供程序设计语言格式的命令,让程序员能够把它们写在程序中。为此,操作系统提供了第二类接口,即程序员级接口,用来和程序员(实际上是他们写的应用程序)交流。

在有些操作系统中,程序员级接口在形式上和一般机器指令相似,因此被称为广义指令。在有些操作系统中,程序员级接口的形式与函数形式是一样的,被称为系统调用。广义指令和系统调用都可以被放在程序代码中。这样,当程序执行到这些广义指令或系统调用时,操作系统就会按照要求替应用程序完成相应的任务,例如向屏幕上写文字。

程序员级接口提供的功能与操作系统的功能是相对应的。操作系统能做什么,就会提供给程序员相应的控制指令。操作系统的功能非常强大,因而程序员可以使用的系统调用也非常多。不过不同操作系统提供的程序员级接口的功能、名称和数量并不相同,所以,程序员为一个操作系统写的应用程序通常不可以不加修改地在另一个操作系统上运行。

系统调用可以看作一组特殊的函数。在程序员看来,系统调用和普通函数没有区别。但实际上它们是有本质区别的。这是因为操作系统有一个目标,就是要保证计算机系统的安全,不能让恶意用户或粗心的程序员的程序把系统搞乱或使之崩溃。为了实现这个目标,计算机的指令按照重要性被分成若干级。目前较多的做法是将指令分为两级,即核心级指令和用户级指令。那些比较重要的、会对系统产生致命影响的指令,如设置一些特殊寄存器(寄存器将在第 2 章介绍)的值、访问存储器特殊空间以及控制外设等指令,都属于核心级指令。这些重要的核心级指令只能由操作系统执行。操作系统在某种程度上就好像是计算机的操作员,替用户操作计算机。为了保证系统的安全,关键的操作一定要由操作员亲自执行。而不太重要的指令则归为用户级。这些指令可以由用户程序直接向计算机发布。也就是影响不大的操作可以由用户自己来做。与此相对,处理机的工作状态也被分为两种：核心态和用户态。只有处于核心态时,处理机才能执行核心级指令。处理机在执行操作系统代码时就处于核心态。而处于用户态的处理机只能执行用户态指令。处理机的工作状态通过设置硬件标志改变。同样,这个硬件标志只能由操作系统控制。当用户程序执行到系统调用时,操作系统会使处理机的状态转为核心态,这样就可以执行核心指令了。而执行用户自己编写的函数时,操作系统会让处理机处于用户态,因而用户的函数中只能使用用户级指令,一旦使用核心级指令,系统就会报错。所以说,系统调用和普通函数是有本质区别的。

　　用户程序如果想使用核心指令必须通过操作系统,即通过系统调用或者广义指令。为什么这样就安全了呢？这就好像复印机的操作员怕别人因为不懂操作而弄坏了复印机,所以必须由他来操作一样。这样,只要他的操作是正确的,就不会出问题,复印机就安全了。不过,在这种情况下,复印机不存在状态转换,永远处于核心态,只能由操作员使用。而处理机的工作状态则可以在核心态和用户态之间转换。系统调用的代码是由操作系统提供的。在用户程序执行到系统调用时,处理机的状态就变成核心态,系统调用中的代码就可以对敏感资源进行操纵了。操作系统的相关代码执行完毕后,系统调用结束,程序控制转回用户程序,处理机也转换为用户态,应用程序也就不能够再对敏感资源进行访问了。通过这种方式,操作系统可以保护系统中的敏感资源,保证核心级指令不会被乱用。

　　操作系统与程序员的接口称为广义指令或者系统调用。
　　计算机指令通常被分为核心级和用户级两个级别。系统调用可以使用核心级指令,普通用户程序只能使用用户级指令。

1.2.2　基本的系统调用

下面通过 Linux 系统的系统调用介绍程序员级操作系统接口的形式和功能。

1. 执行应用程序

程序员在程序中可以使用系统调用执行另一个应用程序。例如,下面这段 C 语言代码可以让当前的程序执行另外一个应用程序 Konqueror。

```
#include<unistd.h>
main()
{
    execl ("/usr/bin/Konqueror", "Konqueror", (char * ) 0);
}
```

这段代码中其实只有一条语句,就是系统调用 execl。它的作用就是执行一个应用程序。应用程序的名字、位置以及参数在 execl 后面的括号中给出。这里,要执行的程序是浏览器 Konqueror。在 execl 后面的括号中,第一个参数/usr/bin/Konqueror 表示要执行的程序的位置;第二个参数是应用程序的名字,这里为 Konqueror。如果应用程序执行时需要参数,那么可以在程序名(即 Konqueror)和(char ＊)0 之间添加以字符串形式表示的参数。程序员可以把这条语句放在程序中,只要把各个参数调整成合适的内容,即把 Konqueror 换成其要执行的应用程序的名字,填写应用程序的正确位置以及所需参数。这样,当他的应用程序执行到这条语句时,就会转去执行设定的应用程序。

不过,程序员在程序中直接使用 execl 的时候比较少,因为它们的代码本身就是一个应用程序,这种情况就是在应用程序中再执行其他的应用程序。通常程序员会在程序中使用一个名为 fork 的系统调用创建另一个进程,让它执行其他的应用程序或者其他代码,这样就可以实现任务的并发处理。关于进程和并发处理在第 4 章中会详细说明。例如,在需要并发处理的程序中,常常有类似下面的代码段:

```
int pid;
pid=fork();                        /＊创建新进程＊/
if (pid !=0) {                     /＊原进程＊/
                                   /＊原进程的任务处理代码段＊/
}else {                            /＊新进程＊/
                                   /＊新进程的任务处理代码段＊/
}
```

这里系统调用 fork 会创建一个新的进程,它执行 else 后面的代码段,这段代码可以是处理一个任务的一条或多条语句,也可以是使用系统调用 execl 执行的另一个应用程序。而原来的进程则执行 if 后面的代码段。这样,两个进程就可以并发执行任务了。

关于程序执行的系统调用还有很多,这里就不一一介绍了。

2. 文件访问

管理存储的信息目前来说就是管理和访问文件。Linux 与文件相关的常用系统调用有 create、open、close、read、write、link、mkdir、chdir 等,分别被用来创建、打开、关闭、读、写、链接文件、创建目录和改变当前工作目录。例如,如果程序员在程序中添加了如下语句:

```
fd = open("hello.c", O_RDONLY);
```

程序就会通过操作系统以只读方式打开 hello.c 文件。而如果在其后加上语句

```
nbytes = read(fd, buf, 10);
```

则表示要从刚才打开的 hello.c 文件中读出 10 字节的内容放到变量 buf 中。而程序中如果出现语句

```
i = mkdir("/home/zl", 0644);
```

则会在/home 目录下创建一个新目录 zl,后面的 0644 表示目录的权限,具体含义就不做介绍了。当然,这条语句能否让应用程序成功创建该目录还要取决于执行这个程序的用户是否有在/home 目录下创建新目录的权限。

其他与文件相关的系统调用的具体功能和用法就不一一介绍了,这里只需要知道程序

员可以通过系统调用操纵存储的文件。

3. 系统状态显示

终端用户可以通过系统提供的命令和工具查看系统的运行状态。而对于程序员来说，想让程序在运行中了解系统的状况也不难。系统日志以文件形式存储在磁盘特定的目录下。例如，Linux 中保存在/var/log 目录下的文件 messages 就是一个日志文件。日志文件通常不是只有一个。例如，Linux 的/var/log/wtmp 也是一个日志文件，里面记录着每个用户登录、注销以及系统的启动、停机等事件。而上面提到的文件 messages 则包含与硬件和服务有关的信息，如某个服务启动成功或者失败。如果查看 Linux 的/var/log 目录，还会发现很多日志文件。这些日志都以明文的形式存储，因此程序员可以在程序中使用访问文件的系统调用直接读取这些日志的内容。而系统调用 syslog 则可以让程序向日志文件中填写新的日志内容。

在 Linux 中有一个特殊的目录/proc，这个目录下的所有文件都是特殊文件。这些文件的内容囊括了关于系统执行的各个方面的信息，如系统的 CPU 使用情况、每个进程执行的命令行、已经打开的文件号以及进程状态等。每个进程的信息以各种特殊文件的形式存在/proc 下以进程号为名称的子目录下。/proc 目录下还有系统中各种资源的管理信息、各种设备的信息、文件系统的信息等。例如，在命令提示符后面输入命令：

```
cat /proc/cpuinfo
```

cat 命令的作用是显示其后面指定的文件的内容，此时会看到如图 1-8 所示的关于 CPU 的信息，这就是/proc/cpuinfo 文件的内容。因此，如果程序员想让应用程序在执行过程中了解系统进程的运行状况，通过访问文件的系统调用读取/proc 下的文件即可。实际上，/proc 下的这些文件并没有存放在磁盘上，文件中所有的内容都是在用户读写这些文件时系统根据内存中的管理信息动态生成的，因而它们可以实时地反映系统的运行状况。此外，系统调用 sysinfo 可以让程序获得诸如系统已用内存大小、可用内存大小、系统当前进程数以及系统启动至今的运行时间等系统信息。

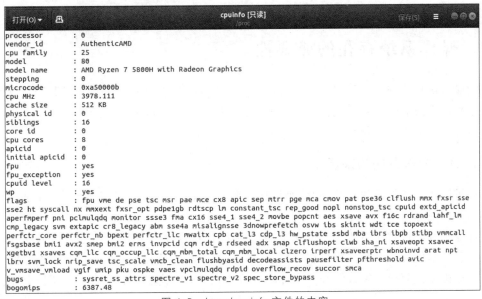

图 1-8　/proc/cpuinfo 文件的内容

每个操作系统都提供了各种让应用程序了解系统运行状态的系统调用。这些系统调用的数量和形式可能会不同。但是,无论怎样,操作系统最终都是通过它们满足程序员的需求。

重·点·提·示

操作系统提供给应用程序使用的功能都通过系统调用提供给程序员。
程序员需要了解怎样正确使用系统调用。

操作系统通过系统调用提供给程序员的功能要比终端用户界面提供的多很多。操作系统所能做的事情都会通过程序员级接口反映出来。也就是说,系统调用的功能是和操作系统的功能相对应的。道理其实很明白,操作系统可以做的事情,一定会提供给用户一个接口,让用户可以指挥它来做这些事。如果不提供接口,用户就没法使用那些功能了。不过,终端用户主要通过运行应用程序使用计算机,因此,操作系统的很多功能他们都不需要直接使用。例如,操作系统会管理内存,因而它提供了系统调用 brk 让应用程序申请内存,还提供了系统调用 mmap 可以让应用程序把一个打开的文件内容映射到自己的用户空间。但是,终端用户对内存是不感兴趣的,对内存的使用完全由应用程序根据自己的需要来掌控。

所以,终端用户界面就不会提供类似使用内存的功能。终端用户通过程序员利用系统调用编写的应用程序间接使用这些功能。

图 1-9 总结了操作系统这个用户计算机操作平台与用户及计算机硬件的关系。操作系统工作在计算机硬件之上。终端用户通过操作系统的命令行界面或者图形界面操纵计算机。应用程序运行在操作系统平台之上。应用程序的设计和开发者使用操作系统的程序员级接口实现应用程序对计算机硬件的控制。

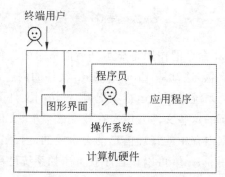

图 1-9 操作系统与用户及
计算机硬件的关系

1.3 操作系统存在的必要性

前面对操作系统作了初步介绍,也说明了一个事实,即对计算机的操控都是通过操作系统这个平台完成的。读者可能会问:为什么要通过操作系统这个平台操控计算机?用户直接面对计算机的硬件不行吗?本节就来回答这个问题。

1.3.1 操作系统的来历

要讲操作系统平台的必要性,就要从它的来历说起。不过这可有点儿话长,要从计算机出现的时候说起。

计算机刚出现时还不能自己读程序,因为那时计算机没有内存,程序也没法存储在计算机里。程序是由程序员兼操作员用接插板或开关板解释给计算机的。也就是人们只能通过扳动计算机庞大面板上无数的开关向计算机输入信息,弄不好可能还需要重新搭电路。那时计算机也没有显示设备,只能由信号灯显示运算的结果。人们写程序也只能使用二进制的机器指令,连汇编语言都没有。

后来人们发明了用穿孔卡片表示程序、用卡片机读取的输入方式,计算机也有了存储器。这时计算机做事的流程是:操作员把代表一个程序的卡片放在卡片机上,控制计算机读入并执行;执行完毕,操作员取下打印机的结果,换上另一个程序的卡片,继续控制计算机执行。慢慢地人们发现一些问题:当操作员换卡片时,计算机就没事做了;而且操作员必须始终在计算机前监视着,时刻准备程序执行完毕时换下一批卡片。操作员换卡片的时间通常还要包括从称为输入室的地方取来卡片、从打印机上撕下计算结果放到输出室去。

为了减少计算机的等待时间,提高这个昂贵设备的利用率,计算机的设计者就写了一个专门的程序用于控制需要执行的程序,这个程序被称为监控程序。操作员首先让计算机把监控程序读入内存并执行,然后把要执行的程序成批交给计算机。监控程序控制计算机读入一个用户程序,然后让出 CPU,让 CPU 执行新装入的这个程序。不过监控程序并没有结束退出,因为接下来它还要发挥作用。等装入的程序执行完,计算机的控制权自动转交回监控程序,由它继续控制计算机读取下一个程序并执行,如此循环往复。这时人们也开始用汇编语言和高级语言写程序了(第 3 章中会说明什么是汇编语言、高级语言以及它们的关系)。汇编语言源程序需要用汇编程序汇编成二进制机器指令,才能被计算机执行。高级语言源程序需要用编译程序编译成汇编语言,再汇编成二进制机器指令,才能被计算机执行。如果程序是用汇编语言或者高级语言写的,那么程序员需要写一个说明书,里面用监控程序能够读懂的命令说明需要用什么汇编程序或编译程序来汇编或编译这些源程序。这样监控程序就会指挥计算机读入指定的汇编程序或编译程序并执行。汇编或编译结束后,监控程序再控制计算机执行汇编或编译好的程序。

在监控程序的参与下,程序的切换不再需要人的介入。这样切换时耽误的时间就大大减少了。尽管执行监控程序也需要时间,但是比起人来,它的动作还是要快多了,计算机的效率因此大大提高了。因为在整个系统运行期间监控程序都要控制计算机,所以它始终被放在内存中,从来不会被清出内存。为了避免被其他程序破坏,监控程序被放在内存中特定的地方,那段内存空间不允许其他程序使用。

可以看出,监控程序与在其控制之下执行的其他程序的作用和地位是不一样的。从这时开始,计算机中执行的程序分化成两种类型:一种是用户请求执行的程序,称为应用程序;另一种就是像监控程序这样的,并不是用户请求执行的,而是为了提高系统效率或者为运行用户程序做准备工作而运行的程序,称为系统程序。

尽管在监控程序的控制下,计算机的效率有了很大提高,但是计算机的 CPU 还是没有得到完全利用。CPU 不用再等待慢吞吞的人,但它还是有很大一部分时间在等待。例如,当程序需要打印机输出结果时,CPU 必须等待慢悠悠的(相对于 CPU 的速度)打印机把结果打印完毕,才能继续执行下一条指令。为此,人们又对系统的执行过程进行了改进。在打印机输出结果时,CPU 不再等待打印结束,而是把控制权转回给监控程序。监控程序再读取另一个程序到内存中执行。打印机完成工作后,它向 CPU 发一个信号,CPU 再转回到这个程序做后面的工作。这样 CPU 的利用率就又被提高了。采用这种办法,计算机上同时存在两个未执行完的用户程序,一个在使用打印机,另一个在 CPU 上执行。显然,这样的程序可以有很多个,因为可以有很多种外设。这时,内存中也不再是只有监控程序和一个应用程序,而是可能同时存在多个程序。有的程序正在 CPU 上执行,有的程序正在使用打印机,有的程序则正在等待键盘输入。这些程序可能分别执行到其代码的某一个地方。这种提高效率的方式使监控程序的工作变得异常复杂。它需要知道现在有多少个程序已经开始执行,存放在内存中的什么地方,分别执行到了什么地方,它们之间是否有关联,都打开了哪些文件,谁在使用什么外设,等等。监控程序还要决定 CPU 现在应该执行哪个程序:是继续执行当前的程序,还是执行刚刚完成输出操作的程序,还是装入一个新程序开始执行。除此之外,因为内存中同时放了几个未执行完的程序,所以监控程序必须保证它们之间不能互相干扰,一个程序不能改变另一个程序在内存中的代码或数据。这些都要求计算机的设计者仔细设计监控程序,确保不能出现差错,因为监控程序决定了整个计算机系统能否正常工作。

与此同时,计算机硬件也在不断发展,CPU 变得越来越快,外设的种类和数量也越来越多。监控程序必须充分利用这些硬件资源,保证系统的性能,因而它要做的工作也越来越多,整个计算机系统也越来越离不开它。这时的监控程序已经不再是一个简单的程序,而是由一组复杂程序构成的一个软件系统,这就是我们常说的操作系统。

从名字上可以看出操作系统的主要任务是帮助人们操作计算机。有了操作系统的帮助,尽管计算机已经变得很复杂,人们还是可以很方便地使用它。而对于计算机系统来讲,操作系统的另一个任务就是提高整个计算机系统的效率。硬件再好,管理不行,利用不充分,效率还是上不去。

对于操作系统,现在还没有一个严格的定义。从前面的介绍中可以得出以下定义:操作系统是一个系统软件,它负责管理和控制计算机系统中的各种资源,协调计算机系统中的各个组成部分的关系,使系统能够高效运转,并为用户提供操作计算机的方便手段。从这个定义可以看出三点内容。首先,操作系统也是计算机程序,只不过它的作用和地位比较特殊。其次,它的任务是为用户使用计算机提供基础支持。所有计算机用户都是在操作系统的帮助下和计算机打交道的,操作系统让用户能够更方便地使用计算机。最后,操作系统还负责提高整个计算机系统的效率。它通过调度计算机系统的资源,把它们合理地分配给需要的用户,以达到充分利用系统中的资源、保证系统的效率并尽量提高用户满意程度的目的。总结起来,操作系统的任务就是方便用户使用计算机和提高系统效率。

操作系统是作用和地位比较特殊的计算机程序。
方便用户使用计算机和提高系统效率是操作系统的两大任务。

1.3.2　计算机系统的层次结构

本节换一个角度讲解操作系统的作用。从操作系统来历的介绍中,以及日常接触的计算机世界,可以发现计算机系统的功能越来越强,但是,系统本身也变得越来越复杂。任何一个系统,当它变得复杂的时候,都必须有一个有效的组织和管理结构,它才可能继续发展壮大。人类社会就是一个非常庞大、复杂的系统。人类社会发展到今天,其中意义最大的一件事就是社会分工。有了社会分工,尽管我们每天都需要食物,但是多数人并不需要自己种庄稼、打稻谷,甚至不用亲手把面粉制成馒头。同样,拥有汽车的人也不用自己去炼钢、设计汽车、生产零件、组装。社会分工使每个人各司其职,专注去做自己擅长的事情。这样,每个人的工作能力和水平都得以提高,整个社会的效率也因此大大提高。人类社会因而得以持续不断地向前发展。很难想象,如果每个人都需要亲自饲养家禽、种植粮食棉花、织布,人类社会能够发展成现在的样子。计算机系统同人类社会一样经历了从简单到复杂的过程,只不过计算机的历程短多了。在这个短暂而又迅猛的发展过程中,计算机系统中也像人类社会一样逐步出现分工,并一直继续到目前的状态。

在计算机的发展过程中,它的功能在不断地增强。很多以前不能完成的事情慢慢都可以做到了,如制作三维动画、播放电影等。但是,计算机也因此变得越来越复杂,绝大多数复杂的任务都不再是一个程序员就能驾驭计算机完成的,因为很难有人能够精通计算机的全部知识。即使有这样的人,包揽全部任务,从头开始把每一步工作都写成代码,几乎也是不可能的事情了。例如,要写一个能够显示照片的软件,则程序中需要有从硬盘上读取信息的代码,这要求程序员了解硬盘上信息的存储格式以及向硬盘驱动器发布命令的方式。不同硬盘的控制方式不一样,所以程序员需要了解所使用硬盘的细节知识。为了把照片显示出来,程序员还要知道怎样和显卡打交道。不同显卡的控制方式也不一样,所以程序员同样需要了解所使用显卡的细节知识。为了让这个程序能够在另一台计算机上运行,程序员需要了解新计算机的硬盘和显卡,然后更改代码,重新编译程序。如果程序员用高级语言写程序,还要自己写一个编译程序……这确实不是一个人可以完成的事情。

除了一个人了解整个计算机系统的知识难度很大之外,人们还发现,一个程序员完成全部程序也是完全没有必要的,因为很多不同用途的程序中有些代码的功能是相同的。例如,尽管文字编辑软件的功能与照片显示软件不同,但是两者都需要从硬盘上读取信息,并通过显卡显示出来。但每个程序员对这些相同功能的实现却可能不同。精通硬盘知识的人所写的访问硬盘信息的代码可能效率比较高,缺陷也比较少,但是他写的显示代码可能就很差;而另一个程序员写的程序则可能正好相反。

看到这些现象,人们开始分工。计算机的任务被分解成若干小任务,分别由不同的程序完成。一些程序专门为另外一些程序提供服务。这些程序互相配合,共同完成一个大任务。每个程序员专注于编写自己精通的程序。例如,熟悉某种显卡硬件的程序员就专心写这个显卡的控制代码,而编写照片显示软件和文字编辑软件的程序员都直接在程序中引用前面那个程序员编写的显卡控制代码,结果是程序写得又快又好。

相对于人类社会的分工,计算机系统的分工看起来简单得多。系统各部分之间的关系可以抽象成一种层次关系,如图 1-10 所示。在这个层次结构中,处于下层的部分为上层提供服务;而上层的部分则依靠下层的工作,加上自己的工作以完成某个任务。

在计算机系统层次结构中,位于最底层的是实实在在的硬件,它提供实际的计算功能,这一层也被称为裸机。在计算机硬件之上就是操作系统,它负责管理计算机的软硬件资源,例如分配 CPU、内存以及控制外设等。在操作系统之上是系统提供的工具软件,例如编译程序、编辑程序、集成开发环境以及各种函数库、类库等,它们构成了应用软件开发平台。最上层是人们最常接触的应用程序。从图 1-10 可以看出,操作系统是各种应用程序和硬件之间的桥梁,它把各种硬件的复杂特性隐藏起来。应用程序访问硬件时,只要向操作系统指明要做的动作并提供必要的数据即可,而其他与此有关的细节则不用应用程序关心,都由操作系统代理了。就像顾客在餐馆只要点好菜,就可以等着吃了。至于怎样做,完全不用他操心,厨师都一手包办了。

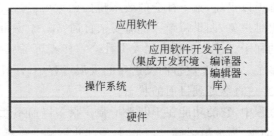

图 1-10 计算机系统层次结构

可以看出,计算机系统的这种分工结构之所以称为层次,是因为上层的工作是在下层提供的服务的基础上完成的。正是这种层次结构使计算机系统能够完成越来越复杂的工作。

计算机系统中软件和硬件被组织成层次结构,处于下层的软硬件为上层提供服务,上层需要依靠下层的服务完成任务。层次结构使计算机系统更容易设计、实现和管理,推动了计算机系统的发展。

不同的计算机用户接触到的层次以及能够看到和理解的计算机系统是不一样的。对于终端用户,如银行柜员,通常只看到最上层的应用程序,如财务系统软件、聊天软件、电子邮件客户端等。终端用户也会接触到操作系统提供的一些简单的计算机管理操作,如复制文件、创建文件夹等。终端用户只需要掌握最简单的操作系统命令和操作,一般都通过图形界面使用操作系统。

终端用户使用的应用软件是由程序员开发的。有很大一批程序员专注于开发终端用户使用的应用软件。这些应用软件是软件中数量最多的一部分。它们也是计算机中直接创造价值、完成任务的软件,是人们购买计算机的主要用途。这些程序员需要利用编辑软件编写源程序,并通过编译程序编译源程序代码。现在更多的程序员使用集成了编辑器和编译器的开发环境编写应用软件。这些应用软件中可能会用到具体的硬件操作,如向磁盘写一些数据、使音箱发出声音等。不过,程序员并不需要了解这些硬件的具体使用方法。操作系统向应用软件提供了访问这些硬件的接口,设计和编制应用软件的程序员只需要了解操作系统提供的这些接口的功能、用法以及各种开发工具软件的用法即可。

而应用软件开发平台的设计和开发者需要了解操作系统的程序员级接口,通过它使用系统的资源。有些开发工具,如编译器,有时需要绕开操作系统直接控制硬件,因而编译器的开发者有时也会看到裸机,需要了解硬件的细节。

操作系统帮助终端用户和程序员控制计算机硬件,因而操作系统的设计和开发者看到的是实实在在的硬件,他们需要了解各种硬件的特性,想办法把这些硬件充分利用起来。操作系统的设计和开发者除了保证上层的用户能够方便地使用计算机外,还要努力使整个系统性能达到最佳。因此,操作系统设计和开发者要做的工作非常多,他们的工作可以用艰苦卓绝来形容。

计算机系统主要被划分为 4 层，从下到上依次是计算机硬件、操作系统、应用软件开发平台、应用软件。

不同的计算机用户接触不同层次的计算机系统：

- 终端用户使用应用软件。
- 应用软件程序员接触应用软件开发平台以及操作系统。
- 应用软件开发平台设计和开发者接触操作系统以及部分硬件。
- 操作系统的设计和开发者需要了解计算机硬件的全部细节。

1.4　常见操作系统及操作系统分类

从计算机产生至今，世界上出现了上百种不同的操作系统。这些操作系统从本质上来说功能基本相同，即前面提到的两大功能：为用户提供操作计算机的接口以及管理计算机资源以提高系统的效率。但是它们在实现细节以及具体表现上却有很大的区别，这主要是各个操作系统的目标重点、用户群以及主要针对的硬件的不同造成的。这些操作系统各有长处，也有着各自的不足，它们也因此在不同的应用领域中占领着自己的市场。对于这些操作系统，很难说哪一个更好，哪一个略逊一筹。对于具体的用户来说，适合需求的应该就是最好的。

在这些操作系统中，人们比较熟悉的是微软公司的 Windows 以及自由软件基金会（Free Software Foundation，FSF）资助的 Linux。

1.4.1　常见操作系统

1. Windows 操作系统

Windows 操作系统是个人计算机用户最熟悉的操作系统之一。它是微软公司推出的系列操作系统。其实比微软公司的操作系统起步早、性能强的操作系统有很多。但是，微软公司的操作系统定位很准确，它盯住了巨大的个人计算机用户市场。微软公司能够有今天的发展，得益于它把握住两个重要的机会。第一个重要的机会是在 1980 年 IBM 公司推出第一台个人计算机时，微软公司成为 IBM 公司的合作者，使它的微机操作系统 MS-DOS 成为 IBM PC 的操作系统。这个机会加上微软公司的不断努力，使 MS-DOS 最终成为 16 位操作系统的标准。但是，MS-DOS 采用命令行界面，用户要对着屏幕输入命令。如果微软公司满足于 DOS 的成就，那么就不会有今天的 Windows 了，微软公司可能也不是现在的样子了。在 Apple 公司推出世界上第一个成功的商用图形用户界面系统时，微软公司发现了第二个重要的机会——图形用户界面。认识到图形用户界面的重要性以及广阔的市场前景，微软公司很快推出了 Windows 这个带有图形界面的操作系统。

最初的 Windows 1.0 并不令人满意，也没有引起用户的注意。但是随后微软公司在 1990 年 5 月发布的 Windows 3.0 取得了巨大的成功。在此之后，微软公司又推出了 Windows 3.2、Windows 95、Windows 98。这一系列产品奠定了微软公司在个人计算机操作系统领域的垄断地位，以至于现在有些用户会抱怨 Linux 的图形桌面环境与 Windows 的风格不一样。

在一系列 Windows 中，Windows 95 之前的版本都是作为一个应用程序运行在 DOS 基础上的（与现在 Linux 下的图形桌面环境类似）。从 Windows 95 开始，Windows 操作系统成为真正的图形界面操作系统。Windows 不再需要 DOS 的支持，图形界面完全由操作系统内核支持。

在个人计算机市场站稳脚跟的微软公司在 1992 年开始研发服务器级产品——Windows NT。在此之前，服务器级操作系统一直都是 UNIX 的天下。依仗微软公司在个人计算机领域的声望及其产品的性能，Windows NT 成功进入了服务器操作系统市场。在 2000 年发布的 Windows NT 5.0 更名为 Windows 2000。在此之后，人们又看到了基于 Windows NT 版内核的 Windows XP。微软公司的 Windows 系列操作系统至今一直在不断地更新和进步。

Windows 系列操作系统是非常出色的操作系统。它有很多优点，如图形界面友好、网络支持便捷、多媒体功能出色、硬件支持灵活、应用程序众多等。总之，它非常好地贯彻了操作系统就应该让用户方便地使用计算机的原则，因而获得了成功。

友好的图形界面以及在个人计算机操作系统领域的先发优势促成了 Windows 操作系统的成功。

2. Linux 操作系统

Linux 和 Windows 虽然都是操作系统，但是却有着很大的不同。可以说，二者从诞生到特性都有着极大的差异。它们不但外表看起来不一样，而且内部实现也有很大差别。

实际上，在众多操作系统中，Linux 可以说是独树一帜。这样说不是指 Linux 的内部实现技术，而是指它非常独特的运作模式。为此，我们要多花一些笔墨来说说这个颇具个性的 Linux。

Linux 的个性首先在于它的开放源码，即任何人都可以得到它的代码。其次，它是在 Linus 领导下，由全世界的计算机爱好者自发参与设计和开发的。第三，它采用了完全不同于商用版权的 GPL（在后面详述）。

开放源码为 Linux 带来了三大好处。首先，这意味着任何人都可以知道 Linux 操作系统是怎样实现的，这样每个人都对 Linux 很放心，不用担心里面藏着危险的后门。对于没有自主设计开发操作系统的国家来说，这一点尤为重要。其次，这使 Linux 操作系统成为世界上计算机精英智慧的集成者。Linux 吸引了世界上很多具有顶尖计算机技术的人才。开放源码机制使这些人只要做得足够好，那么他们对 Linux 操作系统的改进就可以被写进 Linux 的新版本中。任何一家公司都不能说自己聚集了最适合设计和开发其产品的全世界顶级高手，而只有开源的 Linux 操作系统可以这样说。这直接保证了 Linux 操作系统的高性能。最后，尽管 Linux 操作系统的性能一点儿也不比其他操作系统差，但是它很便宜。花几十元就可以买到一个 Linux 操作系统，甚至可以直接从网络上免费下载，而这绝对不会带来侵权问题。总之，Linux 操作系统的特点就是物美价廉加放心。因此，Linux 操作系统非常被看好。从软件到硬件，很多厂商都推出了基于 Linux 操作系统的产品。

提起 Linux 操作系统，还要从 UNIX 说起。UNIX 也是一个操作系统，它是 AT&T 贝尔实验室的两位工程师创造出来的。其中一个人名为 Thompson，他对自己计算机上的操作系统很不满意,所以就想自己写一个能联机玩游戏的操作系统。最终他和同事 Ritchie 实现了这个天才的想法,开发出了一个全新的操作系统,就是最初的 UNIX 操作系统。后来很多厂商和大学一起对 UNIX 进行了开发和完善,形成了不同版本的 UNIX 系统。BSD UNIX 和 UNIX System V 是其中两大主流。慢慢地,UNIX 变成了一个非常重要的操作系统,占据了统治地位,成为工作站上的主流操作系统。

一开始,UNIX 也是开放源码的,所以很多大学采用 UNIX 源码作为操作系统课程和实验的教学资源。但是,随着 UNIX 的成功,巨大的商机掀起了 UNIX 的商品化热潮。UNIX 最终不再免费开放源码,演变成了一个非常昂贵的商用系统,代码也受到了版权的保护。这样大学就不能再用最新的 UNIX 源码讲解操作系统原理了。

为了让学生能够有一个合适的操作系统代码以了解和掌握操作系统原理,荷兰阿姆斯特丹自由大学教授 Andrew S. Tanenbaum 写了一个在 PC 上运行的小型类 UNIX 操作系统——Minix。Minix 只是一个教学工具,它的功能和性能与 UNIX 相比还是有很大差距的,并没有实用价值,所以让人有一种纸上谈兵的感觉。为此,芬兰赫尔辛基大学的学生 Linus Torvalds 就萌生了以 Minix 为基础开发一个真正可以实用的类 UNIX 内核的想法(内核可以理解成操作系统的核心部分,一般内核要常驻内存)。Linus 的这个意见并没有得到 Tanenbaum 教授的支持。但是,Linus 并没有因此而气馁。他随后开始自己动手实现这个计划。因为这个新操作系统基本上实现的是 UNIX,所以 Linus 把它称为 Linux,即 Linus 的 UNIX。在 Linux 第一个版本基本实现后,Linus 就将其源码放在网络上,希望有其他人参与开发和完善。他的想法得到了很多人的热烈响应,尤其是与自由软件基金会的想法不谋而合。这个基金会支持很多开放源码的项目,也正想支持一个开放的类 UNIX(但又不是 UNIX)的操作系统项目。FSF 把这个项目称为 GNU(GNU 是 GNU is Not UNIX 的递归式缩写。gnu 的原意是非洲牛羚,其发音与 new 相同)。于是由 Linus 主持的 Linux 内核的开发、改进与维护成为 FSF 的主要项目之一。在 Linus 的带领和 FSF 的支持下,Linux 在一群志愿者通过网络的松散合作将 Linux 逐步完善,最终形成一个能够在 PC 以及大型机上运行的、充满无限魅力的操作系统。

Linus 主持开发和维护的是 Linux 的内核。而人们实际上使用的是各个厂商或组织在这个内核基础上添加各种应用软件后封装的操作系统软件包,这些软件包被称为 Linux 的发行版本。现在常见的发行版本有 Ubuntu、Debian、Redhet、Fedora 以及国产的 Deepin、UOS、中标麒麟和 openEuler 等。这些发行版本在安装程序、安装界面、软件包的数目、软件包的安装和管理方式方面有所不同,但是它们的内核来源都只有一个,就是 Linus 等人主持开发并负责维护的内核版本。用户可以从相关网站上获得最新版本的 Linux 内核,甚至可以找出其中的不足,加以改进,并且以补丁的形式提交给 Linux 的维护者。现在 Linux 内核的各个部分都由一个专门的维护者负责,这些人都是操作系统设计和开发者中的精英。如果用户提交的补丁通过了这些维护者的审查,被认为是合理、有效的,那么就有可能被加入新版本的 Linux 内核中,贡献者的名字也会随补丁进入 Linux 的世界。

这里还要说说 Linux 的版权问题。既然是开放源码,是不是就没有版权的说法了呢?也不是这样的。Linux 是有版权的,只不过这个版权归公众所有,由自由软件基金会管理。自由软件基金会为所有 GNU 软件制定了一个公共许可证制度,称为 GPL(General Public License,通用公共许可证),也称 copyleft。它与 copyright(版权)完全不同。GPL 允许用户对作品进行复制和更改。用户可以免费使用 GNU 软件，可以通过源代码重新构建 GNU 软件。GPL 允许用户免费取得源代码，并且加以发布甚至出售。

那么 GPL 对用户的义务有什么要求呢？GPL 规定，每个 GNU 软件以及在 GNU 软件基础上加以修改得到的软件必须声明出自或源于 GNU。最重要的是，开发者必须保证用户能够获得这些衍生软件的源代码，并且用户能够用这个源代码重新构建出一模一样的软件。也就是说，提供给用户的源代码应该就是开发者所发布或出售的软件的源代码，而不是演示版或者其他版本的源代码。这种机制力争保证开源的代码会被延续下去，而不至于到了某个时候就变成商用而结束开源。FSF 要竭力避免 Linux 重蹈 UNIX 的覆辙。不过，如果仅仅调用 GNU 软件提供的接口进行项目开发，则不受 GPL 的约束。

现在越来越多的厂商和组织在基于 GNU 软件做项目，尤其是基于 Linux 开发产品。商家的加入将市场竞争、经济利益带入开源世界，给 GPL 带来了很多挑战。例如，一些商家虽然在 GNU 软件基础上开发软件，但是为了自己的经济利益，它们隐瞒这个事实，不愿公开源码。针对这种违反 GPL 的情况应该怎么办？随着环境的复杂化，GPL 的一些条款细节还表现出自相矛盾的地方。针对这些新出现的问题，人们正在不断地修改和完善 GPL。

重　点　提　示

　　Linux 操作系统的 3 个优势是开放源码、性能高、价格便宜。
　　开发源码、使用 GPL、在 Linus 主持下由全世界的计算机爱好者志愿开发维护是 Linux 的三大特别之处。
　　Linux 的版权归公众所有，由 FSF 维护。

Linux 的默认用户接口/界面是由一个称为 Shell 的命令行解释程序提供的。Shell 的英文原意就是"外壳"，这就是说 Shell 是 Linux 操作系统的外壳，是用户看到的操作系统的外观。Linux 操作系统启动时，把所有的初始化准备工作都做完之后，就会执行一个等待用户登录的程序。当用户用正确的用户名和密码成功登录之后，系统就会执行 Shell 程序，等待用户输入控制命令。

Shell 程序运行起来的样子并不好看。用户只会看到一个黑乎乎的屏幕，上面有很少的说明信息。前面的图 1-1 就是 Linux 的 Shell 界面。这种界面也被称为命令行界面或者字符界面。屏幕上闪烁的光标前通常是一个短短的字符串，例如图 1-1 中的［root@zhanglivmware root］♯，这被称为命令提示符。命令提示符的末尾有时候是♯，这表示当前用户是以特权账号身份登录的；而如果末尾符号是 $ ，则表示是普通用户。命令提示符中@前面给出了当前登录用户的账号，图 1-1 中是 root；紧接着@的是机器名，图 1-1 中是 zhanglivmware；在机器名后面空格隔开的是当前所在的目录名，图 1-1 中是 root。

Shell 为用户提供了两种与计算机交互的方式。一种是联机命令。例如，命令 ls 可以查看目录下的文件，pwd 可以显示当前工作目录的名称。用户在命令提示符后输入这些命令之后，Shell 程序就会解释并执行这些命令，因此说 Shell 是命令解释程序。还有一些命令是由外部其他程序完成的，如复制命令 cp 和移动命令 mv。这些命令是存在于文件系统中某个目录下的单独程序。当用户输入这些命令时，Shell 就会运行这些程序。

此外，Shell 还提供了自己的编程语言用于对命令的编辑。用户可以利用这种编程语言编写程序。通常把这类程序称为 Shell 脚本。在命令提示符后输入 Shell 脚本文件的名字，

Shell就会运行这个程序,执行其中的命令。这就是Shell提供的另一种交互方式。它可以看作一种脱机控制方式。Shell编程语言支持高级语言里采用的绝大多数程序控制结构,如循环(while语句)、分支(if语句)等,还可以使用变量。Shell提供的是一个解释型的编程语言,Shell脚本程序不是全部被编译成可执行文件后再执行,而是被逐条翻译执行的。

就像操作系统一样,Shell有很多不同的版本。常见的Shell版本如下:

- Bourne Shell(sh):由贝尔实验室开发。
- BASH(bash):GNU的Bourne Again Shell,是GNU操作系统上默认的Shell。
- Korn Shell(ksh):Bourne Shell的扩展,大部分与Bourne Shell兼容。
- C Shell(csh):Sun公司Shell的BSD版本。

用户可以选择运行自己喜欢的Shell,一般在每个账号的配置文件中记录用户要使用的Shell程序。当用户登录后,系统就会根据配置文件运行相应的Shell。

除了Shell外,Linux用户也可以通过图形界面控制计算机。但图形界面并不是Linux提供的默认用户界面,而且与Windows操作系统的图形界面也完全不同。Windows的图形界面是操作系统的默认界面,是被操作系统内核支持的。而Linux下的图形界面只是一个应用程序,这个应用程序被称为视窗系统。Linux下的视窗系统不只有一个,其中最成功、最流行的是X-window,也被称为X或X11。实际上,X只是一个工具套件和架构规范,而不是一个应用软件。人们在这个规范上开发出了很多X-window应用程序。在Linux下见到的图形界面实际上是桌面环境系统。它们通常是以X-window系统为基础构建的。桌面环境是一组有着共同外观和操作感的应用程序、程序库以及创建新应用程序的方法。目前,Linux下最常见的桌面环境是Gnome和KDE。

　　Linux默认的用户界面是Shell。Shell是一个命令解释程序。
　　Shell为用户提供两种与计算机交互的方式:命令和Shell脚本。
　　Linux下的图形界面也是一个用户级的应用程序。
　　用户使用的图形界面实际上是桌面环境系统。
　　目前Linux下常见的桌面环境有Gnome和KDE。

3. 国产操作系统

操作系统是计算机系统中最重要的软件,可以说跟芯片一样是计算机系统的基石,因此,发展国产操作系统是我国科技发展中一件势在必行的大事。只有开发出真正属于我们自己的操作系统,才能不受制于人,保障政府、金融、国防等重要行业的安全。目前我国操作系统研发已经有了很大的进步,以统信UOS、麒麟等为代表的国产操作系统在金融、电信、能源、教育、医疗、税务等关键行业纷纷落地。

国产操作系统中比较常见的有深度操作系统(Deepin)、统信UOS、中标麒麟(NeoKylin)、优麒麟(UbuntuKylin)、OpenEuler以及鸿蒙(HarmonyOS)等。这些国产系统多数是以Linux为基础二次开发实现的操作系统。

深度操作系统是中国第一个具备国际影响力的Linux发行版本。深度操作系统支持几十种语言,用户遍布除了南极洲的其他六大洲。它的前身是Hiweed Linux项目,是一个基于Debian的本地化版本,是国内第一个中文社区发布版。深度操作系统在国内首家发布操作系统软件商店应用,自研了国际主流桌面环境 DDE。深度桌面环境 DDE 和大量的应用软件被移植到了包括 Fedora、Ubuntu、Arch 等十余个国际 Linux 发行版和社区。

统信 UOS 是以深度操作系统为基础扩展而来的,是目前市场占有率第一的国产桌面操作系统。它支持 4 种 CPU 架构(AMD64、ARM64、MIPS64、SW64)和 6 大国产 CPU 平台(鲲鹏、龙芯、申威、海光、兆芯、飞腾)。截至 2022 年年底,统信生态适配数量突破了 100 万,生态伙伴数量也达到 5400 余家,社区注册用户近 24 万,应用商店上架应用达 6 万余款。

中标麒麟也是目前国产操作系统中比较成功的一个,已经在政府、国防、金融、教育、财税、公安、审计、交通、医疗、制造等行业得到深入应用,应用领域涉及我国信息化和民生各个方面,在多个领域已经进入核心应用部分。中标麒麟桌面操作系统已经在龙芯、申威、众志、飞腾等所有国产 CPU 平台上适配和支持数十个国产 CPU 型号、几十种整机设备和上千种各类外部设备(包括打印机、扫描仪、投影仪、摄像头等)和特种设备。还实现了对各类国产软件,特别是国产数据库、中间件以及办公软件的全面适配和支持。

鸿蒙是华为公司耗时 10 年,投入 4000 多名研发人员开发的一款基于微内核、面向 5G 物联网、面向全场景的分布式操作系统。它不是安卓系统的分支或由它修改而来的,而是与安卓、iOS 不一样的操作系统。鸿蒙用户量已突破 3 亿,跨过了操作系统规模化的临界点。华为公司为基于安卓生态开发的应用平稳迁移到鸿蒙上也提供了相应的支持。除手机外,鸿蒙还支持平板计算机、智能穿戴设备、智慧屏和车机等多种终端设备,能够让不同设备使用同一语言无缝沟通。

1.4.2　操作系统分类

为了对众多操作系统进行说明和研究,人们从不同角度对操作系统加以分类。不过,角度不同,目的不同,分类的结果也不一样,因而目前并不存在统一的分类标准。通常,按照管理的硬件规模,操作系统可以分为嵌入式操作系统、微机操作系统、中小型机操作系统和大型机/巨型机操作系统。按照响应和处理用户任务的方式,操作系统可以分为批处理操作系统、分时操作系统和实时操作系统。按照管理资源的内容,操作系统有单机操作系统、网络操作系统、分布式操作系统等。随着各个操作系统功能的逐步完善,操作系统之间的区别也变得越来越不明显。

下面简要介绍一些主要的操作系统类型以及典型的操作系统实例,以使读者对操作系统分类以及相关术语有基本的了解。

重　点　提　示

有很多种不同的操作系统,没有统一的操作系统分类标准,从不同角度可以得出不同的分类结果。例如,按照响应和处理用户任务的方式,可以把操作系统分为批处理操作系统、分时操作系统和实时操作系统。

1. 批处理操作系统

批处理操作系统是在简单监控程序之后、分时操作系统出现之前产生的一类操作系统。所谓批处理是指计算机采用批量的方式处理用户提交的任务。在计算机出现的初期,用户不能直接控制计算机,需要把程序、相关数据以及控制程序执行的一些说明交给操作员。操作员把一批任务集中起来输入计算机。这些任务被称为作业。操作员把作业输入计算机后,操作系统根据程序员提供的作业说明书控制计算机完成作业。执行完毕,操作员把结果返回给用户。在操作系统的控制下,这些作业的执行过程形成一个自动转接、连续处理的作业流。人们把这种操作系统称为批处理系统。

批处理系统省去了人工切换作业的时间,提高了计算机系统的使用率。但是,程序员只能通过作业说明书控制计算机。用户把作业交给系统后,就不能对作业运行中出现的意外情况进行干预了。批处理系统的主要优点是系统的吞吐量大、资源利用率高、操作系统的开销较小。它的缺点是作业处理的平均周转时间较长、用户交互能力较弱等。

现在已经很少见到单一的批处理系统了。批处理的概念和技术已经被融合在现代操作系统中,成为一种不可缺少的功能服务模块。现在的批处理也与传统的批处理有了很大的不同。原来的批处理系统中作业只能顺序执行,用户不能干预;现在的批处理则支持可控的顺序执行和有限的用户干预,有些还支持高级逻辑编程和控制的功能。UNIX 和 Linux 都是支持批处理的操作系统,它们的批处理功能通过 Shell 编程实现。

2. 分时操作系统

使用批处理操作系统,用户与计算机的交互很少,所以会感觉很不方便。用户更希望操作系统能够提供直接与计算机面对面、你来我往的操作方式。可是,相对于计算机的运算速度,人的操作速度又实在太慢了。如果支持人与计算机交互,那么计算机就要经常等待用户的反应。为了不浪费资源,操作系统的设计者想出了一个两全其美的好办法:让一台计算机同时为多个用户服务。每个用户有一个终端,这些终端都连接到同一台计算机上,这台计算机的 CPU 轮流查看每个用户现在要它做什么。如果需要它做事情,它就飞快地去做,然后再去查看下一个用户。等 CPU 巡视一圈,回头再来查看第一个用户的终端时,可能他已经有了新的命令给它,也可能他还没有把命令输入进去呢。为了公平起见,CPU 为每个用户服务的时间长度都相同,这段时间被称为时间片。如果一个用户的时间片用完了,那么CPU 就会放下他的任务,为下一个用户服务,这样可以保证别的用户不会等待太长时间而有所察觉。因为 CPU 的速度实在比人快得多,而且时间片又足够短,所以每个终端前的用户都感觉不到 CPU 在完成他的任务之前或之后还为其他用户做了很多事情。任何一个用户都感觉计算机是在为自己一个人服务。采用这种方式完成任务的操作系统被称为分时操作系统。早期的计算机就是这种情形。那时的计算机非常昂贵,也没有个人计算机。采用分时方式可以大大提高计算机的利用率。那时到机房看到的是成排的显示器和键盘,可以供几十人同时上机工作,而实际上整个机房只有一台被称为工作站的计算机。

现在几乎所有的操作系统都采用分时机制,而且不只对交互程序采用分时的方式,计算机上的多数任务都采用这种方式共享 CPU。即使现在最常见的个人计算机是绝对的每个人独享,但是分时技术仍然存在于其中。例如,用户在用编辑软件写文章时又打开了媒体播放器一边听歌一边写作。可实际上计算机只有一个 CPU,这时 CPU 就采用分时机制运行编辑软件和媒体播放器。因为 CPU 的速度足够快,所以用户根本没有感觉到计算机在分时工作——听到的歌曲是流畅的,编辑软件也运转自如。当然,这都有赖于操作系统繁忙而有序的指挥工作。

3. 实时与嵌入式操作系统

如果把计算机用在航空或者军事控制中,如飞机自动驾驶、导弹制导等,那么计算机必须能够根据实际情况做出及时的反应才行。而批处理和分时这两种处理任务的方式都可能会耽误事情。因此,在这些情况下,操作系统必须改变行事方法,在规定时间内做出合适的响应。能够完成实时任务的操作系统被称为实时操作系统。为了支持实时性,实时操作系统显然要采取不同的方式实现。

大部分实时操作系统工作在那些嵌入或者隐藏到其他应用系统中并且结合了微处理器或者微控制器的系统电路上,这样的计算机系统被称为嵌入式系统,它们不再以物理上独立的设备或者装置出现。我们可以在很多地方看到嵌入式系统,如移动电话、能听懂语音指令的玩具、能够自动调节温度的冰箱以及电话交换设备、印刷机、零售设备、智能卡等。

实时性和嵌入式常常是同一个系统的两个特性,所以我们常听到实时与嵌入式操作系统的称呼。受应用环境和成本的限制,嵌入式系统的硬件条件都比较弱,例如,这些系统的CPU 处理能力都比较低,通常可以使用的内存也非常小。所以,在这样的硬件条件限制之下的操作系统设计与实现必然与普通计算机上的有很大不同。现在有很多种不同的实时与嵌入式操作系统,例如 VxWorks、OSE、FreeRTOS、Intewell、SylixOS 等。

4. 通用操作系统

如果一个操作系统兼有批处理、分时处理和实时处理三者或者其中两者的功能,那么这个操作系统就被称为通用操作系统。UNIX 和 Linux 都属于通用操作系统。

这些操作系统根据任务需求的不同安排处理方式。例如,在具有批处理和分时处理功能的操作系统中,当有用户交互时,系统就采用分时方式对其进行响应;当系统没有或者仅有较少的用户交互时,就去进行批处理作业。同样,操作系统可以同时支持分时处理和实时处理:当有实时任务出现时,系统优先响应实时任务;当没有实时任务时,系统其他任务就分时使用 CPU。

重　点　提　示

批处理操作系统是指采用批量的方式处理用户提交任务的操作系统。
批处理操作系统提供作业控制语言让用户描述作业的执行步骤。
分时操作系统是指让多个用户/任务按照时间片轮流分享 CPU 的操作系统。
实时与嵌入式操作系统是指工作在嵌入式系统中,能够及时对外界情况做出响应的操作系统。

复习题

1. 操作系统平台与终端用户的接口有哪几种形式?

2. 操作系统平台提供给终端用户的基本功能有哪些? 除了书上提到的,你还知道哪些?

3. 操作系统的程序员级接口与终端用户接口有什么不同? 为什么?

4. 系统调用与普通函数的区别是什么?

5. 什么是操作系统? 操作系统的主要任务是什么?

6. 请画出计算机系统的层次结构图,并说明终端用户接触层次结构中的哪些层,应用软件程序员会接触哪些层。

7. Windows 操作系统有什么优势? 它为什么能成功?

8. Linux 有版权吗?

9. GPL 对于用户的义务有什么要求？

10. Linux 操作系统有什么特点？

11. Shell 是什么？

12. 什么是 Linux 的桌面环境系统？

13. 什么是分时操作系统？你知道的操作系统中哪些是分时操作系统？

14. 什么是实时与嵌入式操作系统？你知道的操作系统中哪些是实时与嵌入式操作系统？

讨论

1. 为什么要使用操作系统平台？而不是让用户直接面对裸机？

2. 计算机系统为什么要组织成层次结构？它的实质是什么？

3. 同样是设计和开发程序，操作系统的设计和开发者的工作与应用软件程序员有什么不同？为什么？

4. 你认为教学版软件和实用版软件有何区别？

5. 查看有关 GPL 的文档和资料，看看目前 GPL 存在哪些问题。对于这些问题，你有什么建议？

实验

1. 在 Linux 操作系统上，练习复制文件、创建目录以及运行程序的命令。

2. 查阅有关 Linux 进程的资料。登录 Linux 操作系统，查看系统中有多少进程在运行，指出 init、cron、inetd 这些进程的 ID，查看系统中有多少 sh、bash、csh 进程在运行，显示系统中进程的层次结构。

3. 查阅有关 Linux 日志命令的资料。登录 Linux 系统，查看系统中的用户登录和注销、系统的启动和停机以及系统上正在和曾经运行的进程的情况。

4. 查阅有关资料，在 Linux 系统的/proc 目录下找到系统内存状态的信息，如系统中空闲内存、已用物理内存和交换内存的总量等。

5. 在 Linux 操作系统上，查看自己账号主目录下的.bash_profile 文件的内容，并设置环境变量，使得在当前目录下运行程序时不用在程序名前面输入表明当前目录的符号"./"。

6. 尝试在 Linux 和 Windows 操作系统上分别打开一个小文件和一个长度超过 100MB 的大文件，统计打开文件所用的时间，体会这两个操作系统的区别。

第 2 篇　计算机硬件和信息表示

1 篇中对计算机系统的操作平台——操作系统作
绍。在进一步了解操作系统处理事务的原理及
更好地使用这个平台之前,需要先了解计算机
基础知识,因为硬件是计算机做一切工作的基
系统平台已经为用户屏蔽了硬件的许多细
要的硬件知识对于用户理解计算机系统的
配置系统以及正确使用应用软件是非常
绍计算机系统的硬件组成,即计算机
部件构成的,以及各主要部件的工作
包括计算机的存储器、中央处理器
与负责把这些部件联系起来的总
是比较重要的内容,即这些组
整、功能强大的计算机系统
构方面的一些知识,为读
角度。

本篇还将介绍各种信
各种数据在计算机硬
方法使计算机软件
以由计算机硬件
自身有一定的

关

第 2 章 计算机硬件组成

本章先从整体上介绍计算机,看看计算机的主要组成部分以及这些组成部分之间的逻辑关系。现在计算机对大多数人来说都不陌生了,图 2-1 是常见的台式机。从外观看来,台式机由几个部件构成:显示器、机箱、键盘、鼠标,有些还可能有一个耳麦。一提到计算机,我们脑海中首先想到的可能就是这些。实际上,最引人注意的显示器、键盘和鼠标从严格意义上说并不是计算机系统中最重要的部分。它们只是被用来向用户汇报计算机正在进行的活动,或者将人的命令传达给计算机,就像人类的感觉器官一样。而计算机最主要的工作实际上是由那些被机箱遮盖住的部件(例如 CPU)完成的,它们才是计算机系统中最重要的部分。

一个运转的计算机系统在某种程度上与一个人有些相像。为了说明这一点,现在假设发生了下面这件小事情。某一天,你的老师突然说:"你最近学习很不努力!"你的耳朵把这句话传送到你的大脑。你的大脑思考这句话,发现老师说的并不是事实。所以你感觉很委屈,脸涨得通红,想说点儿什么。现在把计算机和此刻的你进行类比。计算机的键盘或者鼠标就好像你的耳朵(其实麦克风更相像一些),负责输入信息;显示器以及上面显示的内容就好像你的脸和脸色,负责输出系统的处理结果;而与你的大脑类似的计算机部件则在机箱里面,称为中央处理器(Central Processing Unit,CPU),负责处理事务。

鼠标、键盘和显示器这类设备称为外围设备,简称外设,也叫输入输出(Input/Output,I/O)设备。外设不只有这 3 种,打印机、绘图仪、数码相机、扫描仪和磁盘(严格地说,是磁盘驱动器)都属于外设,就像人的感觉器官除了耳朵还有眼睛、嘴和鼻子一样。随着技术的发展,计算机会变得和人越来越像,就像人们在科幻片中看到的一样("没有做不到,只有想不到。"这句话好像有点儿道理,所以如果你喜欢白日做梦,也不是件坏事情。只不过别把时间都花在做梦上,留出一点儿来做事,有一天你会发现现实与梦境的距离会越来越小)。

回到计算机上。下面到机箱里面看一看,考察一下刚才说的重要部件到底都是什么。图 2-2 是机箱内部。在图上,最大的一个部件是位于侧面的电路板,上面布满部件,还插着形状各异的板卡,它称为主板。把主板上插着的这些板卡取下来,可以看到在主板上有一些插槽,如图 2-3 所示(图中是两块略有不同的主板),板卡就是通过这些插槽连接到主板上的。插槽的形状不都是一样的,有的长,有的短,有的有几个,有的只有一个。

图 2-1 台式机

光驱
硬盘
数据线
电源线
电源盒
主板

图 2-2 机箱内部

从主板上取下来的部件中有一个方方的、比较大的芯片,上面还带着一个风扇,它就是计算机最重要的部件——CPU。图 2-4 是国外品牌的 CPU。图 2-5 是国产品牌的 CPU。CPU 通过密密麻麻的小针脚插在主板的一个插槽上。图 2-3 中左边的主板就插上了一个 CPU,上面带有一个风扇;而图 2-3 中右边的主板上没有 CPU,所以可以看到方方的、白色的 CPU 插槽。

图 2-3　主板

图 2-4　国外品牌的 CPU

图 2-5　国产品牌的 CPU

从主板上取下的板卡中有一种不起眼的小板卡,通常是一个小小的长条,有时候是两条或者更多,它就是内存条,如图 2-6 所示。计算机用它存放 CPU 要执行的命令、用到的数据以及计算的结果。图 2-3 中右侧的主板上就插着一个内存条;而左边的则没有,该主板右下角的两个比较长的插槽就是用来插内存条的。

在机箱的一角还有一个盒子,它通过一组并排的电线和主板相连,并且和其他的一些部件也用类似的线连接,这就是电源盒。它是计算机的动力源,有点像人的心脏。

有了前面看到的这 4 个部件:主板、CPU、内存以及电源,一个计算机基本上就可以工作了。也就是说这 4 个部件是缺一不可的。与此不同的是,外设是可以灵活地替换的,例如,用游戏手柄替换键盘,用绘图仪替换显示器。通常把以内存和 CPU 为核心构成的硬件部分称为主机。从计算机硬件工程的角度看,主板是一个很重要的概念,它上面精心设计和安排的连线、插槽、阻容元件等形成了一个能够支撑 CPU 和内存等部件灵活配置、协调运行的平台。

除了这几个最重要的部件外，机箱中还有光驱（光盘驱动器，现在很少见了）、硬盘（严格地说是硬盘和硬盘驱动器的结合体）。它们都通过一排线（称为数据线）连接到主板上。这些部件除了和主板相连外，还分别用一组线（称为电源线）同电源盒相连。可以看出，这些设备需要独立供电，而不是通过主板获得能量。

主板上除了插有 CPU 和内存条外，还有一些插在插槽上的板卡。其中最常见的就是连接显示器的显示卡，它负责处理与显示有关的一些信息。常见的板卡还有图像采集卡、网卡（网络适配器）等。可以看到，所有的部件都连接到主板上，所以可以很大胆地推测：所有的部件都是通过主板彼此联系的。事实正是如此。

图 2-6　内存条

以内存和 CPU 为核心构成的硬件部分被称为主机。

负责输入输出的设备被称为外围设备，简称外设。

主板是支撑计算机各个部件灵活配置、协调运行的平台。

2.1　计算机系统结构

现在我们对计算机的主要硬件构成已经有了初步认识。那么这些部件是怎样合作完成用户交给计算机的任务的呢？图 2-7 是计算机系统结构。这种结构把计算机的硬件部件按照功能分成了五大部分：控制器、运算器、存储器、输入设备和输出设备。控制器和运算器构成 CPU。机箱里面的 CPU 就是封装了这两部分的一个芯片。这种计算机系统结构被称为冯·诺依曼（John von Neumann）结构，因为它是由冯·诺依曼提出的。在这种结构中，指令（也就是程序）和指令要处理的数据都放在同一个存储器中，指令的内容也可能根据需要在程序运行时改变（这是很重要的一点）。指令和数据在控制器的控制之下经过输入设备和运算器，最后存放到存储器中。控制器从存储器中读取指令进行翻译，然后按照指令向有关的部件发送控制信号。如果需要运算，控制器就命令运算器来做这件事情。运算器从存储器中取出需要加工的数据，然后将结果写回存储器。输出设备则可以显示运算结果。

最初的冯·诺依曼结构并不是图 2-7 这样的，而是以运算器为中心，输入输出设备如果想和存储器通信必须经过运算器。现在的计算机系统结构改成了以存储器为中心的结构。在这种结构下，某些时候，如果没有必要的话，输入输出设备可以不通过 CPU 直接与存储器交流。这样就可以减轻 CPU 的负担，让它去做必须由它做的事情，而不是事无巨细，事必躬亲，浪费它的宝贵时间。这样 CPU 可以解释更多的命令，求解更多的问题，CPU 利用率得以提升，整个计算机系统的效率也就提高了。不过这种系统结构在本质上并没有改变统一存储程序和数据的特性,所以仍然被称为冯·诺依曼结构。

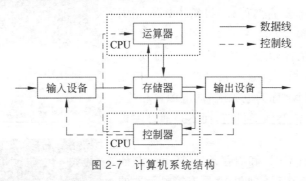

图 2-7 计算机系统结构

在进一步介绍这些部件怎样合作之前,首先说说存储器。从名字上就可以知道它是用来存储程序和数据的。不过,你知道它是怎样存储程序和数据的吗?从硬件构成上说,存储器是由很多相同的、有记忆功能的器件构成的。记忆功能是指这些器件在某段时间内可以维持某种状态,例如,保持某种电压的带电状态。这里先把这样的一个器件称为一个存储单元。存储器的每个存储单元都有两种可能的状态,例如电平的高低、南北磁极等。这些存储单元可以根据要求保持在两种状态中的一种。因此,就可以用一种状态,例如高电平,表示二进制的数码 1;用另一种状态,例如低电平,表示二进制的数码 0。这样,如果让某个存储单元带电,那么就说它存储着数码 1;反之,就说它存储着数码 0。只要维持这种电平状态不变,就好像它能够记住数码 1 和 0 一样,因此说它有记忆功能。因为二进制数的数码只有 0 和 1,所以用 n 个这种双状态的存储单元就可以表示 n 位二进制数了。例如,用 5 个这样的存储单元就可以表示 00000～11111 的某个二进制数。

现在你能明白为什么计算机使用二进制数而不是人们熟悉的十进制数了吗?十进制数有 0～9 共 10 个不同的数码需要表示。按照前面的情况类推,那就需要一种能保持 10 种状态的器件,这样的器件是很复杂而且很昂贵的。其实使用二进制数的好处不止这一点,如果深入了解计算机的运算过程,就会有新的发现,可以从计算机组成原理方面的图书中找到线索。当然,使用二进制数可能给用户带来了一点麻烦,因为人们都习惯用十进制数。第 3 章会介绍二进制数以及计算机中数的表示。现在的程序员并不需要使用二进制数操作计算机,这是一个巨大的进步。

现在我们已经知道,存储器是由很多有记忆功能的存储单元构成的,每个存储单元可以存储一位二进制数码。向某个存储单元存储数据也很好理解了,也就是根据情况设置该存储单元的状态就行了。而读取数据也就是识别该单元的状态。在使用这些一模一样的存储单元之前,需要区分这些存储单元,也就是为这些存储单元编号。实际上,并不是以能够存储一个二进制数码的存储单元为单位进行编号的,因为通常需要用很多位表示一个较大的数,所以把 8 个存储单元编为一组,然后再进行编号。每个存储单元中存储的一个二进制数码称为一位(bit,用 b 表示)。8 位编为一组,称为一字节(byte,用 B 表示)。所以,存储器是按照字节编号的,存储器的访问(读写)是以字节为单位的。从现在开始,存储器的存储单元不再是指能够存储一位的小单元了,而是指 8 个邻接小单元构成的一个小组。每个存储单元的编号称为该存储单元的地址,这个编号过程也称为编址。有了地址,就能够通过它访问存储器中指定的存储单元了。通过这个地址一次至少可以得到的 0/1 数码是 8 个。

　　计算机硬件部件按照功能可以分为控制器、运算器、存储器、输入设备、输出设备五大部分。

　　存储器是由很多有记忆功能的存储单元构成的。存储器中存储信息的最小单元只能维持两种状态，分别表示信息 0 和 1。

　　存储器是按照 8 位为一个单位进行编址的。

　　下面继续讨论计算机系统结构中的其他内容。图 2-8 是对计算机组成结构的进一步细化，从中可以看出 CPU 里面的内容多了起来：运算器被细化成一个算术逻辑单元（Arithmetic Logic Unit，ALU）和一组寄存器，而控制器则由一个控制单元（Control Unit，CU）、一个程序计数器（Program Counter，PC）以及一个指令寄存器代替，存储器变成了主存储器。这里看到了一些新的事物，例如算术逻辑单元、寄存器、控制单元和程序计数器。

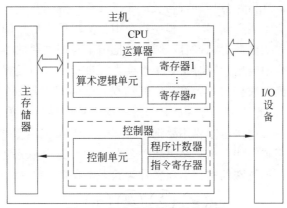

图 2-8　细化的计算机系统结构

　　程序计数器是用来暂存一个地址的。地址就是存储器某个单元的编号。程序计数器暂存的这个地址非常重要，它是 CPU 应该执行的下一条指令在存储器中的位置。程序计数器本身也是由具有记忆功能的元器件构成的，也就是说它实际上也是一种存储部件。但是它不叫存储器，而叫寄存器。所以，图 2-8 中的存储器之所以变成主存储，是因为可以称为存储器的部件太多了。

　　从寄存器中存取数据的速度要比从主存储器中存取数据快很多。但是，因为它的造价太高了，所以不能用它制造容量较大的主存储器，而只能把它用在关键的地方，暂时寄存一些经常用到的信息，例如下一条指令的地址，因而寄存器的容量相对于主存储器来说要小得多。这样做可以使重要的信息能被 CPU 迅速得到，不至于耽误 CPU 的工作，影响整个系统的执行效率。除了程序计数器之外，CPU 里还有一些别的寄存器，例如，用来暂存从主存储器中取出的指令的指令寄存器。而运算器中的寄存器则用来存放运算用到的操作数以及运算的中间结果，以减少访问主存储器的次数，节省时间。

　　控制单元是控制器的核心。它从主存储器中读取指令到指令寄存器，对其加以翻译和解释，然后根据指令的内容向其他部件发送控制信号。每读取一条指令，控制单元都会将程序计数器加 1，或者按照指令中的要求将其设置成要求的值。所以当 CPU 执行完当前指令时，控制单元就可以按照程序计数器的指引读取下一条指令并执行了。

　　现在你一定发现一个不太小的问题。因为前面说过，主存储器中的程序是在控制器的指挥下通过输入设备导入的,控制器是根据程序中的指令控制其他部件的(包括输入设备),而指令则是控制器从存储器中读取的。这好像是个鸡生蛋、蛋生鸡的过程。那么,这个循环是怎么开始的呢?第一条指令是怎么进入存储器的呢?这就是系统的自举问题。这个问题的常规解决办法就是事先不通过控制器把一些代码放在内存中,一般是在计算机出厂时就存好的。而这个内存也区别于前面的主存储器,是用另一种技术制造的存储部件。

下面继续讲 CPU 的事情。在控制单元读取的指令中,有的指令会要求控制单元做一些协调和控制工作,例如要求计算机跳到程序中的某个位置去执行从那里开始的一段代码。这时控制单元就会按照要求把跳转的地址放到程序计数器中。有的指令是要求进行运算的,例如,算算这个月剩下的钱还够吃几次宫保鸡丁。在这种情况下,控制单元会指示运算器(实际上是里面的算术逻辑单元)完成这个任务。从名字可以看出,算术逻辑单元是能够进行算术运算和逻辑运算的一个部件。算术运算指对数据进行加减乘除四则运算或者数据格式的转换。而逻辑运算指对数据进行与、或、非以及移位等运算。算术逻辑单元在进行运算时用到的数据多数位于主存储器中。程序指令中会给出所需数据的地址。算术逻辑单元根据地址到主存储器取操作数,然后加以运算,并把结果写回主存储器。存放运算结果的存储单元的地址也在指令中给出。有时指令中也会直接带有要参与运算的数。运算器中有一些寄存器存储经常用到的数据或者运算的中间结果。访问寄存器要比访问主存储器快,因此,这样可以提高计算机的效率。有些运算和上一次运算的结果有关系,例如,上一次运算是否有进位将决定这一次加法运算要不要把进位加上。所以,除了参与运算的数据外,算术逻辑单元还需要经常用到一些和运算结果相关的状态值。这些状态值也存储在寄存器中,由相关的部件设置。这类特殊的寄存器通常称为状态寄存器。

重 · 点 · 提 · 示

寄存器是访问速度比主存储器快的存储器件。

CPU 内部有很多寄存器,用来暂存经常用到的数据。

程序计数器是一个位于 CPU 内部的寄存器,用来存放下一条要执行的指令在主存储器中的存放位置。

在向主存储器存数或从其取数的过程中,CPU 和主存储器之间涉及 3 种信息的传递:地址信息、要存取的数据以及控制信息。控制信息用来指明是读取还是存储数据。为了传送这 3 种信息,CPU 和主存储器之间有 3 种连线,分别别称为地址总线、数据总线以及控制总线。地址总线由一些特殊的信号线和电路构成,当一个地址放到它上面时,它就会打开相应存储单元的门。这时,如果控制总线上的信息指示本次操作是写,则事先放到数据总线上的数就会进入该存储单元;如果是读,那么存储单元中的内容就会被放到数据总线上。这 3 类总线在主板上,这就是主板的作用。可是为什么不说数据线、地址线,而说数据总线、地址总线呢?总线到底是什么意思呢?关于总线将在 2.2 节中给出详细的说明。

现在总结一下构成计算机系统的这些部件是怎样合作完成任务的。假设你现在写了个小程序要计算卖掉你的计算机和网球拍可以获得多少钱。首先,你通过控制器指挥下的输入设备,也就是键盘,把程序放到存储器中。然后你输入程序名,命令计算机执行你的程序。控制器把程序第一条指令的地址放在程序计数器中之后,便开始按照程序计数器的指示位置读取指令,放到指令寄存器中,并将程序计数器的值加 1。控制器把取到的指令翻译成发送给运算器的控制信号,告诉运算器把卖掉旧计算机和网球拍的钱加在一起。运算器从存储器中取出你对旧计算机以及网球拍的估价,将它们相加,然后将结果写回存储器。这个过程可以变得复杂一些,例如,根据计算机的型号、使用时间等,查查目前的市场行情,然后推断出可能的卖价。不过这需要你一件一件仔细地写成指令告诉计算机怎么去做。计算机现在还不会主动查看自己的新旧程度,再去查找一个参照表,然后估算出自己的价钱。最后,控制器将再次按照你的指令通知输出设备,也就是显示器,显示出可能的收入。结果可能就是一个比你买计算机时少很多的数字。

2.2　总线

总线在英文中对应的词是 bus。这个英文词的另一个意思就是公共汽车。公共汽车是干什么用的?如果公众有一种相同或者基本相同的交通需求,那么就可以设立一路公共汽车以满足那种需求。公共汽车有两个基本的属性:一是为公众所共享;二是线路和车站是固定的。前者引来了“容量问题”,即乘车的人如果太多了可能就有上不去的;后者则引来了“规则问题”,即乘客只能在固定的车站上下车,尽管那些地方可能不是他的出发点或目的地。在学完本节后,你也许就能体会到为什么计算机中的总线也称为 bus。

现在再看看图 2-7 中的计算机系统结构。从中可以看出,计算机系统必须通过输入输出设备和用户沟通。输入输出设备有很多,并且新的外设持续不断地产生,例如,从开始的卡片机、打印机到后来的键盘、显示器,又到今天的摄像头、音箱、VR 眼镜等。

输入输出设备必须采用某种方式和现有的计算机系统连接到一起才能工作。如果想增加新的输入输出设备,最简单的办法就是将新设备与每个需要与之通信的部件用相应的线连接起来,例如,在摄像头和控制器之间连一根线,在摄像头和存储器之间再连一根线。如果再接一个绘图仪,就在绘图仪和 CPU 之间连一根线,再和存储器之间连一根线。这样,随着外设的增加,计算机系统中的连线很快就会变得一片混乱,如图 2-9 所示。如果希望能够随时增添或者减少设备,那就更麻烦了。为此,聪明的设计者想出了图 2-10 所示的连接方式。所有的部件都连接到一根信息传输线上。这根线就称为总线。总线上有 I/O 接口,新增加的设备只要连接到 I/O 接口上就可以同其他部件通信了。总线在主板上,主板上的插槽就是各种 I/O 接口。有了总线,如果希望把录像机连接到计算机上,只要在主板的 PCI 插槽上插一块视频采集卡,然后,把录像机用视频线和音频线连接到视频采集卡上就行了。PCI 插槽是 PCI 总线的接口,PCI 总线是标准总线中的一种。为总线制定标准是为了让各个厂商制造的接口卡以及主板能够通用。这样,对于不同厂商生产的外设,只要连接方式符合计算机的总线标准,用户就可以使用这些外设了。同样,CPU 和主存储器也可以挂在总线上同其他设备通信,其实它们也是通过相应的插槽连接到总线上的。

总线其实是由许多条传输线构成的,每条线传输一位二进制数码。这样这些线就可以一起同时传输若干位二进制数码。传输线的条数,也就是一次可以同时传输的二进制数码的位数,称为总线的宽度。目前常见的地址总线宽度为 64 位。

总线由所有部件共享,所以需要有一个仲裁方法和相应的电子器件来决定在某个时刻由谁来使用总线。这里不介绍总线仲裁的方法和过程,读者可以查阅计算机组成原理方面的图书。图 2-10 只是总线连接的一种方式,称为单总线方式。还有很多种其他的总线连接

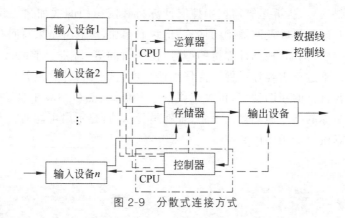

图 2-9　分散式连接方式

方式。例如,在 CPU 和主存之间增加一条总线,就形成双总线结构。现在所有的系统都使用总线结构,但是在细节上有所不同。从上述内容看来,总线和公共汽车是不是还真有点儿像呢?

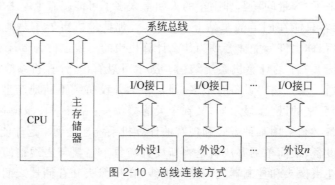

图 2-10　总线连接方式

　　总线是现代计算机技术中的一个基本概念,贯穿在计算机系统平台各个层次中,出现在计算机中的很多地方。对于这里讲的纯硬件意义上的总线,按照其连接部件的不同,可以分为片内总线、部件内总线、系统总线和外总线几种。

　　片内总线是指芯片内部的总线。例如,CPU 内部寄存器和寄存器之间、寄存器和 ALU 之间的总线。部件内总线是指板卡内各芯片之间传送信息所使用的总线,如显卡中使用的总线。系统总线是指计算机系统内各功能部件,如 CPU、主存储器、I/O 设备等之间的信息传输线。前面所说的数据总线、地址总线以及控制总线就是系统总线。系统总线位于主板上,因此也称为板级总线。外总线是指计算机系统之间以及计算机系统与其他系统之间的通信总线。

重 · 点 · 提 · 示

总线是计算机中不同部件之间的公用信号通道。
总线一次可以同时传输的二进制数码的位数称为总线的宽度。
按照总线连接部件的不同,可以把总线分为片内总线、部件内总线、系统总线和外总线几种。

　　有了作为计算机不同部件之间公用的信号通道——总线,对于总线应该有多宽、设备采用什么样的方式和总线相连还需要作出规定。不然,一家做出的总线一个样儿,最终就会形成一种 I/O 接口配一种总线、各种总线之间互相不兼容的情形,最后造成的结果跟没有总线也差不多。为此,人们开始统一总线的规格,也就是为总线制定标准。这样,只要制造外设的厂家按照总线接口标准去做,设备就可以连接到总线上,就能够互相通信。

总线技术在不断进步,因而总线的标准也随之变化。在不算长的计算机发展史中出现了很多总线标准。下面介绍几种常见的总线标准:ISA 总线、PCI 总线、PCI-Express 总线和 USB 总线。

1. ISA 总线

ISA 总线是工业标准体系结构(Industrial Standard Architecture)总线的简称。它是PC 上出现较早的一种总线标准,是早期的唯一标准。ISA 总线采用 16 位数据线、24 位地址线,最大传输速率为 16MB/s。后来出现的以 ISA 总线为基础的 EISA(Extended ISA,扩展 ISA)总线的最大传输速率可达 32MB/s。如果你现在还能找到 386 或者 486 计算机,那么在主板上还会看到用来连接声卡、网卡的 EISA 插槽。

2. PCI 总线

随着计算机的发展,尤其是图形界面的流行,ISA 总线和 EISA 总线的速率已经渐渐不能满足要求了。在这个时候出现了 PCI 总线标准,即外部组件互连(Peripheral Component Interconnect)总线。PCI 总线开始时的总线宽度是 32 位,最大传输速率是 133MB/s,这个速度显然比 ISA 快多了。在 PCI 总线发布一年之后,它的最大传输速率又被增加到266MB/s,总线宽度增加为 64 位。PCI 总线的最大传输速率最终被提升到 528MB/s。在PCI 总线出现的初期,PCI 总线和 ISA 总线并存在同一系统中,所以在 486 计算机上可以看到插在 ISA 插槽上的声卡和插在 PCI 插槽上的显卡。到后来,使用 ISA 插槽的设备越来越少,主板上也就不见了 ISA 插槽的踪影。

3. PCI-Express 总线

PCI-Express(简称 PCI-E)是 2001 年提出的一个总线标准。PCI-E 有多种不同速度的接口模式,包括 1X、2X、4X、8X、16X 以及 32X。PCI-E 1X 模式的单向最大传输速率为250MB/s。而其他模式的传输速率便是 1X 的 2 倍、4 倍、8 倍……这样,16X 模式已能达到双向 8GB/s 的最大传输速率了。这样快的速度能够支持大屏幕、高分辨率的显示,是高端显卡发挥作用的必要条件。

4. USB 总线

USB 总线并不是新技术,它早在 20 世纪 90 年代中期就被提出了。只不过到了 U 盘得到广泛应用以后,它才大放异彩。USB 总线是通用串行总线(Universal Serial Bus)的简称。这种总线与前面几种总线最大的区别是,USB 接口都在机箱外,不用打开机箱就可以直接连接设备。实际上 USB 总线和前面提到的几种总线不是一个级别的标准。前面提到的几种都属于系统总线,而 USB 总线在某种程度上可以看作系统总线连接低速外设的延长线。USB 总线一端连接在系统总线上(如前面提到的 PCI 总线),另一端可以连接低速外设。通过级联,它最多可以连接 127 个设备。USB 总线的另一个特点是支持热插拔。USB 1.0/1.1标准传输速率可达 1.5Mb/s,最大可达 12Mb/s。随着技术的不断革新,USB 的标准也在不断更新。USB 3.0 的理论传输速率为 5.0Gb/s;而在 2019 年发布的 USB 4.0 标准,传输速率已经到达 40Gb/s;2022 年公布 USB 4 Version 2.0 标准则允许 USB Type-C 连接线实现高达 80Gb/s(10GB/s)的数据传输速率。

注意,上面提到 USB 的传输速率时用的单位是 Mb/s,而前面几个总线的传输速率的单位都是 MB/s。这两种表示法都可以用,但是在选设备时一定要看清楚单位,1MB/s＝8Mb/s。

最后用 Pentium CPU 的三总线结构(如图 2-11 所示)作为本节的总结,从中可以清楚地看出各种总线的作用。

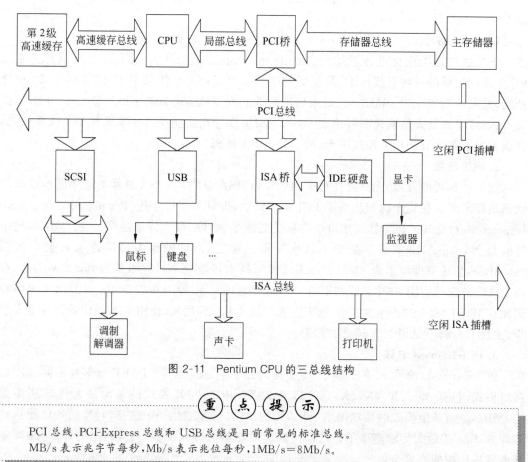

图 2-11 Pentium CPU 的三总线结构

重 点 提 示

PCI 总线、PCI-Express 总线和 USB 总线是目前常见的标准总线。
MB/s 表示兆字节每秒,Mb/s 表示兆位每秒,1MB/s＝8Mb/s。

2.3 存储器

存储器我们都非常熟悉,包括硬盘、光盘、内存条,还有现在广泛使用的 U 盘等。为什么会有这么多种类型的存储器呢? 显然它们的形状、容量和存取速度各不相同。为什么不选取一种最好的来用呢? 这样我们也就用不着了解这么多种不同的存储器,尤其是计算机系统的设计人员更不用设计这么多种不同类型的存储器的访问方法了。导致这种结果的原因在于目前还没有一种存储器能够在所有性能指标上都优于其他的类型。

这些不同类型的存储器是用不同的器件(或者材料)制成的。前面说过,存储器是由一些具有记忆功能的器件构成的。对计算机系统来说,所谓记忆功能就是能够保持两种不同的状态。这样的器件(或者材料)有很多。例如,电容可以有带电和不带电两种状态,因此它可以用来构成存储器,用电容制造的存储产品就是内存条。又如,磁性材料可以被磁化成不同极性方向,所以可以用两个相反的极性表示 0 和 1 两种数码,因而磁性材料也可以制成存储器,这种材料制成的产品就是硬盘。其实可以表示两种状态的材料非常多。例如,在一张纸上的特定位置打一个孔,就可以和没打孔的位置区分开,因而也可以表示两种状态。早期的程序就是在卡片上打孔,用读卡器输入计算机中的。从这个角度来说,纸张也是一种存储器,只不过它的存储容量太小,成本太高,而且不能重复使用。又如,在塑料板上可以用有凹坑和没凹坑表示两种状态,光盘采用的就是这种机制。在光盘的介质上,用一个凹坑表示一个数码,用没有凹坑的地方表示另一个数码。和纸张一样,这种方法制成的存储器也不能多次使用。这么看起来,具有记忆功能的材料真是不少。

但是,这些材料除了都可以保持两种状态外,其他属性的差别非常大。例如,若用电容记忆信息,电容里的电量只能保持 1~2ms,所以必须在这段时间内对带电单元重新充电,不然,信息就消失了。如果这种存储器没有了电源,那么电容中的信息很快也就不见了。因此,这种存储器也被称为易失性存储器,它不能用来存储要长期保存的信息。但是这种存储器有一个优点,就是它的访问速度很快,所以用它来做内存条。而用磁性材料制成的存储器上被磁化后的极性如果没有被再次磁化就不变了。它不需要用电或者其他的辅助手段,就可以长期保持信息。如果需要重写,用磁头对其进行再次磁化就可以了。可是,对这种存储器的访问比起电容式存储器就慢多了。而光盘(就是带凹坑的塑料片)的造价非常便宜,缺点是不能重写(现在有可重写光盘,但重写的效率不高,次数也不能太多)。从上面的分析能够看出,不同材料制成的存储器各有长处和缺点。计算机系统的设计者就利用这些特性,根据需要把它们用在不同的场合。

对于存储器,除了要求它必须能够存储信息外,还有哪些性能上的要求呢?

首先考虑的就是存储器的容量,也就是它能够存储多少信息,以字节(B)为单位。容量当然越大越好。现在常见内存条的存储容量为几 GB(吉字节),如 8GB、16GB;硬盘的大小则多为几百 GB(吉字节)或者几 TB(太字节)。其中,M 表示 2^{20},G 表示 2^{30},T 表示 2^{40}。

第二个要考虑的指标就是价格,通常用元/位表示,显然这个数值越小越好。存储器的价格可以在一定程度上反映出这个值。目前几 TB 硬盘的价格是几百元,而几 GB 的内存条也是几百元。几百 GB 的 U 盘价格一般不到 100 元。可以看出,不同类型的存储器在成本上有很大不同。

访问速度是存储器第三个重要的指标。用电容或者半导体器件制成的存储器的访问速度最快。而且访问这种存储器的任意单元所用时间都是相同的。将地址放到地址总线上,就可以对相应存储单元的数据进行读写了。而访问磁盘这类存储器要经过磁盘驱动器,进行磁电转换。要访问磁盘上某个位置的数据,磁头必须移动到该位置才能读取。磁头移动的机械速度比起地址信号通过地址总线到达内存的速度相差太大了,就好像自行车和飞机比速度。存储器的存取速度通常用带宽表达,单位是 b/s 或者 B/s。也就是单位时间内能够从存储器读或向存储器写的数据量。提高存储器带宽的方法有两种:一是使用存储速度更快的器件;二是增加每次存取的数据量,即每次同时存取更多的字节。增加每次存取的数据量需要增加数据总线的宽度,在读写电路上要有相应的硬件支持。例如,对于磁盘来讲,这需要增加多个磁头,让它们同时工作。

前面已经提到,计算机的工作过程:CPU从主存储器中读取指令,执行指令,把结果写回主存储器,然后读取下一条指令。这是一个不断循环反复的过程。CPU每取出并执行一条指令所需的全部时间被称为一个指令周期。如果指令周期短,那么单位时间内执行的指令条数就多,计算机的速度也就快。也就是说,计算机的速度与指令周期的长短是相关的。仔细分析指令周期,就可以发现它分成以下几部分:CPU解释和执行指令的时间,从主存储器取指令和操作数以及向主存储器写操作数的时间。从这里可以看出,与计算机速度有关的不仅仅是CPU解释和执行指令的速度,主存储器的访问速度也是一个重要的影响因素。CPU的速度一直在快速提升,而存储器的速度则远远落后。虽然主存储器的访问速度比硬盘快得多,但是和CPU的执行速度相比,还是差了几个数量级。存储器的速度已经成为计算机系统的一个瓶颈。

要想使存储器的速度能和CPU速度匹配,就需要使用最快的存储材料。但是,我们已经知道速度快的存储设备造价非常高,这样整个计算机的价格又难于接受。怎样解决这个问题呢?计算机科学研究人员发现在计算机程序运行过程中有一个相当普遍的规律,即所谓"局部性原理",大意是在一个时间段内执行的程序代码和用到的数据基本集中在一起(在存储空间上)。基于此,系统设计者就想出了一个综合利用不同存储设备的好办法。在讲这个办法之前,先来分析面对的问题。

情况似乎很简单:CPU从存储器上读取程序并执行。CPU要逐条执行指令,这意味着什么呢?这意味着在某个时刻它只需要一条代码,而不是整个程序段。如果计算机能够同时运行几个程序,情况可能复杂一些,然而,即使在这种情况下,在某个时刻CPU也只能执行一条指令,只不过此时存储器中需要同时准备几个不同的程序。尽管如此,在某个时间段内,计算机上安装的所有程序也并不是都要执行。假设现在你要编写程序,而你一边听歌一边写代码的效率比较高,所以你要运行一个PyCharm(一个Python集成开发环境),再运行一个媒体播放器。尽管你的计算机中还有Foxmail(一个收发电子邮件的软件),但是你并不想运行它,因为你现在不想让邮件打扰你。所以对环境的分析工作得出的结论是CPU通常不会同时需要非常多的信息。这个结论非常有价值,给了系统设计员一个好思路。他们于是给计算机加了一个速度很快的存储器,以便能接近CPU的速度。但是因为这个高速的存储器很贵,所以它的容量被设计得很小,以便让计算机的价格能够被用户接受。但是,你拥有名目繁多的软件、整理不完的文档以及看不完的电影。这个小小的存储器是不能满足你的要求的。计算机的设计者就在计算机里面加了一个容量大、造价低的存储器——硬盘,用来存放用户所有的软件、文档、电影和歌曲。我们已经知道磁盘的速度远远跟不上CPU的速度。设计者的办法是把正在运行的软件从磁盘复制到那个容量小的高速存储器里,然后CPU只和这个高速存储器打交道。我们把这个高速存储器称为内部存储器,简称内存。内存通常直接插在主板上。相对于内存,硬盘被称为外部存储器(外存)或辅助存储器(辅存)。这样,用两种不同类型、不同性价比的存储器就把问题解决了,既省钱,又能满足速度和容量上的要求。因为内存里面的信息是从外存复制来的,当程序执行结束后,需要存储的信息又会被复制到外存,所以内存可以用易失性材料制成。

内存用来存放正在执行的程序段和相关的数据,所以容量也不能太小,否则就要不断地从外存复制数据,进而影响整个计算机系统的速度。因而,内存也用不起最快、最贵的存储材料。前面说过,内存的速度和 CPU 相差很远。为了让存储器的速度更接近 CPU,设计者把这个好思路进一步扩展:用更快、更小、更贵的存储器存放内存中最近最可能被 CPU 访问的内容。这种存储器被称为高速缓冲存储器,简称缓存。缓存不但速度很快,而且一般都直接放在 CPU 芯片的内部。

其实在日常生活中也会运用这种思路。例如,你在图书馆查资料,准备一篇关于计算机的演讲稿。你在书架上找到一本书,拿回书桌查阅有关 CPU 的内容。在查阅完这本书中的资料,开始查阅另一本书时,你并没有把这本书放回书架,而是暂时放在书桌上,因为你估计一会儿可能还会用到这本书,这样可以避免再去书架上取。当然,书桌大小是有限的,只能放一些书,而不能把书架上的书全拿过来。缓存就像书桌,而内存就像书架。如果书桌放满了,就必须选择一些书把它们放回书架,才能取一些新的书。如果放回去的书很快又被用到,那么你还需要到书架上再把它取回来。要提高效率,就要尽量避免这种情况。缓存的设计也要考虑类似的问题。

计算机系统就是用这个分层次的存储系统结构达到了多快好省的目的。图 2-12 是计算机存储系统的层次结构。在这个层次结构中,从下到上,存储器的速度越来越快,价格越来越高,容量也因此越来越小。最顶层就是前面提到过的寄存器。它的访问速度最快,容量也最小,通常每个寄存器只存储几十字节。在它的下面是缓存,它的速度介于寄存器与内存之间。接下来是内存。最底层是外存,它的价格最便宜,容量也最大,用来存储需要长期保留的大量信息。

图 2-12　计算机存储系统的层次结构

本节主要介绍图 2-12 中上面几层存储器的相关知识,这些存储器基本上都在机箱内部的主板上。而位于最底层的外存因为要通过驱动器这个输出设备访问,所以把它放到 2.5 节中介绍。

内存的地址译码器直接和地址总线相连,地址译码器会把地址翻译成相应存储单元的选择信号,该信号和读写电路配合就可以访问指定的存储单元。这样的机制使内存的访问速度较快,而且访问每个存储单元的时间都是一样的。这和磁盘有很大不同,访问磁盘时,离磁头近的区域需要的时间短。因此,内存也被称为随机访问存储器(Random Access Memory,RAM)。RAM 中的内容在计算机掉电之后就不存在了。内存条通过专用的插槽安装在主板上,然后通过总线与其他部件通信。

内存的类型随着制造技术的不断改进也在不断地变化。早期的内存类型主要有 FPM、EDO、SDRAM、RDRAM、DDR SDRAM 等,目前常见的内存类型则是 DDR2、DDR3、DDR4 等,这也是这些内存类型出现的顺序。和这些不同类型的内存对应的主板插槽也在变化之中。最早的时候内存通过特定的板卡插在总线插槽中,后来出现了专用的内存插槽。内存插槽有 SIMM、DIMM 和 RIMM 3 种类型,最常用的是 DIMM 类型。

下面介绍目前常见的内存类型。

SDRAM 是同步动态随机存储器(Synchronous Dynamic Random Access Memory)的简称,是前些年普遍使用的内存类型,在市场上流行很长时间。

DDR SDRAM 是双数据率同步动态随机存储器(Double Data Rate Synchronous Dynamic Random Access Memory)的简称,是目前最常用的内存类型。DDR SDRAM 是 SDRAM 的更新换代产品,其传输速率和内存带宽都是 SDRAM 的两倍。

DDR2 从名字上即可看出是下一代 DDR 的意思,具有更快的速度。DDR3、DDR4 就是继续升级的类型。

DIMM 是双列直插内存模块(Dual Inline Memory Module)的简称。SDRAM、DDR 系列内存都采用 DIMM 插槽。但是这几种内存使用的 DIMM 插槽的针脚结构不同。最主要是内存条上的卡口不同。为了避免将内存错误地反向插入插槽而导致烧毁,内存条有针脚的那个边上都会有卡口,对应于插槽上的凸起。图 2-13 中的两个内存条的卡口就不一样。上面的内存条有两个卡口,而下面的内存条只有一个卡口。SDRAM 有两个卡口。DDR2 有一个卡口。DDR4 也有一个卡口,但是和 DDR2 的位置不同,插槽的针脚数也不一样,这样就可以保证不会把内存条插到错误的插槽上了。

往 DIMM 插槽上安装内存条时,首先确定内存条的方向,也就是看内存条上的卡口和插槽上的凸起是否对应。对好之后,用力把内存条插到底,插槽两边的卡扣就会把内存条卡住。取下时,只要用力压卡扣,内存条就会被推出来,如图 2-14 所示。

图 2-13　内存条上的卡口

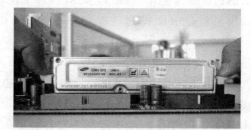

图 2-14　取下 DIMM 内存条

RIMM 是和 RDRAM 内存条对应的插槽。这种内存条比较少见,这里就不加以介绍了。

CPU 每取出并执行一条指令所需的全部时间称为一个指令周期。

存储器的速度已经成为计算机系统的一个瓶颈。

计算机的存储系统采用层次结构解决成本与速度的矛盾。

存储器层次结构的最顶端是寄存器,向下依次是缓存、内存和外存。现在常见的内存类型是 DDR SDRAM,使用 DIMM 插槽。

除了 RAM 之外,在计算机内部还有另一种存储器。这种存储器上的内容不会因为断电而消失。计算机只能读取这些内容,但不能更改,所以这类存储器称为只读存储器(Read Only Memory,ROM)。

　　计算机主板上有一个很重要的部件,叫 BIOS ROM 芯片。BIOS 是基本输入输出系统(Basic Input Output System)的缩写。BIOS ROM 芯片中存储的内容在计算机出厂时就通过某种技术记录在芯片中,在计算机的使用过程中不能再更改。芯片中的内容包括计算机系统的基本输入输出程序、系统信息设置程序、开机上电自检程序和系统启动自举程序等。这是一些非常重要的程序,没有它们,计算机就无法启动。

　　在计算机开机时,CPU 首先从 BIOS ROM 芯片中读取程序,并开始执行,然后一步一步将计算机启动。其中系统信息设置程序被用来对计算机系统进行基本信息的配置,这些信息包括系统基本情况、系统启动顺序、CPU 特性、磁盘驱动器、显示器、键盘等部件的信息。用户在 BIOS 程序刚开始运行时按下某个特定键即可使它暂停,以手动更改这些配置信息。这些配置信息存储在主板上一块可读写的 CMOS RAM 芯片中。设置 CMOS 中这些参数的过程,习惯上也称为“BIOS 设置”。CMOS 是一种半导体存储器。它由一块单独的电池供电,所以关机以后 CMOS 中的内容也不会消失。

　　现在多数的 BIOS ROM 芯片已经不是绝对的只读存储器,而是可以用特殊方式进行更改的。所谓“升级 BIOS”就是用特殊的方式对 BIOS 芯片进行更改。

　　BIOS ROM 芯片里存储着计算机系统启动时执行的一些重要程序,包括计算机系统的基本输入输出程序、系统信息设置程序、开机上电自检程序和系统启动自举程序。

　　CMOS RAM 芯片中存放着计算机的基本配置信息。

2.4　CPU

　　CPU 是计算机的核心。我们经常听到一些关于 CPU 的技术特性的描述,例如,CPU 是 64 位的,支持超标量、流水线,主频是 400GHz,等等。这些专业概念经常会把你弄得一头雾水。那么它们和 CPU 到底有什么关系呢?下面就来逐个探究一下。

　　图 2-15 和图 2-16 分别是 AMD 锐龙和 Intel Core i7 CPU 的正面和背面。AMD 和 Intel 是两家著名的 CPU 生产商。目前我国也正在开展这方面的研发,并且已经有了很大进步,图 2-17 是国产飞腾 CPU。在不久的将来我们也能够在这个领域占有一席之地。

图 2-15　AMD 锐龙和 Intel Core i7 CPU 正面　　　图 2-16　AMD 锐龙和 Intel Core i7 CPU 背面

　　可以看出,CPU 的形状、大小不尽相同。即使是同一个厂家的不同型号的 CPU 产品也可能不同。从图 2-16 可以看到 CPU 背面有很多针脚,CPU 通过这些针脚插到主板上的

CPU 专用插槽,以实现同其他部件的通信。仔细看图 2-16 和图 2-17,会发现一个细节,CPU 的 4 个角中都有一个角与众不同,在插槽上也有一个与之对应的不同的角,这样安装 CPU 的时候就不会插错方向了。

不同型号 CPU 的针脚数可能不同。一块主板只能支持特定型号的 CPU。主板的技术资料中会说明 CPU 插槽类型,例如 Socket370 或者 Socket478(这些都是 CPU 插槽的名称)和支持的 CPU 类型。有些 CPU 会使用相同的插槽。

图 2-17 国产飞腾 CPU

CPU 这个小小的芯片中封装了上亿个器件,被称为超大规模集成电路。可想而知,生产这样的芯片是很复杂、难度很大的事情。它需要设计以及生产工艺上的全面进步,需要很多人长时间的不懈努力才能实现。

重点提示

不同型号 CPU 的形状、大小可能不同,针脚数及其使用的插槽也可能不同。
一个 CPU 芯片中会集成上亿个器件,并且这个数字还在不断增长。

CPU 的速度是计算机效率的一个关键。通常用 CPU 每秒执行的指令条数描述 CPU 的速度,其单位记为 MIPS(Million Instruction Per Second),即百万条指令每秒。

那么,CPU 的速度到底是由什么决定的呢?这要从指令的执行说起。前面说过,CPU 执行完一条指令后再去取第二条指令执行。取指令和执行指令的过程中控制单元要发出很多次控制信号。例如,在取指令过程中,控制单元首先要将指令的地址发送给主存储器(内存),并向主存储器发送一个读信号,然后从数据总线上把指令读过来并放到指令寄存器中,最后将程序计数器的值加 1,使其表示下一条指令的地址。这一连串的动作是有先后顺序的,而且完成每个动作都需要一定的时间。控制信号是从控制器到工作部件单向传递的,每个部件做完事情是不向控制器报告的。那么,控制器怎样决定什么时候发送下一个命令信号呢?如果命令信号发得太快,前一动作还没有做完,就会出乱子;可是如果发得太慢,各个部件干完活只能闲等,浪费时间。而实际上,控制单元是在一个时钟脉冲的控制下发布命令信号的。这个时钟脉冲就好像唱歌时的节拍,到一个节拍时,控制单元就发出一个命令信号,就像唱歌到一个节拍唱下一个音一样。设计者精妙地设计节拍的时间以及每个动作完成的时间,让每个命令信号产生的动作刚好在一个节拍的时间内完成。

控制 CPU 的这个时钟脉冲来自主板。主板上有一个器件,一般是石英晶体,能够定期地发出脉冲信号,被称为时钟脉冲。CPU 的引脚中有一个就称为时钟引脚,它负责将主板上的时钟脉冲传递给 CPU。在一秒内产生的时钟脉冲数就称为频率。主板上产生的时钟脉冲称为外频,是指挥主板上其他部件工作的节拍。因为 CPU 完成操作的速度越来越快,所以时钟脉冲在传递给 CPU 的过程中被进行了特殊处理,频率被加倍,这样 CPU 的工作速度就提高了。这个频率就是常说的 CPU 主频。从某种角度说,频率越高,CPU 的速度越快,因为它在单位时间内发出的命令信号越多,完成的动作越多,执行的指令也就越多。不过,不同系列的 CPU 因为结构不一样,所以即使频率相同,完成的指令数也可能差很多。

　　从前面的叙述可以知道,提高主频能够提高计算机的速度。除此之外,还有没有别的办法可以提高 CPU 的效率呢? 要回答这个问题,还要从 CPU 所做的事情入手。首先分析指令的执行过程。一个指令周期内 CPU 做的事情可分为取指令和执行指令两部分。CPU 取一条指令,然后执行,再取下一条指令,再执行,如此反复,这个过程称为指令的串行执行,如图 2-18 所示。

| 取指令 1 | 执行指令 1 | 取指令 2 | 执行指令 2 | 取指令 3 | 执行指令 3 | … |

图 2-18　指令的串行执行

　　进一步分析这个过程,可以发现,取指令主要由主存和取指令部件参与,而执行阶段则是运算器在工作。取指令时,运算器就闲着没事做,只是等待取指令动作的完成;而执行指令时,运算器在工作,取指令部件又在空闲。也就是说,这些部件的一半时间被浪费了。

　　如果有一种办法能让这些部件持续工作,那么整个系统的效率也就提高了。计算机的设计者把这个想法付诸实践。他们让 CPU 在执行一条指令的同时把下一条指令也取出来,如图 2-19所示。可以看出,原来 CPU 只能执行两条指令

图 2-19　指令的流水执行

的时间现在可以执行 3 条指令了。这样继续把指令重叠下去,可以看到,CPU 单位时间内执行的指令条数实际上被加倍了,这被称为指令的流水执行。这样在 CPU 主频没有增加的情况下,执行的指令条数却增加了。这就是不同结构的 CPU 不能只用主频比较速度的原因。

　　事情还可以做得更细一些。因为执行指令时 CPU 需要从内存读操作数或者向内存写结果,这时运算器和取指令的部件都必须等待。所以,如果把执行指令的动作再细分成更小的步骤,让每个部件都没有闲置时间,CPU 的效率还可以进一步提高。例如,把 CPU 的全部动作分解成取指令、指令译码、计算操作数地址、取操作数、执行指令和写操作数 6 个小步骤,然后把这些动作都重叠起来,那么单位时间内完成的指令条数就更多了。不过你可能已经发现了一个问题。取指令、取操作数以及写操作数都是访问内存的操作,实际上是不能一起做的。如果一定要一起做,就必须把这 3 个操作要访问的内存分开,例如把指令和操作数放在不同的存储器中,这样取指令和取操作数就可以一起做了。可是写操作数和读操作数还是不能同时做,这样流水的重叠数可能就减小了。还有一个问题:如果下一条指令的地址要等上一条指令执行完了才能知道,例如,程序要根据从鼠标得来的消息是单击"开始"还是"退出"按钮,决定接下来是执行"游戏开始"的那段代码还是"游戏结束"的那段代码,这时

流水也必须被打断。所以说,实现流水也不是简单地把动作细分就行了。流水的效率也不是动作的粒度越细就越高。有很多细节需要考虑。

如果将 CPU 中执行指令必需的一些功能部件(如指令部件、运算器)的数量加倍,让 CPU 能够同时取多条指令并且执行多条指令,这种技术就是超标量。不过,这实现起来也不是很容易。就像前面提到的,有时候指令之间是有前因后果的,不是都能同时执行的。这就需要另一个程序把要执行的程序中能够同时执行的指令分出来放在一起。这个事情非常复杂。现在这部分工作一般是由一个称为编译器的程序完成的。由此可见,CPU 速度的提高不单单是硬件的事情,还必须有相应软件的配合才行。

指令流水是指将指令执行过程分割成小的动作,让这些动作在不同的部件上执行,从而让多条指令能够在不同的部件上同时执行。

CPU 的速度与主频有关,但是也受 CPU 结构的影响,例如结构是否采用流水、超标量等技术。

计算机速度的提高需要软件和硬件的配合。

现在来解释 64 位 CPU 指的是什么。这个位数也叫机器字长,指 CPU 一次能够处理的二进制数据的位数。这个数值与运算器中寄存器的位数以及 ALU(算术逻辑部件)有关。一般来说,位数越多,CPU 的效率越高。道理很显然:一次可以参加运算的位数越多,运算的速度也就越快。

数据总线的宽度也会影响计算机的性能。如果计算机能一次处理 32 位数据,即机器字长是 32 位,而数据总线宽度为 8 位,也就是说,一次只能从内存取出 8 位数据,那么 CPU 的一次运算要访问 4 次内存才能取到操作数。

地址总线的宽度也和机器字长有关系。因为程序中有时候需要对地址进行运算。例如,程序要求跳转到距离当前指令位置 200 字节的地方去执行那里的指令,这时 CPU 就需要将当前地址加上 200。那么这个地址的加法在哪里做呢?当然是在运算器中了。所以,当然是地址有多长,运算器就能处理多长的数据最好,这样免得把地址拆开一部分一部分运算。也就是说地址总线的宽度和机器字长相等最好。

现在来看看地址总线宽度的影响。地址总线上传输的是地址,地址总线的宽度也就是二进制地址的位数。一个地址就是表示一个存储单元的"门牌号"。3 位的门牌号码可以有 1000 个(即 000～999,假设 000 也可以用作门牌号)一共可以表示 1000 个不同的房子。如果有 1001 个房子,用门牌号 1000 表示就可以了。注意,现在的门牌号已经变成 4 位了。可以看出,门牌号的位数决定可以表示的房子的最大数目。与此相同,地址总线的宽度也决定了可以表示的存储单元的数目。32 位地址总线可以表示的存储单元的数目为 2^{32},也就是 4GB 的内存空间。因此,如果计算机的地址宽度是 32 位,那么在主板上插了 8GB 的内存条也是没有用的,因为有一半的内存空间无法标号(编址),因而就无法使用。

机器字长,指 CPU 一次能够处理的二进制数据的位数。它和地址总线宽度以及数据总线宽度的关系会影响计算机的效率。

地址总线宽度决定可以访问的存储单元的数目。

寄存器和缓存是两种比较快的存储器。现在的 CPU 中都集成了这两种存储器,当然别的设备中也有这两种存储器。CPU 中的寄存器除了程序计数器、指令寄存器以外,还有一些称为控制和状态寄存器的部件,包括状态标志寄存器、存储器访问寄存器等。状态标志寄存器主要存放一些状态标志和控制标志,例如,运算结果是否为 0、是否有进位、指针移动的方向等。而存储器访问寄存器则是 CPU 和内存进行数据交换时使用的,有存储器地址寄存器和存储器数据寄存器两种。另外一些寄存器是可以由程序员控制的,称为用户可见寄存器。它们可以用来存放运算的原始数据和中间结果,也可以用来存放指令或者数据的地址。程序员可以通过编程指定它们的内容。CPU 中寄存器的数量非常多。不同的 CPU结构,设计者给出的寄存器的种类和数量也可能不同。

缓存被 CPU 用来暂存从内存取出的数据,以解决 CPU 和内存速度存在巨大差距的问题。早期的缓存并不在 CPU 内部,近些年才把它集成到 CPU 中,这样可以让 CPU 和缓存的通信更快。当然,缓存的容量越大越好,这样可以提高缓存的命中率。什么是命中率?如果在缓存中找到需要的内容,就称为命中。如果缓存中没有需要的内容,那么就需要从内存把相应的内容读到缓存中,这样就增加了访问时间。命中率就是指 CPU 要访问的信息已经在缓存中的比率。当然命中率越高越好。如果命中率为 0,缓存也就没用了,反而增加了一次信息传递。为了提高缓存的命中率,在设计上要考虑缓存的容量以及将哪些内容存放在缓存中比较合适。

CPU 是整个计算机的核心,它的工作量可想而知。而且通过增加主频、流水线、超标量等各种技术,CPU 越来越繁忙。因此,CPU 的功率也越来越高,发热量也越来越大。如果CPU 的温度过高,计算机就有可能死机。所以,现在的 CPU 上都有一个风扇,风扇下面还有一个散热片,这两样东西合起来称为 CPU 散热器。如果散热器不工作了,就必须关机修复故障。另外,为了让 CPU 不至于过热,机箱最好放在通风的地方。

  CPU 中的寄存器可以分为用户不可见的控制和状态寄存器以及用户可见寄存器两大类。控制和状态寄存器只能由系统使用。程序员可以通过程序访问用户可见寄存器。
  CPU 中集成了缓存,以弥合和内存的巨大速度差距。
  使用计算机时,要防止 CPU 的温度过高。

2.5　输入输出系统

前面介绍的计算机核心部件决定了计算机的能力。但是,只有超强的能力还不行,计算机要能够与人类沟通,接收人类的指令,并把它们的工作成果呈现出来,才能为人所用。这些工作都需要借助输入输出设备,即人们常说的外设。

外设的种类非常多,常见的有显示器、键盘、鼠标、打印机、音箱、麦克风以及外部存储设备(如硬盘、U 盘)等,这些基本上是目前计算机的必备外设了。除此之外,一些专用计算机还会配备扫描仪、绘图仪、刻字机、触摸屏等。数码摄像机、数码相机也都可以看作计算机的外设。

本节介绍有关外设的知识,包括外设的工作原理、外设与主机通信的方法以及用户可以通过什么方式控制和使用外设。

2.5.1 外设

任何一种外设都必须能够与主机通信。通常外设是通过总线与主机通信的。从图 2-10 中可以看到,外设都要通过一个称为 I/O 接口的部件连接到系统总线。接口,顾名思义就是两个"物体"的连接处。对于计算机系统来讲,"物体"既可以是看得见摸得着的硬件,也可以是逻辑上的软件。所以,I/O 接口既可以是接口电路等部件,也可以是软件控制逻辑。这里说的 I/O 接口是指外设同主机相连的部件及其软件控制逻辑。

I/O 接口不只完成连接工作,它还要让主机能够分辨并找到其所连接的外设,因为总线上可能挂有很多外设。当主机想使用某个外设时,会在总线上发出外设的设备码。当 I/O 接口发现其与自己连接的外设的设备码相同时,就会向 CPU 发送一个信号,这样 CPU 就能找到外设了。I/O 接口中一般有 3 类寄存器,体现了接口的 3 个功能,它们是命令寄存器、数据寄存器以及状态寄存器。命令寄存器用来存放 CPU 发送给外设的命令,数据寄存器负责缓存外设与主机之间交换的信息,状态寄存器中的标志位用于反映外设的状态。

本节先从外部存储器说起,然后介绍显示器、打印机这两种常见的输出设备,最后再简要介绍常用的输入设备——鼠标和键盘。

> 外设通过 I/O 接口与主机相连。
> I/O 接口是指外设与主机相连的部件及软件控制逻辑。
> I/O 接口中一般有 3 类寄存器,分别是命令寄存器、数据寄存器和状态寄存器。

1. 外部存储器

在 2.3 节中,已经对存储系统的结构作了介绍。由于各种存储器在速度、成本上的区别,使存储系统被设计成一种层次结构。从层次结构的顶部向下,对存储器的存取速度要求越来越低,但是容量要求越来越高,单位存储容量的价格越来越低,信息保存时间越来越长。在这个层次结构的最底层就是外部存储器。外部存储器是目前在存储层次结构中唯一支持信息长期存储的一层。关于层次结构的上面几层,2.3 节都进行了介绍。本节将详细介绍外部存储器及其辅助访问设备。

现在常见的外部存储器有硬盘、U 盘和光盘。从严格意义上说,光盘应该称为存储介质,同纸张的功能类似;而读写存储介质的设备才是外设,如光盘驱动器。但是这些存储介质与其读写设备是密不可分的,所以将它们放在一起介绍,统称为外设。这 3 种常见存储器虽然都是外部存储器,都可以支持大容量长期存储,但是它们具有不同的特点,由不同的材料制成,应用场合也各不相同。

1) 硬盘

(1) 硬盘的存储原理。

硬盘是依据电磁感应原理存储信息的。确切地说,硬盘依据两个原理存储信息:一是奥斯特发现的电流的磁效应,也就是电流周围可以产生磁场,而且不同电流方向产生的磁场方向也不同;二是法拉第通过大量实验证实的电磁感应,当闭合电路的一部分导体做切割磁力线运动时,电路中就会有感应电流产生。人们利用第一个原理记录信息。根据信息是 0 还是 1,让闭合线圈中产生不同方向的电流,然后用这个电流产生的磁场磁化一个可被磁化的材料,如小铁棒,这个小铁棒就会随电流方向的不同而被磁化成不同的磁极方向。读取记录的信息时,让被磁化的小铁棒在闭合线圈中运动,就可以在线圈中产生电流,因为小铁棒的磁极方向不同,产生电流的方向也会不同,这样就能分辨出记录的是 0 还是 1 了。

　　既然是电磁转换,硬盘中就应该有磁性介质。人们在一个圆形的盘片表面涂上一层薄薄的磁性材料。开始时盘片是由塑料制成的,现在则常用铝合金材料,也有用玻璃的。从这能看出"硬盘"这个名字的出处。硬盘中负责读取和记录信息的部件被称为磁头。根据前面介绍的原理,磁头的主要结构被设计成线圈和铁心。磁头与盘片的距离足够近时,它们产生的磁场就可以互相影响,进行电和磁的转换。磁头下方的局部磁化单元可以看作一个小铁棒。图 2-20 和图 2-21 分别是硬盘的写入和读出原理。

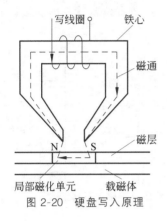 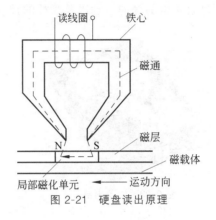

图 2-20　硬盘写入原理　　　　图 2-21　硬盘读出原理

　　硬盘是依据电流的磁效应和电磁感应原理存储信息的。
　　硬盘盘片表面涂有一层磁性材料,用来存储信息。
　　磁头的主要结构是线圈和铁心。

　　(2) 硬盘的机械构成。

　　盘片是圆形的,可是我们看到的硬盘都是长方形的(图 2-22)。其实硬盘是硬盘驱动器和盘片的组合体,有些硬盘里面还集成了硬盘控制器,即管理硬盘的芯片。硬盘内部如图 2-23 所示。可以看到,里面确实有圆形的盘片,旁边是一些机械部件。如果盘片是方形的,要在上面读取信息,就需要让磁头在盘片上做水平和垂直两个方向的移动,并且要控制它不能移动出盘片的边界。磁头的移动速度非常快。让快速移动的磁头在到达盘片边界时快速折返不是一件容易的事。既然磁头移动不方便,那就移动盘片。盘片移动最简单的办法就是让它转动,这样既节省空间又好控制。既然要转动,盘片只能做成圆形的了。

图 2-22　硬盘

从图 2-23 中可以看出圆形的盘片安装在一个称为主轴的中心轴上,它是能够转动的。如果盘片转动,而磁头不动,那么就可以读写盘片上位于磁头下方的以主轴为圆心的一个圆环上的全部信息。如果把磁头沿盘片的半径方向移动一个距离,则可以读取另一个圆环上的数据。所以,在硬盘中存在两种运动:一种是盘片的转动;另一种是磁头的径向运动。这两种运动分别由两个不同的电机控制。

实际上,为了增加存储容量,硬盘中不是只有一个盘片,而是一组盘片,如图 2-24 所示。这些盘片都固定在主轴上,它们能够围绕主轴同时转动。每个盘片的两面都能存储信息(第一片和最后一片的外面除外,它们是保护面)。硬盘驱动器为每个盘片设了两个磁头,负责从盘片的两个面上读写信息。所有的磁头组成一个磁头组。这些磁头组会沿着盘片的径向运动。通过磁头组的径向运动以及盘片的转动,盘片上的所有位置就都能够被访问到了。

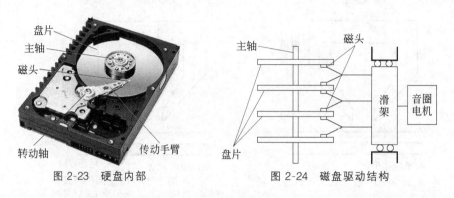

图 2-23　硬盘内部　　　　　　图 2-24　磁盘驱动结构

为了避免划伤盘片,磁头在读写盘片时并不与盘片接触,而是悬浮在盘片上方。磁头依靠盘片高速转动产生的气垫浮力浮起。在盘片高速转动产生足够的浮力之前,磁头还是要和盘片接触,为此盘片上靠近主轴的地方留出了一块空白区,称为启停区。在读写之前,磁头就放在启停区。图 2-23 的磁头就放在启停区内。在停止使用硬盘前,磁头都会回到启停区,所以使用硬盘时要避免突然断电。如果不能保证持续供电,那么为计算机准备一个不间断电源是必要的。

现在多数硬盘的磁头、盘片以及相关的运动机构都被密封在盘盒内。这样做有很好的防尘效果,使硬盘不会对环境太挑剔。不过这样的盘盒就不能随意拆卸了,否则硬盘就很危险了。密封加上前面提到的技术:盘片固定且绕主轴高速旋转、磁头径向运动、磁头接触式启停等,是一种被称为温彻斯特技术的硬盘制造技术的典型特点。这种技术制造的硬盘也被称为温彻斯特硬盘,简称温盘。目前多数硬盘都属于这种类型。

下面把硬盘里面主要的部件总结一下。在图 2-24 中,固定在主轴上圆圆的一组圆盘就是磁盘盘片,由一个精度很高的主轴电机带动盘片高速转动。磁头用于读写数据。音圈电机负责把磁头准确定位在要读写的信息的位置上。要注意的一点是:磁头以及主轴电机在受到剧烈碰撞时易于损坏,所以使用硬盘时要避免剧烈震动。

(3) 硬盘上的数据组织。

盘片制成圆形方便了磁头和盘片的运动。但是在圆形盘片上存放数据就有点儿麻烦了,毕竟圆形区域不像矩形区域那么好分割。

下面就来说说硬盘上的数据是怎样组织的。硬盘每个盘片记录数据的面称为记录面,如图 2-25 所示。记录面从 0 开始编号,因为硬盘为每个记录面设有一个磁头,所以记录面号也就是磁头号。盘片转动,磁头不动,就可以访问一个圆环上的数据,所以盘片上每个同心圆环被称为一个磁道。所有记录面上的磁头是同时移动的,因而所有盘片同一位置上的磁道上的数据会被同时读出。数据位于同一位置上的所有同心圆环称为一个柱面。只有磁头同时读出或者相邻两次读出的数据是连续的、相关的,如同属一个文件,这样磁盘的读取效率才能高。所以磁盘上的

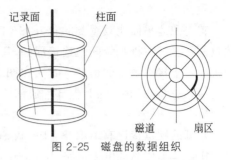

图 2-25　磁盘的数据组织

数据通常并不按记录面组织,而是按磁道和柱面组织的。磁道和记录面都从 0 开始编号。每个磁道又被分成若干段,每段称为一个扇区或者扇段。有的硬盘扇区从 1 开始编号,也有的从 0 开始编号。

从上面的介绍可以看出,要定位硬盘上的一个数据,需要知道柱面(磁道)号、记录面(磁头)号、扇区号。因为计算机上可能有多个硬盘,所以还需要有一个驱动器号指明数据在哪一个硬盘上。这些位置信息称为磁盘地址,就像每个存储单元都有一个地址一样。通过这些信息最终可以定位到一个扇区上,因此扇区是磁盘编址的最小单位。

这里你可能会发现一个问题:磁道的长度(同心圆环的周长)是不一样的。那么每个磁道上的数据量是否相等呢?这个问题换个说法就是,假定每个扇区中的数据量是固定的,那么每个磁道上的扇区数应该是多少呢?靠近圆心的磁道短,外圈磁道则比较长。如果每个磁道上的扇区数相同,那就意味着外圈磁道上的数据密度小,内圈磁道上的数据密度大。既然内圈能够以一个大的密度存储数据,那么外圈也能够以这个密度存储数据。所以,外圈使用小密度存储数据显然是一种浪费。要充分利用磁盘空间,所有的磁道就都应该采用和最内圈相同的密度存储数据。这样外圈磁道存储的数据就会比内圈磁道多。不过,这又带来一个问题。主轴是匀速转动的。这意味着无论哪个磁道,转动一圈的时间是相同的,也就是说所有磁道在磁头下转过一圈的时间是相同的。这样,在同样的时间内,磁头如果在外圈磁道上,那么访问的数据量就大,而在内圈则小。因此,这样的磁盘就有一个最大数据传输速率和一个最小数据传输速率。早期硬盘所有磁道上的扇区数是相同的。而现在的大多数硬盘各个磁道有不同的扇区数,这种技术被称为分区域记录技术。

温彻斯特技术是目前制造硬盘的常用技术。

温盘的特点如下:

- 硬盘中有一组盘片被固定在主轴上,随主轴高速转动。
- 磁头、盘片以及相关机械部件和电路被密封在盘盒内。
- 磁头做径向运动。
- 采用接触启停式磁头。
- 硬盘上的信息按照记录面-磁道-扇区的方式组织,以扇区为单位存取。

(4) 硬盘的主要参数。

要为计算机添一块硬盘时,首先要决定新硬盘的容量。相对于内存来说,硬盘的容量大多了。内存现在一般以 GB 为单位,而硬盘一般都以 TB 为单位。

在选择硬盘时,可以看到商品介绍中有"5640 转/64MB/SATA3"等描述。这些是什么意思呢?

首先说这里面比较重要的参数"SATA3",它表示这个硬盘用的是 SATA3 接口。硬盘接口是硬盘与主机系统间的连接部件,其作用是在硬盘和主机内存之间传输数据。接口类型主要是指接口采用的标准。其实在图 2-11 中就已经出现了硬盘接口。外设都是通过接口连接到总线,然后再与其他部件通信的。不同的硬盘接口决定了硬盘与计算机之间的连接速度。

常见的硬盘接口有 IDE、SATA 和 SCSI 等类型,现在常用的是 SATA 接口。

IDE 是集成驱动电子电路(Integrated Drive Electronics)的缩写。意思是把控制器与盘体集成在一起的硬盘驱动器。IDE 接口也叫 ATA(Advanced Technology Attachment)接口。它是普通 PC 的标准接口。主板上标有 IDE 字样的接口插槽都是 40 针的并行 ATA(Parallel ATA,PATA)接口。IDE 接口的价格都比较低,而且兼容性强,所以多数主板上都有 IDE 接口,很长一段时间 PC 的硬盘都采用 IDE 接口。但是因为并口线的抗干扰性太差,且排线占空间,不利于计算机散热,所以逐渐被 SATA 接口取代。

SATA 接口就是串行 ATA(Serial ATA)接口,所以使用 SATA 接口的硬盘又叫串口硬盘。从名字上看 SATA 接口应该属于 IDE 接口,但 SATA 接口的插槽与 IDE 接口完全不同。SATA 是 2001 年制定的一种新接口标准。串行 ATA 总线使用嵌入式时钟信号,具备了更强的纠错能力,它能对传输指令(不仅是数据)进行检查,如果发现错误会自动校正,这在很大程度上提高了数据传输的可靠性。它支持热插拔,并且数据传输速率比 IDE 接口高。SATA 技术在不断的改进中,SATA 修订第 3 版(SATA Revision 3.0,SATA3)理论传输速率已经是 6Gb/s。

SCSI 的全称为小型计算机系统接口(Small Computer System Interface)。它并不是专门为硬盘设计的接口。它可以看作一条最多可以连接 1 个 SCSI 控制器和 7 个 SCSI 设备的总线。SCSI 应用的范围比较广。它可以支持多任务,速度比 IDE 接口快,对 CPU 的占用也较少,并且支持热插拔。但 SCSI 硬盘价格较高,因此 SCSI 硬盘主要应用于中高端服务器和高档工作站中。

现在再来说说前面的"5640 转/64MB/SATA3"的"5640 转",这是硬盘的转数,也就是主轴电机的转速。转速越高,单位时间内盘片在磁头下面通过的区域就越多,因而硬盘的读写速度也越快。常见的转速是每分钟 7200 转。

除了前面几个基本参数外,在选择硬盘时还要考虑以下几个和硬盘速度有关的参数。

一是平均寻道时间,这是指磁头在接到指令后找到指定磁道所需时间的平均值。显然这个时间越低越好。磁头定位好以后,还要等待相应的扇区转到磁头下方,这段时间称为旋转延时。这个时间应该是和转数相关的,所以考虑转数就行了。

二是缓存容量。在介绍存储系统的层次结构时介绍过缓存。这个思想在硬盘上也得到了利用,多数硬盘都增加了高速缓存,以提高硬盘的读取速度。"64MB"说的就是缓存容量。硬盘控制器提前把一些数据从盘片上读出来放到缓存中。缓存的读取速度快于盘片,显然,大容量的缓存对提高数据的访问速度是有帮助的。

三是硬盘的数据传输速率。它是指单位时间内能够从硬盘得到的数据量。不过这个参数有点儿复杂,它是随具体读写的情况变化的。对于采用分区域技术的硬盘来说,数据在硬盘不同磁道、不同扇区会导致数据传输速率的不同。而且数据的存放方式也会影响硬盘的数据传输速率。如果数据在硬盘上放得很分散,那么磁头就需要不断地移动定位,就会导致读取时间大大增加,降低单位时间内得到的数据量。而数据的存放方式是由操作系统决定的。由此可以看出,仅有好的硬件还不行,还需要好的软件配合。在第 4 章中会介绍磁盘的存储管理,将讨论怎样提高存储效率。因为数据传输速率变化太大,所以厂商在标示硬盘参数时更多地采用外部数据传输速率和内部数据传输速率。外部数据传输速率是指硬盘缓存和计算机之间的数据传输速率。而内部数据传输速率是指硬盘磁头与缓存之间的数据传输速率,也就是将数据从盘片上读出来然后存储在缓存内的速度。

重 点 提 示

硬盘使用注意事项:
- 防止剧烈震动。
- 防止突然断电。
- 注意散热。

（5）固态硬盘。

除了前面介绍的硬盘,现在还有一种比较流行的硬盘,称为固态硬盘(Solid State Drives,SSD),简称固盘。固态硬盘在接口的规范、功能及使用方法上与传统硬盘完全相同,在产品外形和尺寸上也与传统硬盘一致,但固态硬盘是用固态电子存储芯片阵列制成的硬盘,由控制单元和存储单元组成,其 I/O 性能相对于传统硬盘大大提升。固态硬盘也称为电子硬盘,前面介绍的传统硬盘则被称为机械硬盘。

固态硬盘采用闪存(flash memory)作为存储介质,后面介绍的 U 盘也使用这种材料。其读取速度相对于机械硬盘更快。它不用磁头,因此寻道时间几乎为 0。它也没有机械马达和风扇,所以它比容量相同的机械硬盘体积小、重量轻,工作时噪声为 0。在工作状态下能耗和发热量较低(但高端或大容量产品能耗较高)。其内部不存在任何机械活动部件,不会发生机械故障,也不怕碰撞、冲击和震动。传统硬盘驱动器只能在 5～55℃工作,而大多数固态硬盘可在-10～70℃工作。

固态硬盘采用的接口有 SATA3 接口、M.2 接口、MSATA 接口、PCI-E 接口、SAS 接口、CFast 接口和 SFF-8639 接口等。

但是固态硬盘长时间断电并在高温环境下放置会有数据丢失的风险,因此使用固态硬盘备份数据并不是一个很好的选择。

2）光盘

接下来介绍光盘及其读写设备——光盘驱动器。

（1）光盘的存储原理。

光盘主要利用了光的反射原理。现在常见的光盘按照是否支持写入可以分为只读光盘(CD-ROM)、一次性可写光盘、可读写光盘。这 3 种光盘都是利用激光读写的,但是制造材料和原理上略有不同。

CD-ROM 的意思是光盘只读存储器,所以这种光盘是不能写的。从商店里买来的 CD 唱碟和 DVD 影碟等都是 CD-ROM。为了表示数据,在 CD-ROM 的表面上有两种不同的状态,一种是平的,另一种是凹坑。当用一束激光照射 CD-ROM 时,有凹坑的地方和平的地方反射光的强度就会不同。通过对反射光强度的判断,光盘驱动器就可以分辨出 CD-ROM 表面被照射的地方是凹坑还是平的,这样就可以把 CD-ROM 上的数据解释出来了。图 2-26 是 CD-ROM 表面的剖析。从中可以看到,中间一层是有凹坑的表面。在这一层之上是反射层,这是光盘看起来亮晶晶的缘故。镀的材料不同,CD-ROM 的颜色也不同。最上面是保护层,在这一层可以印上 CD-ROM 的图文说明。

与硬盘使用同心圆环磁道不同,CD-ROM 上的光道是螺旋形的,如图 2-27 所示。数据沿内螺旋线按顺序存放在 CD-ROM 上,因此 CD-ROM 的读取速度比硬盘慢。光道上每位数据所占用的长度相同,也就是整个 CD-ROM 的位密度是相同的。

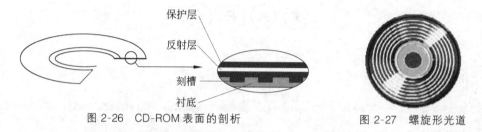

图 2-26　CD-ROM 表面的剖析　　　　　图 2-27　螺旋形光道

为了降低生产成本、加快生产速度,只读的原版 CD-ROM 都是批量生产的。先用激光通过软件烧制母版,然后根据母版形成压模,最后用塑料注塑成型机通过压模把数据压制到塑料盘上。因此,在出厂时 CD-ROM 表面的这些凹坑就固定了,以后不能再更改,CD-ROM 也就只能读不能写了。

重　点　提　示

CD-ROM 表面有凹和平两种情况,会使反射光的强度发生变化,因而可以表示信息 0 和 1。
CD-ROM 上的光道是螺旋形的。
整个 CD-ROM 的位密度是相同的。

CD-ROM 只能读不能写,且要批量生产。为了方便大家自制 CD-ROM,人们开发出了一次性可写光盘,简称 CD-R,也称 WORM(Write One Read Memory)光盘。有了 CD-R,就可以通过特制的刻录机把你的歌声、程序或者排演的小品存储在上面,送给任何你想送的人。现在最便宜的 CD-R 盘只要几角钱。但是,CD-R 只能写一次。那么,CD-R 是怎样存储信息的呢?它是怎样写入数据的呢?为什么又只能写一次呢?CD-R 中有一个特殊的染料层。这种染料在高功率激光的照射下会发生化学变化,形成类似 CD-ROM 上的凹坑。不过这种变化是不可逆的,因而 CD-R 只能写一次。当读 CD-R 时,用的激光强度要比写的时候低很多,所以不用担心把 CD-R 读坏了。

除了 CD-R 外,还存在一种支持读写的光盘。这种光盘被称为 CD-RW,即可读可写 CD。它可以作为硬盘的替代。这种光盘可以多次擦写,目前的实现技术主要有热磁反转和相变记录两种。热磁反转光盘称为 MO(Magneto Optical)光盘。它的记录层采用对温度敏感的磁性材料制成。这种材料在温度达到特定高度时就会被外界磁场改变磁极方向,低于这个温度时就保持原来的磁极方向。相变光盘利用了一种特殊存储介质的性质,它在特定温度下能够进行晶态和非晶态的可逆转变。因为晶体和非晶体对光的反射和折射率不同,因而可以表示出两种不同的状态,这两种状态就可以被解释成 0 和 1 了。

一般光盘的存储容量在 600MB 左右。这个容量对多数影片来说都需要两张光盘才能放得下。DVD 通过一系列技术手段把容量扩展到 GB 级。DVD 采用的技术包括缩小光盘上光道之间的距离、减小每个凹坑的长度、使用两个盘面记录数据以及在一个面上制作多个记录层。对于在同一面上有多个记录层的光盘,下面的记录层用激光可以穿透的半透明材料制成,这样激光就可以通过这一层读取它上面一层中的数据。双面双层 DVD 的容量可以达到 17GB,不过这种盘片对生产工艺要求比较高,因而生产成本也比较高。

（2）光盘驱动器。

访问光盘上的数据需要光盘控制器和光盘驱动器的配合。光盘控制器和光盘驱动器一般集成在一起。CD-ROM、CD-R 和 DVD 的原理各不相同,所以它们的驱动器也不一样。这里只简要介绍 CD-ROM 的驱动器。

CD-ROM 驱动器主要由主轴电机驱动机构、定位机构、光头装置及电路等构成。和硬盘驱动器的原理类似,CD-ROM 驱动器的工作模式也是通过主轴电机高速转动 CD-ROM,光头径向运动定位到数据位置读出数据。

光头主要由激光二极管、光电二极管以及一系列透镜构成。激光二极管会产生一定波长的激光束。激光束照射到 CD-ROM 上会被反射回来。反射光照射在光电二极管上会被转换成电流。因为 CD-ROM 上的凹和平会导致反射光的强度不同,所以形成的电流强度不同。CD-ROM 驱动器再对其进行相关的处理和解释,就可以得到 CD-ROM 上的数据了。

目前使用的光驱设计技术中,光盘的转动方式有两种,一种称为恒定线速度（Constant Linear Velocity,CLV）,另一种称为恒定角速度（Constant Angular Velocity,CAV）。恒定线速度方式下,光头在单位时间内经过的光道长度是固定的。因为每位信息在光道上占用的长度相同,那么光头在单位时间内读取的数据量也是恒定的。可是光盘外圈光道要比内圈长,为了保持恒定线速度,当光头在外圈光道上时,光盘的转动速度应该比在内圈时快。也就是说主轴电机的转动速度必须不断随光头的位置变化。这对于电机来说是个不小的挑战,会使主轴电机的寿命缩短。所以恒定线速度只用在速度较低的光驱中。恒定角速度则是指光头相对于光盘中心的角速度是恒定的。这也就意味着,无论光头在光盘的哪个光道上,光头相对于光盘中心移动的角度是一定的。这样,光头在外圈光道上移动的距离就要长于在内圈上移动的距离,在数据位密度不变的情况下,光头在外圈单位时间内扫过的数据位就要多于内圈,所以在角速度恒定的情况下,光驱的数据传输速率是变化的。厂家给出的光驱数据传输速率多数是指访问最外圈光道上数据时的传输速率。高速光驱多采用恒定角速度的方式。

3）U 盘

U 盘是最近几年兴起的一个新型存储设备。在 U 盘出现之前,移动存储主要依靠软盘。软盘只有 1.44MB 的存储容量,早就满足不了用户的需求了。但是,由于没有找到合适的替代品,所以在很长的时间内勉强使用着。U 盘的出现迅速地结束了软盘的历史。同软盘相比,U 盘体积更小,重量更轻,携带更方便,存储量更大,读取速度更快,且价格也不贵。

一些 U 盘也称闪盘。这两种称呼分别反映了 U 盘的两个结构特性。称其为 U 盘是因为它是通过 USB 接口与主机系统进行数据传输的。U 盘采用闪存芯片存储数据。闪存芯片要占 U 盘体积的近 2/3。所以从结构上说,闪盘应该说是更确切的描述。不过多数用户并不关心存储器内部采用什么机制存储数据,而是通过什么方式把它连接到计算机上更为重要和直观,所以用户更容易接受 U 盘的称呼,尽管通过 USB 接口连接到计算机的存储设备不止这一种,例如,很多移动硬盘就使用 USB 接口。

闪存和 USB 接口都不是新技术。闪存技术的应用开始于 20 世纪 80 年代中期,而 USB 接口是 WINTEL 在 20 世纪 90 年代公布的一个公用标准。

单晶体管在通电以后能够改变状态,不通电就固定状态,闪存主要是利用单晶体管的这一特性存储信息的。一般来说,闪存的写入速度比读出速度慢,所以用闪存作为音乐播放器的存储器比较合适,因为一次存储的歌曲一般要听许多次。

目前常见的闪存类型有 NAND 和 NOR 两种。这两种闪存在基本的数据存储方式和操作机理上完全相同,但是在电荷生成以及存储方案上有所不同,因而也形成了一些不同的特性。

相对来说,NOR 型闪存的随机读取速度较快,但是容量较小,所以多用在手机、掌上计算机等需要直接运行代码、读入速度要求较高、容量要求较低、安全性要求较高的场合。NOR 型闪存的擦写次数约为 10 万次。

NAND 型闪存的读写是以页和块为单位进行的(一页包含若干字节,若干页组成存储块),这样更适合大容量数据的传输。但由于 NAND 型闪存内部没有存储控制器,并且串行存取数据,因此随机存取速度较慢。NAND 型闪存出现坏块时也会随机分布且无法修正,因此它的可靠性相对于 NOR 型闪存也要低一些。相对 NOR 型闪存,NAND 型闪存可提供更大的容量和更快的写入速度,所以 NAND 型闪存多用于与数据存储相关的领域,如移动存储产品、各种类型的闪存卡、音乐播放器等。它的成本较低,擦写次数较多,约 100 万次。U 盘多采用这种类型的闪存。

U 盘内部的结构很简单,除去一大块闪存外,其余部分就是控制芯片以及一些必需的电路,如供电电路、时钟电路等。

U 盘通过 USB 接口与主机系统进行数据传输。
U 盘采用闪存芯片存储数据。

2. 显示设备

显示器是非常重要的输出设备。计算机系统中没有一件设备能像显示器这样吸引人们的目光。实际上,计算机的显示系统由两部分构成:一部分是显示器,也叫监视器;另一部分是插在主板上、负责将监视器和主板连接起来的板卡,称为显示适配器,就是人们常说的显卡。显卡也有集成在主板内部的。

目前最常见的显示器是液晶(Liquid Crystal Display,LCD)显示器。其他类型的显示器还有等离子显示器(Plasma Display,PD)、发光二极管(Light Emitting Diode,LED)、电泳显示器、有机发光二极管(Organic Light-Emitting Diode,OLED)等。

原来计算机系统中使用最广泛的是 CRT(Cathode Ray Tube,阴极射线管)显示器。它的成本较低,色彩鲜明而且真实。但是它体积也比较大,很重,放在桌子上也比较占地方,现在已经很难见到了。

1) 液晶显示器的成像原理

在介绍液晶显示器的成像原理之前,要先说说三原色。人们眼中看到的五彩缤纷的世界是由于不同物体对不同色光的反射而形成的。所有的色彩都可以通过选定 3 种颜色的单色光以适当的比例形成。这 3 种被选定的颜色称为三原色。三原色必须是独立的，也就是说其中的任一种原色都不能由其他两种混合得到。人的眼睛对红、绿、蓝 3 种颜色比较敏感，而且这 3 种颜色能够配出大部分颜色，所以显示器就用这 3 种颜色作为原色。

显示器在显示一幅图像时，把图像分成一个一个小点，这些小点被称为像素。对于一幅图像，把它分得越细，那么用这些点再还原出来的图像和原始图像就越接近。所以，显示器屏幕上的像素应该越多越好。早期显示器屏幕上每行有 800 像素，每列有 600 像素，也就是一共有 800×600 像素。屏幕上能够显示的像素的个数被称为显示器的分辨率。显然，在同样面积下，分辨率越高，显示效果越清晰。

下面来看液晶显示器是怎样成像的。液晶是一种有机化合物，常态下呈液态，但是它的分子排列却和固态晶体一样非常规则，因此取名液晶。如果给液晶施加一个电场，会改变它的分子排列，这时如果配合偏振光片，它就具有阻止光线通过的作用（在不施加电场时，光线可以顺利通过）。如果再配合彩色滤光片，改变施加给液晶的电压大小，就能改变某一颜色透光量的多少。液晶本身并不发光，液晶显示器需要有一个光源，现在的液晶显示器都有一个所有像素点共用的白色背光源，并且有一块导光板（或称匀光板）和反光膜，主要作用是将线光源或者点光源转化为垂直于显示平面的面光源。背光源发出的光线在穿过一层偏振过滤层之后进入液晶层。液晶层中的水晶液滴都被包含在一个个细小的单元格结构中，一个或多个单元格构成屏幕上的一个像素。在彩色液晶面板中，每一个像素由 3 个液晶单元格构成，单元格前面分别有红色、绿色和蓝色的滤光片。通过控制液晶单元格的电压可以改变这些颜色的强度，这样，通过不同单元格的光线就可以在屏幕上显示出不同的颜色。

再看显示器的屏幕尺寸。人们常说一个显示器是"15 寸"的或者"18 寸"的，指的就是屏幕尺寸。"15 寸"是指屏幕的对角线长度是 15in。同样数目的像素分布在不同尺寸的屏幕上效果是不一样的。相同的分辨率在不同屏幕尺寸上显示的效果显然不同。所以，人们引入了另一个参数，它就是两个像素之间的距离，被称为点距。这是选择显示器时一个重要的参数。点距越小，显示器能达到的分辨率就越高，显示的画面就越清晰。

显示器还有一个参数叫刷新率，也就是屏幕画面每秒被刷新的次数。显然，刷新率越高，显示画面越流畅。如果刷新率太低，人会感觉到有画面闪烁和抖动。

重　点　提　示

显示屏上能够显示的像素的个数称为显示器的分辨率。
显示器两个像素点之间的距离称为点距。

2）显示适配器

当要显示一幅图像时，计算机会把图像的信息存储在一个显示缓存区（显存）中。显存又称为视频存储器（Video RAM，VRAM）。假设图像以像素点阵的方式存储在 VRAM 中，显示器的分辨率是 1024×768，可以表示 16 种颜色。图像的信息在显存中以二进制形式表示，为了区分 16 种不同的颜色，至少需要 4 位二进制数。因此在显存中一幅图像要占用的空间为 1024×768×4b/8＝393 216B，也就是近 400KB 的空间。现在一般显示器都支持 32 位颜色，也就是用 32 位二进制数表示颜色，这样能够表示的颜色数可以高达 2^{32} 种，一幅图像占用的空间也增加到 1024×768×32b/8＝3 145 728B，即 3MB 的空间。显存的存取速度必须满足刷新率的要求。因此,显示器的分辨率、刷新速度、能够表示的颜色等除了跟显示器自身有关系外,还受到显存的限制,二者必须配套,才能达到预期的效果。但是显存并不是放在显示器中的,而是放在一个和显示器配套使用的设备——显示适配器(即显卡)中的。通常它的制造厂家与显示器也是不同的。

显卡通常是一块接口卡,插在主板的特定插槽上,如图 2-28 所示。也有很多显卡被集成在主板上。显卡上有接口,负责连接显示器,所以显卡是连接显示器和主机系统的桥梁。

图 2-28　显卡

显卡主要由显示芯片、显存、数据转换器等几部分组成。以前显卡的主要作用就是连接显示器以及向其提供显示数据。例如,CRT 显示器只能接收模拟信号,显卡需要把计算机中按数字信号存储的图像信息转换成模拟信号发送给显示器。而现在显卡上一般会集成处理器,负责处理跟显示有关的一些工作,以便分担主机 CPU 的工作,加快显示的速度。这样对显存的要求就提高了,它需要存储更多的信息,因而现在显存的容量越来越大。显卡的处理器称为图形处理单元(Graphics Processing Unit,GPU),它与计算机的 CPU 类似。但是,GPU 是专为执行复杂的数学和几何计算而设计的,这些计算是图形渲染所必需的。某些快速 GPU 所具有的晶体管数目甚至超过了普通 CPU。GPU 会产生大量热量,所以它的上方通常安装了散热器或风扇,在图 2-28 中可以清晰地看到显卡 GPU 上的风扇。此外,显卡还有基本输入输出系统(BIOS)芯片,该芯片用于存储显卡的设置以及在启动时对显存、输入和输出执行诊断。

显卡一端连接主机,另一端连接显示器,所以它有两个接口。

显卡与主机的常见接口有 PCI 接口、AGP(Accelerate Graphical Port,加速图形端口)接口、PCI-E 接口 3 种,这些在 2.2 节中提到过。早期的显卡功能比较简单,和主机通信主要采用通用的外设接口,如早期的 ISA 接口、VESA 接口、PCI 接口等。目前这几种接口的显卡都已经被淘汰。AGP 接口是为了提高主机和显卡的通信速度而专门为显卡设计的接口标准。目前主流的显卡接口是 PCI-E 接口。PCI-E 也是一种通用总线标准,可以提供比PCI 更高的速率。

显卡与显示器的接口主要有 VGA、DVI、HDMI 3 种,分别如图 2-29～图 2-31 所示。

图 2-29　VGA 接口　　　　图 2-30　DVI 接口　　　　图 2-31　HDMI 接口

VGA 接口是 15 针 D-Sub 输入接口,它传递给显示器的是经过转换的模拟信号。

DVI(Digital Visual Interface,数字视频接口)传递的是数字信号,因此比较适合连接数字化显示设备。DVI 接口支持热插拔。DVI 接口主要是针对 PC 设计的接口,它只支持 8 位的 RGB 信号传输,不能让广色域的显示终端发挥最佳性能。出于兼容性考虑,DVI 接口预留了不少引脚以支持模拟设备,这造成接口体积较大,效率很低。

由于上述原因以及一些新的需求,产生了满足高清视频行业发展的接口技术——HDMI 接口,即高清晰度多媒体接口(High Definition Multimedia Interface)。HDMI 接口不但能传输图像信号,还支持数字音频信号,是一种数字化视频/音频接口技术,是适合影像传输的专用型数字化接口,最高数据传输速率为 2.25GB/s。它是目前很多显卡支持的输出接口。HDMI 接口还能搭配高宽带数字内容保护(High-bandwidth Digital Content Protection,HDCP)技术,可以保护影音内容的著作权。

显示器必须和显卡配合使用。
显卡目前使用 AGP 接口和 PCI-E 接口的较多。

3. 打印机

打印机是较早出现的输出设备,也是目前仍然在使用的输出设备。打印机按照打印原理可以分为针式打印机、喷墨打印机和激光打印机。其中激光打印机的质量最高,速度最快,价格也比较贵。下面介绍激光打印机的工作原理和参数。

1) 激光打印机的工作原理

激光打印机的核心部件是以碳粉和感光鼓为主的碳粉盒以及激光扫描器。感光鼓是一个用合金制成的圆筒,表面镀有一层光导体感光材料,通常是硒,所以感光鼓也叫硒鼓。

图 2-32 是激光打印机的内部结构。当打印机准备好数据开始打印时,首先会给感光鼓充电,让它表面均匀地带有一层电荷(或正或负)。接下来,打印机的控制电路根据要打印的数据形成激光束,对感光鼓进行扫描照射。要打印的地方关闭激光束,空白的地方打开激光束。感光鼓上被激光照射的地方就变成了导体,电荷被释放。这样,感光鼓上带电的区域就是要打印的影像。感光鼓转动,激光继续扫描下一行。而前面的静电影像就转到碳粉盒前,这样带电的区域就会吸附上碳粉,在感光鼓表面形成要打印的信息。感光鼓继续转动,遇到

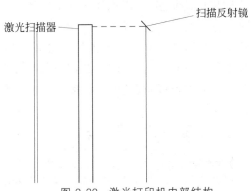

图 2-32　激光打印机内部结构

了打印纸。打印纸在此之前被充上与感光鼓相反的电荷，由于正负电荷相互吸引，感光鼓上吸附的碳粉就传给了打印纸。打印纸再经过高温辊筒的烘烤，碳粉融化后永久性地印在纸面上，所以每次打印出来的纸都是热乎乎的。然后感光鼓被放电，表面残留的碳粉也被清除，打印机开始新的打印任务。

感光鼓属于耗材，它的使用寿命是有限的，这是使用激光打印机的日常开销之一。现在很多打印机支持鼓粉分离的设计技术以降低使用成本。这样，当粉盒里的碳粉用完时，只要更换粉盒，而不用更换感光鼓。那么，什么时候换感光鼓呢？一般这种鼓粉分离的打印机都带有一个感光鼓计数器，它会告诉用户什么时候感光鼓的寿命结束了。

2）打印机的参数

现在介绍打印机的几个关键参数。首先要介绍的参数是分辨率，它的单位是 DPI，就是每英寸上（可打印）的点数（Dot Per Inch）。在介绍鼠标的性能时还会遇到这个单位。固定大小区域内打印的点数越多，图像就越清晰。如果只打印文字，一般不必要求很高的分辨率。因为分辨率高的打印机价格也贵。

第二个参数就是打印速度。现在多用每分钟打印的页数描述，缩写是 PPM（Pages Per Minute）。这个数据也分两种情况：一是指打印机在最快时能够打印的页数；二是指打印机在连续打印时每分钟的平均打印页数。所以，一定要弄清楚 PPM 到底指的是什么。当然，无论哪个值，厂家给出的都是最理想情况下的数据，现实往往和理想会有差距。

除此之外，打印机能够打印的最大幅面也是一个重要的参数，例如最大能够打印 A4 幅面或 A3 幅面。当然，支持幅面越大，打印机的价格也越高，从打印机的外形尺寸也能看出这个特点。

对于激光打印机，还要考虑它的首页输出时间，也就是从打印机接收信息开始到第一页打印出来的时间。

每台打印机都有自己的内存，称为缓冲区。缓冲区越大，一次输入的数据就越多。这样可以减少其与主机的通信次数，加快打印速度，减轻主机的负担。而且，现在越来越多的打印机以网络连接形式为多台主机服务，大的缓冲区也就更加重要了。

打印机使用的传统接口是并行接口。并行接口和串行接口是最常见的两种通用接口。以前的鼠标就是接在串行接口上的，而打印机则多连接在并行接口上。串行接口是指外设与接口间是一位一位传输数据的，因而速度较慢；而并行接口则同时传送一字节或者一个字，也就是一次能传送多位。总线上的数据传输是并行的，因此串行接口从外设串行得来的数据需要进行处理后并行地放到总线上。目前，使用 USB 接口的打印机越来越多。也有打印机使用 SCSI 接口，但是这种接口还是很贵，因而使用并不广泛。

现在很多单位都使用网络打印机，以提高资源的利用率。网络打印一般通过两种形式实现。一种是选择一台主机作为打印服务器。这台主机通过并行口连接打印机，其他主机通过网络将打印任务传递给打印服务器，再由打印服务器将任务发送给打印机。另一种则是把打印服务器直接内置在打印机中，打印机提供网络接口连接到网络，网络中的主机将打印任务直接发送给打印机。

重 点 提 示

打印机的基本参数包括打印分辨率、打印速度、最大幅面、首页输出时间、缓冲区大小、接口类型等。
网络打印一般有两种形式，一是使用一台主机作为打印服务器，二是使用内置打印服务器的打印机。

4. 鼠标

鼠标是最常用的输入设备。它因为拖着一个长长的尾巴,看起来像个老鼠而得名。现在的无线鼠标因为没了尾巴,看起来有点儿名不副实了。小小的鼠标在计算机发展中起了不小的作用,想想没有鼠标的图形界面怎样使用,就知道鼠标的重要性了。

鼠标按照工作原理的不同,主要分为机械式鼠标和光电式鼠标两种。这里简单介绍光电式鼠标的工作原理。

作为输入设备,鼠标要传递给计算机的信息很简单,就是鼠标的移动状况。因此鼠标的任务也就是判断自己位置的变化,并通知给计算机。光电式鼠标通过外界对光的反射判断自己的位移状况。光电式鼠标里面有一个发光二极管,会发出光线,所以工作时有光线从鼠标底部射出。早期的光电式鼠标必须与一个带格子的鼠标垫配合使用。当鼠标从鼠标垫的格子上经过时,反射光的强度就会发生变化。鼠标内部的逻辑电路可以计算出在两个方向上移动的格数,从而判断出鼠标的位移。但是,鼠标必须与特制的垫子一起工作很不方便,因而新的光电式鼠标不再用鼠标垫作为参照物。它将底部表面反射回来的光线传到一个光感应器件内形成图像。光电式鼠标每隔很短的时间(几毫秒)就这样拍一次照,然后比较两个图像的区别,从而判断出自己的移动方向和距离。

对鼠标来说,最重要的指标是它的分辨率。这里分辨率的意思是指鼠标能够感知的移动距离。以前对鼠标分辨率最常用的描述是 DPI,在这里表示鼠标每移动 1in 所能检测出的点数。对鼠标来说,DPI 越大,用来定位的点数就越多,定位精度也就越高。

现在多用 CPI(Count Per Inch 描述鼠标的分辨率,即每英寸测量次数)也就是鼠标在桌面上每移动 1in 距离所产生的坐标数。CPI 越大,当然鼠标的灵敏度也就越高。CPI 的倒数就是鼠标能够感知的最小移动距离。只有超过这个距离的移动,鼠标才能感觉到。

光电式鼠标还有一个特有的性能指标称为采样频率。它指光感应器每秒采集或分析图像的次数,也就是光电式鼠标单位时间内照相的次数,单位为帧/秒。这个值当然越大越好。如果鼠标位置移动得太快了,前后两次的照片没有重合的地方,这种情况被称为丢帧,会造成光标暂时消失。

早期的鼠标使用串口。串口通信的数据传输率太低,而且不支持热插拔,所以现在已经很少使用这种接口了。在串口鼠标之后出现了使用 PS/2 接口的鼠标。PS/2 接口是鼠标和键盘的专用接口,是一种 6 针的圆形接口。PS/2 接口的传输速率比串口快一些,是目前应用最为广泛的鼠标接口之一。鼠标和键盘的 PS/2 接口不能通用,一般 PS/2 接口旁边都有相应的图示,并且颜色也不同。通常鼠标的 PS/2 接口为绿色,键盘的 PS/2 接口为紫色。现在越来越多的新鼠标使用的是 USB 接口。USB 接口比前两种接口的传输速度快很多,而且支持热插拔。

光电式鼠标通过外界对自己所发出的光的反射情况来感知自己位置的变化。
光电式鼠标如果采样频率太低,就容易导致丢帧。

5. 键盘

作为输入设备,从按键数量来看,键盘可以比鼠标输入更多的信息。但是键盘实现起来应该不比鼠标复杂,因为键盘不需要移动。键盘只需要判断出哪个键被按下,然后把这个信息传递给主机就行了。键盘采用很简单的原理得知键被按下的信息。键盘上的每个键对应一个开关,所有的开关排列成一个矩阵结构,每个键开关位于行和列的交叉处,如图 2-33 所示。当有一个键被按下时,该处对应的开关就被闭合,键盘通过扫描每行和每列上的电压变化就能知道哪个位置上的键被按下了。

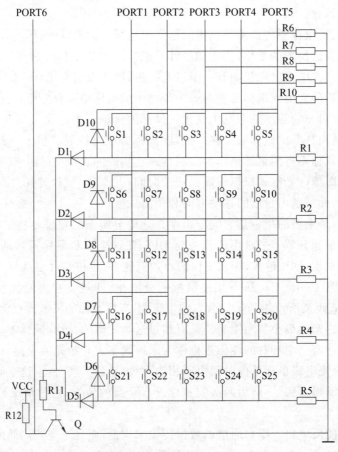

图 2-33　键盘矩阵结构

　　判断出按键的位置之后,键盘需要把信息传递给主机。但是它不能只简单告诉主机哪行哪列的键被按下了,而是要说清楚按下的键代表什么意思。有两种方式可以把按键对应成字符。一是硬件方式,通过硬件直接得到按下的键对应的字符。这种方式实现起来也不难。把每个键对应的字符存储在 ROM 中,然后把每个键的位置信息和对应字符在 ROM 中的地址以硬件方式对应,这样,当某个键被按下时,其对应的字符就可以被读出。采用这种方式的键盘识别按键的速度很快,但是每个键对应的字符不能改变。这种键盘被称为编码键盘。与其相对的就是非编码键盘。得知一个被按下键的位置后,非编码键盘通过软件在一张表中查找对应的字符。这样,只要修改表的内容,键对应的字符也就改变了。所有这些工作,无论软件还是硬件,都是在键盘中的控制芯片的控制下完成的。

　　按照按键开关闭合的方式,键盘可以分为接触式和非接触式两种。所谓接触式就是开关是实实在在地碰到一起。早期的机械触点式键盘就是典型的接触式键盘。这种键盘使用电触点接触作为连通标志,使用金属弹簧作为弹力机构。这种键盘因为弹簧和电触点都比较容易坏,所以已经被淘汰了。非接触式键盘的典型代表是电容式键盘。它用弹性橡胶制作的弹簧取代了金属弹簧,通过按键底部和键盘底部的两个电容极板距离的变化带来的电容量变化获得按键的信号。电容式键盘的价格较高。目前使用较多的是薄膜接触式键盘。这种键盘中有 3 层塑料薄膜,上下两层印有电路,在每个按键的下方,这两层薄膜上有对应的触点。中间层没有电路,它把上下两层隔开。但是,中间层在每个键对应的地方留有圆孔。这样,当某个键被按下时,上下两层薄膜的触点就接触了。这种键盘也使用弹性橡胶弹簧,因而手感和电容式键盘比较接近,但是它的制造成本较低。

早期的键盘多使用 AT 接口,也被称为"大口"。后来的键盘则多用 PS/2 接口,俗称"小口"。现在的键盘则多使用 USB 接口。

下面再谈谈键盘上的按键布局。不同键盘的按键个数略有不同,如 104 键、101 键、83 键等。但是键盘中间的 26 个字母都是一致的,而且位置也是固定的。这个字母排列是怎么来的? 这种排列是从打字机的键盘继承过来的。早期的机械打字机上每个字母按键控制一个金属杆,金属杆的末端刻着一个字母。为了让这些按键敲打出的字母在纸上一个挨着一个,这些金属杆的距离很近。当打字速度快起来的时候,这些金属杆就会相互"打架"。为此,打字机的设计者经过一番研究,把所有常用字母的距离都排得尽量远,这样就可以减少金属杆互相碰撞的情况了,最后就形成了今天使用的键盘的布局。这种布局使人们的手指在键盘上的移动距离尽可能地长。现在人们已经不用机械打字机打字了,所以这种设计也就完全没有必要了。然而,尽管后来有很多更合理的键盘布局,但是因为人们已经习惯这种键盘而无法改变了。这种现象在软件行业也很多见,尽管很多新开发的软件比人们用惯了的一些软件更优秀、更合理,但是都因为无法战胜用户的习惯而夭折。所以,抢占市场先机非常重要。

　　键盘通过排列成矩阵的键开关判断被按下的键。
　　编码键盘每个键对应的字符不能改变。
　　薄膜接触式键盘是目前使用较多的键盘。

2.5.2　驱动程序

前面介绍的几种 I/O 设备的原理和作用都各不相同,与主机的连接方式也不同。可想而知,主机也必须采用不同的方式操作这些设备。可是计算机怎样管理和使用种类繁多的外设呢? 另外,人们经常听到一个词——即插即用,也就是说把一件外设插到主机上,然后就能够使用它。这些都是怎样实现的呢? 实际上,计算机是依靠一个称为驱动程序的软件认识和操纵外设的。

驱动程序不是一个软件的名字,而是指一类软件。每个外设都有自己的驱动程序。第 1 章提到一个事实,用户或者说应用程序并不是直接操纵硬件的,而是通过操作系统平台。例如,当准备打印自己写的技术报告时,直接用鼠标单击 Word 工具栏中的打印机图标,通知打印机打印这篇报告。然后,打印机就开始工作,报告就被打印出来了。实际上,我们轻轻地一按,计算机要做很多工作。首先它要判断这台打印机是否处于就绪状态。主机要和打印机通信,把打印任务发送给打印机。这需要了解通过什么接口传递以及与这个接口通信需要采用什么命令。主机需要知道让这种打印机工作要发送一个什么样的信号,还要判断打印机的缓冲区目前的剩余空间是否够用等一系列事情。这些工作细碎而又烦琐,并且有些具体的动作会因为使用的打印机不同而不同。显然 Word 软件的设计者要想把这件事情做好,必须了解所有的打印机以及接口。这个任务显然会牵扯 Word 软件设计者的很多精力,而 Word 软件的主要功能只是要给用户提供一个好的文档编辑环境。如果每件事情都从头做,这个软件恐怕就不会写出来了。实际上,按照计算机系统的层次结构,Word软件只专注实现排版功能,而像怎样使用打印机这样的事情则交给操作系统实现。

操作系统为应用程序屏蔽了各种硬件的复杂特性,但是操作系统的设计者也不可能了解所有的外设,尤其是新的外设还在不断地出现。因而操作系统的设计者想了一个办法,让外设的设计者和生产者向操作系统提供访问这些设备的手段,即提供使用和管理外设的软件。这个软件就是驱动程序。毕竟每个外设的设计者熟悉自己的外设的属性,知道怎样使用外设更合理、效率更高。因为操作系统要通过驱动程序才能认识和使用各种外设,所以一个设备连接到计算机上之后,在使用之前,必须做的一件事情就是安装相应的驱动程序,如为新插上的显卡安装显卡驱动程序、为声卡安装声卡驱动程序等。

驱动程序就相当于给了操作系统一个设备的使用说明书和工具。当然使用说明书要按照操作系统能够读懂的格式来写。操作系统有很多种,如 Windows 和 Linux。它们对驱动程序格式的要求也不尽相同,因此每种设备在不同操作系统下都有驱动程序,在不同操作系统下要安装不同的驱动程序,不能互换。此外,设备不同,说明书当然也不一样。因此每种设备都有自己的驱动程序,多数时候不同型号的同一种设备的驱动程序也不一样,例如同一家公司不同型号的激光打印机分别有自己的驱动程序。如果安装了错误的驱动程序,设备可能就不会正常运行。

可是我们好像并没有给键盘和硬盘安装驱动程序,这些设备一样能够使用。这是因为这些常见设备的驱动程序已经被集成到操作系统中了。有时候新安装一个硬件,例如给计算机新换一个显卡,好像没安装驱动程序也能工作。发生这种情况有两种可能的原因。一种情况是这种显卡比较常见,操作系统带有它的驱动程序。操作系统通过一些特殊的方式能够认出这种显卡,然后就自动安装了它的驱动程序。还有一种情况是操作系统并没有认出这种显卡,但是它选择并安装了一个最常见、最简单的显卡驱动程序。这时新的显卡能工作,显示器上能够出现图像。但是,显卡并没有正常工作,它的许多能力都没发挥出来,例如,分辨率本来可以达到 1024×768,但是现在只能是 800×600。要想让显卡正常工作,就需要找到并安装与显卡匹配的驱动程序。

如果新安装的硬件是很流行的类型,那么操作系统一般会带有它的驱动程序,因而会自动找到并安装相应的驱动程序。但如果是比较新的产品,那就需要用户提供驱动程序了。一般新买到的硬件都会附带一张针对主流操作系统的驱动程序光盘并配有说明书,只要照着做就行了。但是,过一段儿时间如果计算机出了问题,不得不重新安装操作系统,那么这些驱动程序也需要重新安装。找不到原来那张光盘,首先要弄清楚需要驱动程序的硬件的品牌和型号,然后到网络上去找,尤其是到该硬件产品厂家的网站上找,一般都会有收获。如果计算机使用的不是主流操作系统,那么硬件附带光盘上一般不会有针对这种操作系统的驱动程序。这时候也需要这样自己去找,或者与硬件经销商联系。

2.5.3　外设与主机间数据传输的控制方式

本节介绍主机和外设之间传输数据的几种方式。

第一种方式称为程序直接控制方式。这里的程序就是指驱动程序,由它直接控制主机和外设之间的数据传输。不过从用户到外设,中间要涉及很多不同的程序。例如,通过 Word 使用打印机,告诉打印机把文档打印出来。应用程序把任务转交给操作系统,如 Windows。而操作系统再去寻求驱动程序的帮助,最终和打印机联系上。

下面就来介绍驱动程序是怎样控制数据传输的。首先驱动程序命令 CPU 初始化外设,也就是告诉外设做好准备工作。在上面的例子里,外设就是打印机。然后,CPU 就开始不断地用测试指令检测外设的状态,即不停地查看外设准备好了没有,直到外设准备完毕,给了 CPU 一个肯定的回答(具体怎样实现在第 4 章介绍)。CPU 把数据传送给外设,即把文档传送给打印机,并开始等待,直到打印机打印完毕,告诉 CPU 完成任务。在打印机打印期间,Word 不能做别的事情,只有等待,实际上是 CPU 不能做别的事情。打印机打印的速度是很慢的,CPU 要一直等待打印机完成任务。

显然,使用程序直接控制方式,CPU 乃至整个计算机系统的效率都很低。造成这种结果的根本原因是 CPU 和外设串行完成任务,CPU 的速度太快,相对来说外设的速度就太慢了,不仅浪费了 CPU 的时间,也浪费了用户的时间。所以,通常程序直接控制方式只用在与高速外设之间进行数据传输的情况。

既然程序直接控制方式效率这样低,那么应该怎样改进呢?其实也不难,不让 CPU 闲等就行了。在外设处理数据期间,让 CPU 去做别的事情。等外设做完了事情再告诉 CPU 就行了。这种控制数据传输的方式被称为程序中断方式。在这种方式下,当 CPU 告诉打印机进行打印之后,就继续做它的事——为用户提供其他服务。现在,用户可以接收邮件了。这时 CPU 就去读取邮件接收程序,为用户显示邮件。用户也可以继续使用 Word 写文档。打印机打印完毕会主动通知 CPU,这种方式就称为中断。实际上外设发出了一个中断信号,这个信号由一个称为中断控制器的芯片处理。CPU 每执行完一条指令就检查是否有中断发生。如果有,它就会停下手头的工作,完成中断要求做的事情,如把原来因发出打印任务而处于等待状态的程序更改为就绪状态,这样它就可以继续执行了。实际上 CPU 在同一时间只能做一件事情。它的工作之所以能够被外设中断,是因为 CPU 主动检查是否有外设想打断它的工作。

程序中断方式的优点在于,CPU 不用一直等待外设完成任务,可以和外设同时做事情,这样它的效率就提高了。当然,在每条指令执行完毕时都要查看中断信号,也增加了 CPU 的负担,但这还是比除了等待外设什么都不做好多了。当 CPU 发现有中断信号之后,它会放下手头的工作,去处理中断信号请求的事情。等处理完中断请求,再回头继续做刚才的事情。

因为在主存和外设(尤其是外部存储器)之间可能会传输大量数据,所以人们设计了第三种数据传输控制方式,称为直接存储器访问(Direct Memory Access,DMA)。这种方式进一步把CPU解放出来。在前面两种方式下,数据的传输都有CPU的参与,需要占用CPU内部的寄存器。而在DMA方式下,CPU只在传输开始和结束时参与一下,中间过程全交给一个称为DMA控制器的硬件管理。当需要与外设传输数据时,CPU告诉DMA控制器要传输数据的地址和长度,然后CPU就去做别的事情。DMA控制器通过对总线的控制在主存和外设之间形成一条数据通道。然后它根据CPU给它的地址和长度监控数据的传输。数据传输完毕后,DMA控制器会给CPU发送一个中断信号,通知CPU数据传输已经完成,这样CPU可以继续做后面相关的一些事情。

上面说的这3种数据传输控制方式的效率对于小型和微型计算机来说已经够用了,但是对于大、中型计算机来说还远远不够。就拿性能最好的DMA方式来说,大、中型计算机挂接的外设种类和数目非常多,为每台外设都配备一个DMA接口的成本非常高,而且管理这些DMA接口也要占用很多CPU时间。这些DMA接口还会在访问总线上与CPU发生矛盾,影响CPU的效率。因此,在大、中型计算机上使用了一种称为I/O通道的方式。这种方式可以看作进一步扩大了DMA控制器的职权。在这里,通道是负责管理外设以及实现外设和主存之间交换信息的部件。通道有自己专用的指令,主要是输入输出指令。通道可以执行用这些指令编写的程序。它实际上可以看作一个处理器,只不过它受CPU的控制,是从属于CPU的一个专用处理器。通过通道管理外设,可以进一步提高CPU的利用率。

对于大型机来说,大量的数据输入输出还是超出了通道的工作能力。因此,通道的职能被进一步扩大直到具有全部处理机的能力,也就是使用专门的处理机处理输入输出事务。这个专用处理机被称为外围处理机或者I/O处理机,它独立于主机工作。I/O处理机可能就是一台小型或微型机,专门负责以前由I/O通道完成的对外设的控制,而且还可以做和输入输出数据相关的码制变换、格式处理、数据检错纠错等工作。这样,主机就完全从输入输出工作中解脱出来,与输入输出系统并行工作了。

重 点 提 示

主机和外设的数据传输方式有程序直接控制方式、程序中断方式、直接存储器访问方式。
大型系统中会使用I/O通道或者I/O处理机处理输入输出事务。

2.6 计算机系统结构

计算机系统结构是一个含义比较广泛的概念。在这里,限定为那些用机器语言(包括汇编语言)写程序,即直接对计算机硬件编程的人看到的计算机的属性,包括功能与性能两个方面,例如计算机的指令集及其实现、数据格式、存储器寻址技术以及前面提到的存储层次结构和I/O机制等。随着技术的不断进步,计算机系统在性能和结构上都有了很大的变化。下面简要介绍计算机系统结构类型以及计算机系统结构发展带来的性能提高。

2.6.1 计算机系统结构类型

尽管计算机系统的性能不断提高,但是人们常用的计算机所遵循的基本结构还是冯·

诺依曼结构。冯·诺依曼结构的计算机根据程序计数器中的指令地址取下一条要执行的指令,也就是指令的执行次序由程序计数器控制,所以这种结构也称为控制驱动结构。

人们为了提高计算机的性能,提出了一些不同于冯·诺依曼结构的新型系统结构。按照计算的驱动力,这些新型系统结构可分为数据驱动、需求驱动和模式匹配驱动 3 种。

在数据驱动的系统结构中,只要指令所需的操作数已经存在,那么指令就可以执行。也就是指令能否执行不再受程序计数器控制,而是以其执行的条件是否满足为前提。这样,所需数据没有相互关系的指令就可以同时执行了。所谓"数据流计算机"就是采用这种系统结构思想的一个代表。

需求驱动是指只有需要某条指令的执行结果时才执行该指令。当然,如果某条指令的执行需要其他指令的结果,那么它就会启动那些指令。有一种被称为归约机的计算机采用的就是这种系统结构。

而模式匹配驱动的系统结构则主要适合进行非数值的符号运算。例如,人工智能运算的主要对象就是符号而不是数值,所以人工智能计算机采用的就是基于模式匹配驱动的计算机系统结构。

这些新的系统结构目前仍处于研究和开发阶段,与普遍应用还有相当距离。但计算机技术总是在不断发展的,或许未来某一天一种新的结构就会取代现在的冯·诺依曼结构。

2.6.2　计算机性能的提高

计算机系统结构的发展目标就是在可用的工艺条件下,通过结构设计提高计算机对于它所要执行的典型应用程序的性能,有时还需要考虑性价比。人们不断地改进或者重新设计计算机的系统结构,希望无论用什么技术实现,计算机都能比以前的性能好。

对计算机的设计者来说,执行速度快一直是一个追求的目标。提高速度有两个途径:要么让每个操作的完成时间变短,要么同时进行多个操作。缩短每个操作的速度可以通过采用新材料和新技术实现。例如,计算机使用的部件从电子管转变到晶体管,又到现在的超大规模集成电路,就是技术和材料上的革新。这种办法属于材料科学领域的研究内容。

而第二种方法,同时进行多个操作,则是计算机系统研究者的课题。可以同时执行多个操作的特性被称为并行性。因此,第二种方法也就是提高计算机系统的并行性。并行性定义中的"同时"不仅指同一时刻,也指同一段时间内。为了区分这两种并行性,把同一时刻执行多个操作称为同时性,而把多个操作在同一段时间内发生称为并发性。

提高计算机系统的并行性可以有很多手段。前面提到过的流水技术就是一种提高并行性的手段。这种手段并没有增加硬件,而是根据每个部件的工作,把每个操作细分,让所有部件都没有闲置。流水技术的实质是调整任务的分配形式,不让任何部件空闲。

当所有部件都调动起来之后,流水提高并行性的能力也就发挥到极致了。要想再进一步提高并行性,提高计算机的速度,就只能增加硬件了。也就是说,在没有一个人闲着的情况下,要想多出活儿,只能靠增加人手了。这种手段的实现方式也有很多。

最基本的方式是只对工作量大的工序增加人手。对于计算机,就是增加关键部件,例如增加运算单元,而控制单元还保持一个。这些运算单元都执行同一个指令,但是各自处理的操作数不同,因而可以同时得出很多不同的结果。当然,为了让这些运算单元能够同时工作,还需要有配套部件保证它们能同时访问到各自的数据。这种结构被称为单指令流多数据流（Single Instruction Multiple Data，SIMD）结构。这种计算机被称为并行计算机。显然这种计算机适合处理对大量数据进行相同操作的问题。

还可以扩大增加硬件的范围，例如，增加成套的取指令部件、执行部件和写回部件。这样计算机就可以同时执行多条指令。这种方式就是前面提到的超标量技术。这好比扩大增派人手的范围，直接增加关键车间。

增加人手的范围还可以继续扩大，让工厂里存在两套或者更多套一模一样的车间体系，这样它们就可以同时工作。具体到计算机系统就是增加一个或多个完整的处理器。这些处理器在同一操作系统的控制下共享同一主存、I/O 通道以及外设。这种计算机被称为多处理机系统，属于多指令流多数据流（Multiple Instruction Multiple Data，MIMD）结构。每个处理器都有自己的控制部件，执行各自的程序。

最后，把这种资源的增加做得更彻底一些，这次干脆增加一些工厂，也就是直接增加一些计算机，这样，多台计算机一起工作，并行性显然会大为提高。这种系统被称为多计算机系统。多计算机系统中的计算机相互独立。

上面介绍了目前常见的一些提高并行性的手段。这些技术的最终目标是提高计算机的速度。除了速度之外，人们还在努力让计算机更加聪明。

复习题

1. 计算机系统的硬件从功能上可以分为哪些部分？它们各自的功能是什么？
2. 请为计算机的主要部件画一个框图，包括其中的互联关系。
3. 什么是存储器的编址？
4. 程序计数器是什么？它的功能是什么？
5. 什么是总线？为什么要使用总线？什么是总线宽度？
6. 什么是系统总线？系统总线又可以分成哪几类？
7. 存储系统为什么采用层次结构？请画出该层次结构图。
8. 考察存储器主要参考哪些指标？
9. 什么是 CPU 的主频？它与 CPU 的速度有什么关系？
10. 什么是机器字长？它和地址总线以及数据总线的宽度有什么关系？
11. 什么是 I/O 接口？它的作用是什么？
12. 温彻斯特硬盘的特点是什么？
13. 什么是硬盘的记录面、磁道、柱面、扇区？
14. 硬盘的主要参数有哪些？
15. 硬盘的数据传输速率指的是什么？
16. 为什么有人把 U 盘称为闪盘？
17. 显卡的作用是什么？
18. 打印机的主要参数有哪些？
19. 光电式鼠标是怎样感知自己的位置移动的？
20. 什么叫编码键盘？什么叫非编码键盘？
21. 驱动程序的作用是什么？为什么必须为外设安装驱动程序？

22. 外设与主机间传输数据通过几种方式？它们具体的做法是怎样？

练习题

1. 你能说出计算机系统还有哪些外设吗？

2. 一个计算机的机器字长为 16 位，地址总线宽度为 16 位。如果以 16 位为单位对内存进行编址，那么这台计算机可以支持多大的内存容量？

3. 一台计算机的缓存的存取周期为 60ns，而内存的平均存取周期为 $1\mu s$，缓存的命中率为 0.6。假定指令的执行时间与存储器的平均存取周期成正比，那么通过使用缓存可以把指令的执行速度提高多少？如果命中率达到 0.75，情况又怎样？

4. 请向管理系的同学介绍计算机的工作过程。

5. 若计算机的主频为 4GHz，各主要类型指令的平均执行时间和使用频率如下：

- 存取指令：$0.6\mu s$，35%。
- 加、减、比较、转移指令：$0.8\mu s$，50%。
- 乘、除指令：$10\mu s$，5%。
- 其他指令：$1.4\mu s$，10%。

计算机的速度为多少 MIPS？

6. 请查阅资料解释 OLED 显示器的成像原理。

7. 有一个硬盘，每个盘片的直径为 18in，最内圈磁道半径为 4in，最外圈磁道半径为 8in，磁道密度为 100 道/英寸，最内圈记录密度为 1000 位/英寸，所有磁道上的信息量相同，盘片组共有 20 个记录面，转速为 7200 转/分，道间移动时间为 0.2ms。试计算硬盘的容量、数据传输速率和平均存取时间。

8. 假设某设备向 CPU 传送信息的最高频率为 3×10^4 次/秒，而相应的中断处理程序的执行时间为 $40\mu s$，该外设是否可以用程序中断方式与主机交换信息？

讨论

1. 请说出几种常见的总线标准。目前使用的总线有哪些？

2. 有哪些办法可以提高计算机的速度？

实验

1. 请通过操作系统检查实验室某台计算机的 CPU 型号、主频，并到网络上查询这种 CPU 的运算速度。

2. 请打开机箱，在里面找到 CPU、主板、内存、BIOS 芯片，并向老师或者管理员询问其他部件的名称。如果可以，尝试将计算机拆卸后再重新组装起来。

3. 查看你的计算机上显卡的品牌以及型号、驱动程序。将其他计算机上的显卡换到你的计算机上，看看发生了什么。试着安装该显卡的驱动程序。

第3章 信息表示

从前面的介绍中可知：计算机元器件的基本物理特性使得它们容易产生两种明显不同的状态（电路的开与关、磁极的南与北、材料表面的凸与凹等），通常用 0 和 1 抽象地表示它们。那么，世界上纷繁多样的信息是怎样在计算机中用 0 和 1 表示出来的呢？本章就介绍与此有关的知识。

计算机中只能存储 0 和 1，如果要用它们表示数值，则需要采用二进制。当然，计算机中表示的信息不一定都是数值。在表示非数值信息时，所谓"进制"的概念是没有意义的，但人们习惯上还是笼统地说"计算机是用二进制表示信息的"。那么，到底什么是二进制呢？它和常用的十进制之间有什么关系呢？针对这些问题，本章将首先介绍进位制的有关内容。在弄清楚进位制的问题之后，再说明计算机中是怎样用 0 和 1 表示信息的。本章主要介绍数字和各种字符的表示，其他诸如多媒体信息的表示比较复杂，本章不做介绍。本章最后介绍指令和程序的表示。

3.1 进位制及其转换

采用进位制表示数是人类的一个重要的发明。我们在学算术时都知道一个道理："满十进一"，即数数的时候数到 10 就进一位。这种记数方法称为十进制。我们把记数进位的规则称为进位制。习惯上用进位制规定的进位的值命名记数方法。例如，"满二进一"的记数方法就称为二进制，"满八进一"的记数方法就称为八进制。

进位制就好像一种打包方法。假设有一大堆苹果，现在要把它们装到箱子里。首先把苹果分成 10 个一组，装在一个个小箱子里，把它们称为 1 号箱。如果最后一组不到 10 个，就把它们放在外边。然后，再把 1 号箱分成 10 个一组，每组再装到大一点儿的 2 号箱里。同样，如果最后一组不够 10 个，就把它们放在外边，不再装入 2 号箱。这样继续下去，一直到不存在 10 个一样的箱子。最后清点每种箱子以及没有装箱的苹果的个数，并把这些数字按照箱子从大到小的顺序写在一起。例如，最大的 4 号箱有 6 个，没装进 4 号箱的 3 号箱有 7 个，没装进 3 号箱的 2 号箱有 0 个，没装进 2 号箱的 1 号箱有 9 个，外面还剩 3 个苹果。这样就得出一个数字：67093，这个数字正好是这些苹果的个数，准确地说是苹果个数的十进制表示。因为只要有 10 个一样的箱子，就把它装到大一号的箱子中，这就是"满十进一"。

如果你不是按照 10 个一组来装箱，而是按照 2 个一组来装箱，即只要有两个一样的箱子，就把它装到大一号的箱子中。这样最后从大到小清点箱子形成的数字就是苹果个数的二进制表示。以此类推，以 8 为单位装箱就可以得到这个数字的八进制表示。

日常生活中用得较多的记数方法是十进制。有时也会用到其他进制的记数方法。例如，在计时上，采用的就是六十进位制，60 秒为一分钟，60 分钟为一小时。

下面介绍与计算机有关的几种进位制。

3.1.1 进位制

1. 十进制

十进制是我们最熟悉的进位制。下面通过十进制了解与进位制有关的属性,仍然使用苹果装箱的例子。使用十进制,也就是说把苹果按照 10 个一组进行装箱。如果最后一组苹果不够装满一箱,那这几个苹果就不装箱。那么剩下的苹果数可能是 1~9 的任何一种情况或者一个不剩(为 0)。为了表示没有装到 1 号箱中的苹果个数,一共需要 10 个符号区分从"没有"到"九"这 10 种不同的情况。用 0~9 这 10 个阿拉伯数字完成这个任务,这 10 个阿拉伯数字称为十进制的数码。每个进位制的数码的个数称为该进位制的基数。例如,十进制有 0~9 一共 10 个数码,那么十进制的基数就是 10。十进制用英文字母 D 表示,它是英文单词 decimal 的首字母。

　　记数进位的规则称为进位制。
　　习惯上用进位制规定的进位的值命名记数方法。
　　每个进位制使用的数码个数称为该进位制的基数。

假定按照 10 个一组为单位进行苹果装箱,最后清点得出的数字是 6789。也就是说最后我们看到 6 个 3 号箱、7 个 2 号箱、8 个 1 号箱以及 9 个苹果。这也就意味着苹果的个数是 6789。为什么呢?因为每个 1 号箱中可以装 10 个苹果;每个 2 号箱中有 10 个 1 号箱,所以每个 2 号箱中有 10×10 个苹果;每个 3 号箱中有 $10 \times 10 \times 10$ 个苹果。所以一共有

$$6 \times 10^3 + 7 \times 10^2 + 8 \times 10^1 + 9 = 6789$$

个苹果。把 6789 这个数右起第一位记作位置 1,第二位记作位置 2……第 n 位记作位置 n。可以看出,6789 这个数的每个位置和一个特殊的常数有关。例如,位置 4 对应 10^3,位置 2 对应 10^1……位置 n 对应 10^{n-1}。这个常数称为该位置的位权。例如,4 号位置的位权是 10^3。按照上面的记法,不同箱子的个数在数字中的位置是固定的。例如,3 号箱的个数出现在位置 4。其实每位上的位权就是对应箱子中苹果的个数。例如,4 号位置的位权就是 3 号箱中的苹果个数 10^3。通常位权用十进制数表示。位权是和数字的进位制有关系的。现在 4 号位置的位权为 10^3 是因为采用的是十进制。也就是说,苹果是按照 10 个一组装箱的,所以 3 号箱中的苹果数是 10^3。如果苹果是按照 2 个一组装箱的,那么 3 号箱中苹果的个数应该是 2^3,此时 4 号位的位权应该是 2^3,这是因为采用的是二进制记数法。

　　概括一下,用 q 进制表示的数,第 n 位(最右边一位为第 1 位)上的位权是 q^{n-1}。例如,二进制数的第 3 位上的位权为 2^2,十六进制数的第 2 位上的位权为 16。

　　接下来讨论小数的问题。看下面的例子:

$$0.1234 = 1 \times 10^{-1} + 2 \times 10^{-2} + 3 \times 10^{-3} + 4 \times 10^{-4}$$

因此,规定小数点右边第一位的位权为 10^{-1},第二位为 10^{-2},以此类推。

　　现在把整数和小数的情况归纳在一起:

　　对于用 q 进制表示的数,其数码的顺序定义如下:小数点左边第一位定义为第 1 位,向左第二位定义为第 2 位,以此类推;小数点右边第一位定义为第 0 位,右边第二位定义为第 -1 位,以此类推,那么,第 n 位上的位权就是 q^{n-1}。

例如,二进制数小数点后第 3 位上的位权为 2^{-3},十六进制数小数点后第 2 位上的位权为 16^{-2}。

从上面的分析可以看出,每个数字表示的实际数值(用十进制表示)应该是经过下列运算得出的值:把每个位置上的数码乘以该位置上的位权,然后再把这些乘积累加。例如,

$$6789 = 6 \times 10^3 + 7 \times 10^2 + 8 \times 10^1 + 9 = 6789$$

因为现在用到的数字 6789 和它所表示的数值 6789 都是十进制表示,所以当然一样了。如果不是十进制,这个数看起来就会不一样了。

重 · 点 · 提 · 示

对于用 q 进制表示的数,其数码的顺序定义如下:小数点左边第一位定义为第 1 位,向左第二位定义为第 2 位,以此类推;小数点右边第一位定义为第 0 位,右边第二位定义为第 -1 位,以此类推,那么,第 n 位上的位权是 q^{n-1}。

2. 二进制

二进制就是"满二进一"。用苹果装箱的例子说,就是按照 2 个一组进行装箱。装到最后,未装箱的苹果和每种箱子最多只有一个,只需要 0 和 1 两个数码就够了,因此二进制的基数为 2。

现在假定只有 2 个苹果,那么我们可以把它们装入一个 1 号箱中。清点箱子和未装箱的苹果的个数,并按照箱子大小顺序写出来就是 10。最后一位应该是未装箱的苹果,如果没剩,应该用 0 表示。所以,十进制的数 2_{10} 用二进制表示就是 10_2(数字的后面用一个十进制数作为下标,指出这个数的进位制)。也可以用符号 B(Binary)表示二进制数,如 10B。

那么 3_{10} 用二进制怎么表示呢?现在重新清点箱子和苹果的个数:1 个 1 号箱和 1 个没装箱的苹果,得出数字 11。也就是说 3_{10} 的二进制表示是 11_2。

现在假定按照 2 个一组把苹果装箱,最后清点得出的数字是 1011_2。那么,一共有多少个苹果呢(用十进制表示)?

按照装箱和清点规则,1011_2 这个数字表示最后看到 1 个 3 号箱、0 个 2 号箱、1 个 1 号箱和 1 个苹果。按照 2 个一组装箱,现在每个 1 号箱中应该有 2 个苹果;每个 2 号箱中有 2 个 1 号箱,有 2×2 个苹果;每个 3 号箱中有 2 个 2 号箱,有 $2 \times 2 \times 2$ 个苹果。所以苹果的个数为

$$1 \times 2^3 + 0 \times 2^2 + 1 \times 2^1 + 1 \times 2^0 = 11$$

其实可以换一种说法,前面已经得出这个结论:每个数字表示的数值(用十进制表示)应该是每个位置上的数码乘以该位置上的位权再求和得出的值。

因为 1011_2 是二进制数,即按照 2 个一组进行苹果装箱,则二进制数第 4 位上的位权就应该是 3 号箱子中的苹果数 2^3,第 n 位上的位权应该是 $n-1$ 号箱子中的苹果数 2^{n-1}。那么二进制数 1011_2 表示的数值(用十进制表示)应该是

$$1011_2 = 1 \times 2^3 + 0 \times 2^2 + 1 \times 2^1 + 1 \times 2^0 = 11_{10}$$

可以得到同样的结果。

3. 八进制

八进制,顾名思义,就是"满八进一"。为什么要讲八进制呢?因为八进制和后面马上要说到的十六进制与二进制有很方便的转换关系,所以在计算机领域这两种进位制的使用非

常广泛。

计算机里面存储的是二进制数,但是因为二进制数每位只能表示两个数值,所以要表示一个较大的数就会用很多位。这在计算机中问题不大,但是书写起来就很不方便。例如,6789_{10} 写成二进制数就是 1101010000101_2。所以,尽管计算机实际上用的是二进制,但人们书写时通常将它们"浓缩"成八进制或十六进制。

八进制通常用字母 O(Octal)表示。八进制需要 8 个数码符号,它们就是 0～7。八进制数中肯定不会出现数码 8。6789_{10} 写成八进制数应该是 15205_8。因为八进制也就是按照 8 个一组进行苹果装箱,所以八进制数中位置 n 的位权为 8^{n-1}。八进制数 15205_8 表示的十进制数值可以用下面这个式子计算:

$$15205_8 = 1 \times 8^4 + 5 \times 8^3 + 2 \times 8^2 + 0 \times 8^1 + 5 \times 8^0$$

结果是 6789_{10}。

4. 十六进制

十六进制也就是"逢十六进一",那么就需要 16 个不同的符号。人们用 0～9 这 10 个阿拉伯数字再加上字母 A～F 表示 0～15 这 16 个数值。6789_{10} 写成十六进制数就是 $1A85_{16}$。十六进制也就是按照 16 个一组进行苹果装箱,所以十六进制数中位置 n 的位权为 16^{n-1}。$1A85_{16}$ 表示的十进制数值就是 $1 \times 16^3 + 10 \times 16^2 + 8 \times 16^1 + 5 \times 16^0$。通常用 H(Hexadecimal)表示十六进制。

3.1.2 数的进位制转换

有时候需要查看计算机存储器的内容,尤其是寄存器的内容。例如,程序出错时,有些调试软件会显示相关寄存器的内容。不过这些内容不是以十进制的形式表示的,而是二进制。说得更精确一些,多数软件会以十六进制的形式(二进制的紧凑方式)显示寄存器的内容。如果想了解寄存器中的数值到底是多少,就要掌握把这些数转换成十进制表示的方法。有时候用户还要知道一个数在计算机中应该以什么样的一个 0/1 串表示,那么就需要把它转换成二进制表示。所以,要掌握数的不同进制表示之间转换的方法。需要注意的是,这里讨论的只是同一个数的不同表示方法,所谓转换,并不是将一个数变成了另一个数。

1. 转换成十进制表示

把二进制、八进制和十六进制数转换成十进制表示非常简单,只要把数的每位上的数码乘以该位上的位权,然后把这些乘积加在一起即可。下面通过实例分别看看这几种进制表示的转换。

1）二进制数转换成十进制表示

例如,将二进制数 $1111\ 1111_2$ 和 0.1101_2 转换成十进制表示。因为二进制数第 n 位上的位权为 2^{n-1},所以,

$$1111\ 1111_2 = 1 \times 2^7 + 1 \times 2^6 + 1 \times 2^5 + 1 \times 2^4 + 1 \times 2^3 + 1 \times 2^2 + 1 \times 2^1 + 1 \times 2^0 = 255_{10}$$

$$0.1101_2 = 1 \times 2^{-1} + 1 \times 2^{-2} + 0 \times 2^{-3} + 1 \times 2^{-4} = 0.8125_{10}$$

2）八进制数转换成十进制表示

例如,将八进制数 377_8 和 0.377_8 转换成十进制表示。因为八进制数第 n 位上的位权为 8^{n-1},所以,

$$377_8 = 3 \times 8^2 + 7 \times 8^1 + 7 \times 8^0 = 255_{10}$$

$$0.377_8 = 3 \times 8^{-1} + 7 \times 8^{-2} + 7 \times 8^{-3} = 0.498\ 046\ 875_{10}$$

3）十六进制数转换成十进制表示

例如，将十六进制数 FF_{16} 和 $F.F_{16}$ 转换成十进制表示。因为十六进制数第 n 位上的位权为 16^{n-1}，所以，

$$FF_{16} = 15 \times 16 + 15 \times 16^0 = 255_{10}$$

$$F.F_{16} = 15 \times 16^0 + 15 \times 16^{-1} = 15.9375_{10}$$

清楚了这几种进位制的数到十进制数的转换，接下来看看这些不同进位制的数转换成二进制表示应该怎样做。

把二进制、八进制和十六进制的数转换成十进制表示，只需把数的每位上的数码乘以该位上的位权，然后把这些乘积相加即可。

2. 转换成二进制表示

1）十进制数转换成二进制表示

还是用苹果装箱的例子说明。假设有 89 个苹果，现在要把这些苹果装箱。要得出二进制表示，所以装箱单位是 2，也就是"满二进一"。这样，最后各种箱子和未装箱的苹果的个数按顺序放在一起形成的数就是 89 对应的二进制表示。

现在转换问题就变成求各种箱子个数的问题。可以有两种算法：一种是从计算最大箱子的个数开始，然后再依次算小一号的箱子的个数；另一种则反过来，先从计算最小箱子的个数开始，一直算到最大号的箱子。两种算法得出的结果应该一样。

先说第一种算法。

这种算法首先要判断最大的箱子是几号。我们已经知道，在以 2 为单位装箱的情况下，n 号箱中苹果的个数是 2^n。要判断出使用的最大号箱子，就是要看看刚好比 89 小一点儿的 2 的幂是多少。因为 $2^6 < 89_{10} < 2^7$，所以最大的箱子应该是 6 号箱。装满一个 6 号箱之后，还剩 $89 - 2^6 = 25$ 个苹果。接下来要看看剩下的这些苹果能装满的最大箱是几号。因为 $2^4 < 25 < 2^5$，所以接下来用到的应该是 4 号箱。现在还剩 $25 - 2^4 = 9$ 个苹果。继续为这 9 个苹果找最大的箱子，以此类推。最后得到的结果是：1 个 6 号箱，1 个 4 号箱，1 个 3 号箱，还有一个苹果未装箱。按顺序把这些数放在一起，中间没有用到的箱子用 0 表示，最后得到的数字串是 1011001。这个数字串就是 89 的二进制表示。

这种算法被称为减权定位法。其过程是：将要转换的十进制数和相近的权值比较，从中减去比该数小的最大权值，并确定与该权值对应的数位上的数码为 1。以此类推，直到余数是 0 为止，未被记 1 的数位均记为 0，即可得到相应的二进制数。

使用减权定位法需要记住每位上的权值。相较于此，第二种算法更容易一些。这种算法就是从小号箱的个数算起。首先要算这些苹果能够装满多少个 1 号箱，剩下多少苹果。剩下的苹果数就是二进制数的最后一位。因为每个 1 号箱中能装两个苹果，89 除以 2 等于 44 余 1，所以要用到 44 个 1 号箱，剩下 1 个苹果。因为 $44/2 = 22$，所以这些 1 号箱正好装入 22 个 2 号箱中，一个没剩，因此最后能看到的 1 号箱的个数是 0。继续将 2 号箱装入 3 号箱，因为 $22/2 = 11$，所以这些 2 号箱正好装入 11 个 3 号箱中，一个没剩，因此最后能看到的

2 号箱的个数是 0。以此类推,直到剩余的箱子不够再装入大一号的箱子。最后清点箱子和未装箱的苹果的个数,把这些数按顺序形成一个数字串,这个数字串就是 89 的二进制表示。当然,结果肯定与第一种算法相同。

这种算法其实就是反复地把十进制数除以 2,直到商为 0,最后形成的二进制数就是从最后一次除法到第一次除法的余数排列起来。这种算法被称为除基取余法("基"就是进位制的基数,二进制的基就是 2),先得到的余数为低位,后得到的余数为高位。

一般采用下面的竖式表示上面的过程。

例如,求 89 的二进制表示:

$$
\begin{array}{r|rll}
2 & 89 & 1 & p_1 \\
2 & 44 & 0 & p_2 \\
2 & 22 & 0 & p_3 \\
2 & 11 & 1 & p_4 \\
2 & 5 & 1 & p_5 \\
2 & 2 & 0 & p_6 \\
2 & 1 & 1 & p_7 \\
& 0 & &
\end{array}
$$

则　　　　　　　　　　$89_{10} = p_7\,p_6\,p_5\,p_4\,p_3\,p_2\,p_1 = 1011001_2$

小数的转换也有两种方法。一种是减权定位法,与前面整数的情况一样。另一种方法略有不同,小数的转换不再采用除法,而是采用乘法,称为乘基取整法。具体的做法是:乘以基数并取整,先得到的整数为高位,后得到的整数为低位。也就是小数部分不断地乘以 2,直到乘积的小数部分为 0,然后把每次乘积的整数部分按照先后顺序排列在一起。

例如,求 0.8125 的二进制表示:

$$
\begin{array}{r}
0.8125 \\
\times \quad 2 \\
\hline
1.6250 \quad \text{整数 1} \quad p_1 \\
0.6250 \\
\times \quad 2 \\
\hline
1.2500 \quad \text{整数 1} \quad p_2 \\
0.2500 \\
\times \quad 2 \\
\hline
0.5000 \quad \text{整数 0} \quad p_3 \\
0.5000 \\
\times \quad 2 \\
\hline
1.0000 \quad \text{整数 1} \quad p_4
\end{array}
$$

则　　　　　　　　$0.8125_{10} = p_1\,p_2\,p_3\,p_4 = 0.1101_2$

如果要转换的十进制数既有整数部分又有小数部分,那么要将这两部分分开,分别用除基取余法和乘基取整法求得转换后的整数部分和小数部分,最后再把它们合在一起。

2) 八进制数转换成二进制表示

八进制数和十六进制数转换成二进制数则比较简单。因为 $2^3 = 8$,所以 3 位二进制数正好等于一位八进制数。以下是八进制的 8 个数码对应的二进制数码:

0	1	2	3	4	5	6	7
000	001	010	111	100	101	110	111

把八进制数转换成二进制数时,直接把这些数码对换成相应的三位二进制数码就可以了。例如:

$$765_8 = 111\ 110\ 101_2$$
$$0.765_8 = 0.111\ 110\ 101_2$$

3）十六进制数转换成二进制表示

因为 $2^4 = 16$,所以一位十六进制数正好等于 4 位二进制数,它们的关系也是一一对应的。16 个十六进制数码对应的二进制数码如下:

0	1	2	3	4	5	6	7
0000	0001	0010	0011	0100	0101	0110	0111
8	9	A	B	C	D	E	F
1000	1001	1010	1011	1100	1101	1110	1111

把十六进制数转换成二进制数非常简单,只要把每位上的十六进制数码替换成 4 位二进制数码即可。例如:

$$A13F_{16} = 1010\ 0001\ 0011\ 1111_2$$
$$0.A13F_{16} = 0.1010\ 0001\ 0011\ 1111_2$$

当然和八进制数转换成二进制数一样,这需要熟记这些数码的对应关系。因为十六进制数和二进制数有这样简单的对应关系,而且十六进制数比较简短,比二进制数更容易读写,所以平时都用十六进制数描述计算机中的二进制数。例如,需要显示计算机中寄存器的内容时,通常都以十六进制表示。

重 点 提 示

十进制数转换成二进制表示有减权定位法和除基取余法。
八进制数转换成二进制表示,只要把每位上的八进制数码替换成相应的 3 位二进制数码即可。
十六进制数转换成二进制表示,只要把每位上的十六进制数码替换成相应的 4 位二进制数码即可。

3. 转换成八进制表示

有了前面的铺垫,现在你对到八进制数的转换已经能够举一反三了吧?

1）十进制数转换成八进制表示

十进制数转换成八进制表示用除基取余法,只不过现在的基数是 8。

例如,求 89 的八进制表示:

所以 $$89_{10} = p_3\ p_2\ p_1 = 131_8$$

请你把这个八进制数转换成二进制表示,看看与前面直接从 89 转换成的二进制数是否相同。

2）二进制数转换成八进制表示

把二进制数从最后一位开始分成 3 位一组,然后替换成相应的八进制数码就可以了。

例如,求 1010000100111111_2 的八进制表示,转换如下:
$$1010000100111111_2 = 1\ 010\ 000\ 100\ 111\ 111_2 = 120477_8$$

对于小数,要从小数点后开始分成 3 位一组,最后的一组如果不够 3 位,则要补 0。例如,求 0.1010000100111111_2 的八进制表示,转换如下:
$$0.1010000100111111_2 = 0.101\ 000\ 010\ 011\ 111\ 100_2 = 0.502374_8$$

重 点 提 示

二进制数转换成八进制表示,把二进制整数从最后一位开始向前分成 3 位一组,然后把每组替换成相应的八进制数码即可。

二进制小数则从小数点后第一位开始向后分成 3 位一组,如果最后一组不足 3 位,则用 0 补齐,然后把每组替换成相应的八进制数码即可。

3)十六进制数转换成八进制表示

十六进制数转换成八进制表示,最简单的办法是把它先转换成二进制表示,然后再转换成八进制表示。例如,求 $A13F_{16}$ 的八进制表示:
$$A13F_{16} = 1010\ 0001\ 0011\ 1111_2 = 1\ 010\ 000\ 100\ 111\ 111_2 = 120477_8$$

求 $0.A13F_{16}$ 的八进制表示:
$$0.A13F_{16} = 0.1010\ 0001\ 0011\ 1111_2 = 0.101\ 000\ 010\ 011\ 111\ 100_2 = 0.502374_8$$

4. 转换成十六进制表示

1)十进制数转换成十六进制表示

十进制数转换成十六进制表示采用除基取余法,基数为 16。例如,求 89_{10} 的十六进制表示:

$$
\begin{array}{r|l l l}
16 & 89 & 9 & p_1 \\
16 & 5 & 5 & p_2 \\
& 0 &
\end{array}
$$

所以
$$89_{10} = p_2\ p_1 = 59_{16}$$

重 点 提 示

把十进制数转换成二进制、八进制和十六进制表示,可以采用减权定位法或者除基取余法(小数部分采用乘基取整法)。

2)二进制数转换成十六进制表示

将二进制数转换成十六进制表示时,把二进制整数从最后一位开始分成 4 位一组,然后把每组替换成相应的十六进制数码就可以了。例如,求 1010000100111111_2 的十六进制表示,转换如下:
$$1010000100111111_2 = 1010\ 0001\ 0011\ 1111_2 = A13F_{16}$$

二进制小数则从小数点后第一位开始分成 4 位一组,如果最后一组不足 4 位,则用 0 补齐,然后把每组替换成相应的十六进制数码。例如,求 0.1010000100111111_2 的十六进制表示,转换如下:
$$0.1010000100111111_2 = 0.1010\ 0001\ 0011\ 1111_2 = 0.A13F_{16}$$

重 点 提 示

　　二进制数转换成十六进制表示,把二进制整数从最后一位开始向前分成4位一组,然后把每组替换成相应的十六进制数码即可。

　　二进制小数转换成十六进制表示,则从小数点后第一位开始向后分成4位一组,如果最后一组不足4位,则用0补齐,然后把每组替换成相应的十六进制数码即可。

3）八进制数转换成十六进制表示

　　将八进制数转换成十六进制表示时,把它先转换成二进制表示,然后再转换成十六进制表示。例如,求 120477_8 的十六进制表示:

$$120477_8 = 1\ 010\ 000\ 100\ 111\ 111_2 = 1010\ 0001\ 0011\ 1111_2 = A13F_{16}$$

重 点 提 示

　　十六进制数转换成八进制表示,把它先转换成二进制表示,然后再转换成八进制表示。

　　八进制数转换成十六进制表示,把它先转换成二进制表示,然后再转换成十六进制表示。

3.1.3　二进制数的运算

　　进入计算机的世界后,我们将频繁地接触二进制数。下面简要介绍二进制数的运算规则。

　　二进制数主要涉及的运算有两类:算术运算和逻辑运算。算术运算主要包括加、减、乘、除,而逻辑运算主要包括逻辑与、逻辑或、逻辑非以及逻辑异或。

1. 算术运算

1）加法运算

　　二进制数的加法运算和十进制数的加法运算类似,只是进位时要记住"满二进一"。例如,计算 $1101_2 + 1011_2$:

$$
\begin{array}{r}
1101 \\
+\ \ 1011 \\
\hline
11000
\end{array}
$$

因此　　　　　　　　　　　　$0101_2 + 1011_2 = 11000_2$

2）减法运算

　　二进制数的减法运算也同样与十进制数的减法运算类似,只是从上一位借位时"借一当二"。例如,计算 $1101_2 - 1011_2$

$$
\begin{array}{r}
1101 \\
-\ \ 1011 \\
\hline
10
\end{array}
$$

因此　　　　　　　　　　　　$1101_2 + 1011_2 = 10_2$

3）乘法运算

　　二进制数的乘法运算的法则也和十进制数相同,即分别用乘数的每一位去乘被乘数,然后把这些结果累加。例如,计算 $1101_2 \times 1011_2$:

$$
\begin{array}{r}
1101 \\
\times\ 1101 \\
\hline
1101 \\
1101 \\
0000 \\
+\ 1101 \\
\hline
10001111
\end{array}
$$

所以 $\qquad 1101_2 \times 1011_2 = 10001111_2$

4）除法运算

二进制数的除法运算法则也和十进制数相同,由减法、逐位上商等操作分步完成。例如,计算 $10001111_2 / 1101_2$：

$$
\begin{array}{r}
1011 \\
1101\,\overline{)10001111} \\
1101 \\
\hline
10011 \\
1101 \\
\hline
1101 \\
1101 \\
\hline
0
\end{array}
$$

所以 $\qquad 10001111_2 / 1101_2 = 1011_2$

重 点 提 示

二进制数主要的算术运算有加、减、乘、除。
二进制数算术运算的法则和十进制数相同,只是“满二进一”和“借一当二”。

2. 逻辑运算

逻辑运算是十进制数中没有的。常见的逻辑运算有逻辑与、逻辑或、逻辑非以及逻辑异或。其实逻辑运算中二进制数的 0 和 1 不再是数值的含义,而是分别代表真和假两个值,1 代表真,而 0 代表假。所以实际上逻辑运算是在真值和假值上的运算。在信息技术应用数学中还会涉及这些逻辑运算。对于两位以上的二进制数来说,逻辑运算是在每个操作数对应的位之间进行的,所以也称为按位与、按位或等。下面通过具体的示例介绍逻辑运算规则。

1）逻辑与

逻辑与的运算符号为 $\wedge$ 或者 &。它的运算规则如下：
$$1\,\&\,1 = 1,\ 1\,\&\,0 = 0,\ 0\,\&\,1 = 0,\ 0\,\&\,0 = 0$$

即,只有两个参与逻辑与运算的数都是 1 时运算结果是 1,其余情况结果都为 0。其实逻辑与有“和”“并且”的意思。如果 1 代表真,0 代表假,那么对于事情 A、B,要“A 并且 B”为真时,显然必须 A 是真的并且 B 也是真的才行。

例如,求 1101 & 1011：

$$
\begin{array}{r}
1101 \\
\&\ 1011 \\
\hline
1001
\end{array}
$$

因此 $\qquad$ 1101 & 1011＝1001

2）逻辑或

逻辑或的运算符号为∨或者│。它的运算规则如下：

$$1|1＝1,1|0＝1,0|1＝1,0|0＝0$$

即 1 和任何数进行逻辑或运算结果都为 1，其余情况结果为 0。逻辑或有"或者"的意思。对于事情 A，B，如果要"A 或者 B"为真，那么只要 A 和 B 中至少有一个是真的就行了。

例如，求 1101 │ 1011：

$$
\begin{array}{r}
1101 \\
| \quad 1011 \\
\hline
1111
\end{array}
$$

因此 $\qquad$ 1101 │ 1011＝1111

3）逻辑非

逻辑非是单值运算，也就是只对一个数进行操作。它的运算符号是～或者在数字的上面画一条横线。它的运算规则如下：

$$\sim1＝0,\quad\sim0＝1$$

也就是逐位取反。例如：

$$\sim1101＝0010$$

4）逻辑异或

逻辑异或的运算符号是⊕。它的运算规则如下：

$$1\oplus1＝0,1\oplus0＝1,0\oplus1＝1,0\oplus0＝0$$

可以看出，逻辑异或的意思就是看看两个操作数是否不一样。如果不一样，结果为 1；否则，结果为 0。

例如，计算 1101⊕1011：

$$
\begin{array}{r}
1101 \\
\oplus \quad 1011 \\
\hline
0110
\end{array}
$$

因此 $\qquad$ 1101⊕1011＝0110

二进制数主要的逻辑运算有逻辑与、逻辑或、逻辑非以及逻辑异或。

3.2　数字的编码

我们现在已经知道两个事实：一是计算机中存储的是 0/1 串；二是我们向计算机中存储的是程序和数据。程序是用某种计算机程序设计语言编写的，具体体现形式就是一个字符串，包括数字、字母、汉字、运算符以及一些特别规定的符号等。而数据则包括用来运算的数以及用户的一些文档，如最近新写的一首小诗。那么，这些日常使用的数字、字母等与 0/1 串有什么关系呢？它们是怎样互相转换的呢？这就是编码问题。

下面就来说说数字、字母以及汉字在计算机中是怎样表示的。先从数字说起。

3.2.1　原码

从 3.1 节的介绍可知,数的表示比较简单。你现在一定在想:把各种数字转换成二进制表示就行了。你说的没错。不过还有一个小问题。我们平时用的数是分正负的。如果是负数,前面的负号怎么表示呢? 你肯定会说,在转换后的二进制数前单独加一位表示符号就行了。如果是负数,符号位就为 1;如果是正数,符号位就为 0。这确实是一种办法。这种数据表示法被称为原码。

一般情况下,计算机中的数都是要参与运算的。最常见的运算就是加、减。现在看一看用原码表示的数在计算机中进行加法运算时的步骤。假设要计算 57 和 -68 的和。

先把它们转换成二进制表示:

$$57_{10} = 111001_2$$
$$68_{10} = 1000100_2$$

接下来要做的事情就是加上符号位。现在出现了一个小麻烦。如果直接在 1000100_2 前面加上一个 1 表示负号,变成 11000100,那么怎样才能区分它表示负的 1000100_2 还是正的 11000100_2 呢? 为此,需要把符号位的位置固定下来,例如,在从最右边开始向左数的第 8 位(从 1 开始计数)作为符号位,则

$$57_{10} = 111001_2, [57_{10}]_原 = 0\ 011\ 1001$$
$$68_{10} = 1000100_2, [-68_{10}]_原 = 1\ 100\ 0100$$

这意味着后面有 7 位可以用来表示数值。前面已经讲过,地址总线的宽度决定最大能访问的地址。同样道理,如果已经决定用 8 位表示数,并且 1 位作为符号位,余下 7 位表示数的绝对值,那么可以表示的数的范围就固定了。就目前这种假设情况而言,能表示的数的范围是什么?

具体地说,如果把原码的长度确定为 n 位,则数 x 的原码定义如下:

$$[x]_原 = \begin{cases} x, & 0 \leqslant x < 2^{n-1} \\ 2^{n-1} - x, & -2^{n-1} < x \leqslant 0 \end{cases}$$

注意,0 的原码有两个。

现在要通过 57 和 -68 这两个数的原码 0 011 1001 和 1 100 0100 计算它们的和,并且把和保存在计算机中,也就是说结果也要转换成原码的形式。两个带符号数的加法步骤如下:

> 首先判断两个加数的符号位;
> 如果符号位相同
> 　　则将两个数相加,和的符号位与加数相同;
> 否则(如果符号位不同)
> 　　比较两个数绝对值的大小;
> 　　用绝对值大的数减去绝对值小的数,得出结果的绝对值;
> 　　结果的符号位与绝对值大的加数相同。

本例求和步骤如下:

(1) 通过 57 和 -68 的原码判断它们的符号位是否相同。可以看到 57 和 -68 的原码符号位分别为 0 和 1,不相同。

（2）比较这两个数的绝对值的大小，也就是原码的数值部分。可以发现 100 0100 大于 011 1001，所以用 100 0100 减去 011 1001，结果为 000 1011。

（3）确定结果的符号位，它应该与绝对值大的数（也就是 100 0100）的符号位相同，即为 1。所以

$$[-68_{10}]_原 + [57_{10}]_原 = 1\ 000\ 1011 = [-11_{10}]_原$$

可以发现，对于这个求和过程，最后运算过程是加法还是减法取决于具体加数的情况。所以，为了实现原码表示数的加法，计算机中需要有能够判断符号位的硬件逻辑，还需要有能计算加法的逻辑电路，以及能够计算减法的逻辑电路。这样的硬件设计有点儿复杂。如果不用考虑符号位，并且也不用判断两个数的大小，只要把计算机中两个数的编码直接相加，就能得出正确结果，那该多好！这个目标是通过补码实现的。

最后还要说一点，原码除了与数的真值有简单的对应关系，比较容易相互转换之外，还有一个优点，就是乘除法的运算规则简单。等学习完后面几种数字的编码，读者可以自己想想怎样实现这些编码的乘除法，然后看看是不是这样。

⦿ 重 · 点 · 提 · 示 ⦿

　　原码表示法直接用数字绝对值对应的二进制数表示，并在前面加一位符号位，1 表示负号，0 表示正号。

　　数的原码同其真值有简单的对应关系，比较容易相互转换。

　　原码实现加减法很不方便，但实现乘除法的运算规则简单。

3.2.2　补码

前面讨论原码时，假设计算机用 8 位表示一个数。这种情况下，可以出现的不同 0/1 串范围为 0000 0000～1111 1111，一共有 256 种。对于原码表示法，第一位是符号位，因此可以表示的正数为 0000 0000～0111 1111，换算成十进制整数就是 0～127；而负数为 1000 0000～1111 1111，即 0～-127。所以 8 位原码可以表示的整数范围为 -127～127，一共 255 个整数（数字 0 占用了两个码：1000 0000 和 0000 0000）。

现在讨论 3.2.1 节的目标，找到一个数字编码形式，它在进行加法运算时不用考虑符号位，也不用判断两个数的大小，只要把计算机中两个数的编码直接相加，就能得出和的相应编码结果。

现在设计这种编码。还是假定用 8 位表示整数。我们已经知道，8 位一共可以表示 256 个不同数。如果全用来表示正数，则可以表示 0～255。现在希望用它表示有符号数，并且 0 只占用一个 0/1 串，由此确定新的编码所表示的数的范围为 -128～127。仍然用 0000 0000～0111 1111 这 128 个 0/1 串表示和它们的二进制数值相同的数 0～127；而对应 128～255 这 128 个正数的 0/1 串，即 1000 0000～1111 1111，则用来表示 -128～-1 这 128 个负数。用 128 对应的二进制串 1000 0000 表示 -128，用 129 对应的二进制串 1000 0001 表示 -127，以此类推，用 255 对应的二进制串 1000 0010 表示 -1。从中可以发现一个规律：128 = -128+256，129 = -127+256，…，255 = -1+256。我们把这两个数的关系称为模 256 的补数。现在假设用这种编码，暂时把这种编码称为简单码，因为它的确很简单。现在计算 57 和 -68 在这种编码规则下对应的数据表示。

因为 $57_{10} = 111001_2$，所以 $[57_{10}]_简 = 0011\ 1001$。

因为 $256 - 68 = 188, 188_{10} = 1011\ 1100_2$，所以 $[-68_{10}]_简 = 1011\ 1100$。

现在把 $[57_{10}]_简$ 和 $[-68_{10}]_简$ 加在一起：

$$
\begin{array}{r}
0011\ 1001 \\
+\quad 1011\ 1100 \\
\hline
1111\ 0101
\end{array}
$$

$$1111\ 0101_2 = 245_{10} = 256 - 11 = [-11_{10}]_简$$

也就是说 $[-68_{10}]_简 + [57_{10}]_简 = [-11_{10}]_简$。

这是巧合吗？再找另外两个数试验一下，计算 -68 和 -57 的和。

因为　　　　　　　　　　　$256 - 57 = 199, 199_{10} = 1100\ 0111_2$

所以　　　　　　　　　　　$[-57_{10}]_简 = 1100\ 0111$

而　　　　　　　　　　　　$[-68_{10}]_简 = 1011\ 1100$

那么　　　　$[-68_{10}]_简 + [-57_{10}]_简 = 1011\ 1100 + 1100\ 0111 = 1\ 1000\ 0011$

因为现在的数据只能有 8 位，也就是说存储器中只为每个数留了 8 位的空间，所以，最前面的进位 1 没地方放，被丢弃了。结果就是 1000 0011。

$$1000\ 0011_2 = 131_{10} = 256 - 125 = [-125_{10}]_简$$

而 -68 和 -57 的和正好是 -125。看来不是巧合。那么我们就找到了希望的编码：计算两个有符号数的加法时，只要直接把它们的简单码相加，就可以得出和，而不用考虑加数的符号。

其实，这样的结果完全是由于前面发现的那个规律，$129 = -127 + 256$，即 $[-127]_简 = 129 = 256 + (-127)$。这里面蕴含着两个概念，就是"模"与"同余"。

模是指一个计量器的容量。例如，日常使用的钟表上面用 12 个格表示整点，所以钟表的模就是 12。可以用钟表表示 19 点，可是表盘上的指针指向 7 点，所以说 19 和 7 是模 12 同余的，因为 19 和 7 除以 12 的余数都是 7，也就是说，在 12 个格的表盘上，7 点和 19 点的表示是相同的，都是 7。

现在再来看同余。假设现在是 7 点，如果需要把时间调整到 3 点，有两种办法：可以把表针向回拨 4 个格，也可以把表针向前拨 8 个格。结论是，在只有 12 个格的表盘上，$7 - 4 = 7 + 8$。现在可以发现 -4 和 8 是有一定关系的。仔细再观察一下可以发现，在表盘上表示 8 和 -4 的其实是同一个格，都是 8 点，只不过看你从哪个方向数数。从 0 点开始顺时针数，那个格就表示 8；如果从 0 开始逆时针数，那个格就表示 -4。实际上，-4 和 8 也是模 12 同余的，称 -4 和 8 互为补数。这里有两个规律。首先，将负数加上模就可以得出它的正补数，例如，$-4 + 12 = 8$。其次，与一个负数的加法可以转换成与这个负数补数的加法，例如，$7 + (-4) = 7 + 8 \pmod{12}$。为了避免混淆，在算式中加上 $(\bmod 12)$ 表示以 12 为模。

现在就清楚为什么前面的编码能把同负数的加法直接转换成两个数的加法，而不用考虑符号了。在这种情况下，因为只有 8 位的存储空间存放整数，所以只能表示 256 个数，这样存放整数的容器的模就是 256。为了把减法转换成加法，要把负数用它的正补数表示，即 -127 用 $129(= 256 + (-127))$ 表示。然后，当要计算与某个负数的加法，例如 25 加上 -127 时，则直接把它们的编码表示相加，也就是 $25 + 129 = 154$。因为表示数的范围是 $-128 \sim 127$，所以会把 154 解释成它的负补数，就是 $-102(= 154 - 256)$。实际上是用补数表示每个数(包括正数,因为正数的补数就是它自己),所以这种编码的名称不是简单码,而是补码。

正数的补码就是它本身。负数的补码等于模加上这个负数,实际上就是模减去负数的绝对值。模是多少呢?对于 8 位二进制数是 $256(=2^8)$,对于 n 位二进制数就是 2^n。

总结一下,如果补码的长度为 n 位,那么数 x 的补码定义为

$$[x]_{\text{补}} = \begin{cases} x, & 0 \leqslant x < 2^{n-1} \\ 2^n + x, & -2^{n-1} \leqslant x < 0 \end{cases}$$

从定义可以看出,正数的补码比较好求,而负数的补码要做一个减法运算。

例如,求 -68 的补码:

$$68_{10} = 1000100_2$$
$$2^8_{10} = 1\,0000\,0000_2$$

所以 $\qquad\qquad [-68_{10}]_{\text{补}} = 100000000 - 0100\,0100 = 1011\,1100$

实际上,通常不用计算这个二进制减法,而是用另一种简单的算法,即把 68 对应的二进制数 0100 0100(一定要记住在最前面加 0,补全 8 位)按位取反(即变成 1011 1011),然后在末位加 1(1011 1011 + 1 = 1011 1100),这样就把减法换算成取反加一这样简单的运算。这种算法用硬件实现非常简单。

再介绍一种求负数补码的简单办法。首先,把负数的绝对值对应的二进制数求出来,并在前面补上必要的 0,补全位数,例如 8 位;然后,从后面开始找到第一个 1,把它记下来,并把其后的 0 也都写下来;最后,把这个 1 前面的各位取反,即 1 变 0、0 变 1。以 -68 为例,假设这次用 16 位编码。

第一步,求出 68 的二进制表示,并补全位数(千万别忘了):

$$68_{10} = 0000\,0000\,0100\,0100_2$$

第二步,找到第一个 1,并将其以及后面的 0 照抄下来。第三位上的 1 是从右边数第一个遇到的 1,所以将右边的 3 位(100)保留下来。

第三步,将第三位上的 1 前面的各位都取反,就得到了补码:

$$[-68]_{\text{补}} = 1111\,1111\,1011\,1100$$

用补码的定义验证一下,看看结果对不对。

补码这种把减法转换成加法的特性可以大大简化计算机硬件的设计。想象一下,如果用原码,那么设计加法运算的硬件时必须有两套电路,一套算加法,一套算减法,而且在运算之前还要有一套电路对加数的符号进行比较,然后决定用加法电路还是减法电路,运算的结果还要根据前面比较的情况确定符号,非常复杂。而使用补码就很简单,只要一套加法电路就行了,根本不用考虑符号,并且减法都可以转换成加法实现。负数的补码也很好求,取反加 1,在电路上实现也非常简单。所以,补码是目前计算机中使用很广的一种数字表示方式。

正数的补码就是它的二进制表示。
负数的补码可以通过将其二进制表示按位取反、末位加 1 的方法获得。
补码实现加减法的规则比较简单。

3.2.3　反码

数的第三种表示法称为反码。它的定义很简单：正数的反码等于正数本身，负数的反码等于把负数绝对值的二进制表示每位取反。其实这就是求补码的中间步骤，即按位取反得出的结果。只不过补码多了个加 1 的步骤。

计算机中很少用反码直接进行运算。

3.2.4　移码

除了上述几种数字编码外，有时也会用到一种称为移码的表示法。如果移码的长度为 n 位，那么数 x 的移码定义为

$$[x]_{移} = 2^{n-1} + x, \quad -2^{n-1} \leqslant x < 2^{n-1}$$

为什么叫移码呢？因为移码是原来的数加上 2^{n-1}，在数轴上也就是将数的位置向数轴的正方向移动 2^{n-1}，因此得名。移码和补码有一个很有用的关系：一个数的补码和移码的符号位正好相反，而其他位则完全相同。例如，采用 8 位编码，十进制数 7 的移码是 1000 0111，补码是 0000 0111；而 -7 的移码是 0111 1001，补码是 1111 1001。

3.2.5　小数的表示

前面都是在讲整数怎样表示，关键在于解决符号的表示问题。不过，除了整数，很多地方还要用到小数。小数比整数多了一个小数点，它把数值分成整数部分和小数部分。所以，要表示小数就要解决小数点的表示问题。

通常有两种办法可以解决这个问题。第一种办法是把小数点固定在某个默认位置，小数点并不在数的表示中出现。这种方法表示的数被称为定点数。通常小数点的固定位置有两种情况。一是默认固定在数的最右边。也就是说，这种数只有整数部分，实际上也就是整数，因此也把这种数称为定点纯整数。二是把小数点固定在符号位之后。那么，这种数也就只有小数部分，因此也被称为定点纯小数。

定点表示法可以表示数的范围很有限，要么是整数，要么是小数。可是，通常使用的数这两部分都是有的。要表示这样的数，就应该允许小数点位置变化，也就需要在表示中给出小数点位置。这就是第二种小数的表示法，称为浮点表示法，意思是小数点可以浮动位置。这种表示法表示的数称为浮点数。

那么，怎样表示小数点的位置呢？计算机采纳了科学记数法的方式。小数 0.000001234 用科学记数法表示就是 1.234×10^{-6}。

在科学记数法中，乘号前面的小数部分，如 1.234，给出了有效数字；而后面的幂，如 10^{-6}，给出了小数点的位置。计算机中的浮点数也采用这种方式。因此，一个浮点数分为两部分：一部分称为尾数，就是科学记数法中的有效数字部分，如 1.234；另一部分称为阶码，记录的是后面的幂次，如前面的 -6。幂 10^{-6} 中的 10 给出的是这个数的基数，即这是一个十进制数。但是计算机系统并没有记录基数。通常在一个系统中会使用默认的基数，如 2 或者 8，并不是 10。

浮点数的尾数一般用补码或原码表示，阶码则用补码、原码或移码表示。与科学记数法不同的是，浮点数的尾数只记录小数部分，省略了科学记数法中的 1 位整数部分（因为对于

二进制数来说,这1位整数部分的值只能是1,所以就可以省略了)。另外,阶码只记录了幂的次数。计算机中使用的基数有 2、8、16 等,通常默认的基数是 2,而不是科学记数法通常采用的 10。

前面介绍了这么多种浮点表示可以采用的编码,如原码、补码,数字的各种编码都可以使用。当然,为了便于软件的移植,最好都用相同的编码。为此,IEEE 在 1985 年给出了 IEEE 754 标准。这个标准规定,浮点数的基数为 2,阶码用移码表示,尾数用原码表示。它规定了单精度和双精度两个基本格式。单精度格式浮点数为 32 位,分别是 1 位符号位、8 位指数位(阶码)、23 位有效位(尾数)。

双精度是什么就不介绍了。如果对具体的定义感兴趣,请查阅其他计算机原理方面的书,你会发现在数的表示上还有好多要仔细考究的地方。

3.3 字符编码

前面介绍了数字在计算机中是怎样表示的。但是程序在计算机中是怎样存储的呢?程序一般是由英文字母加上一些符号构成的。因为计算机中只能存储 0 和 1,所以必须为每个字母和符号规定一个 0/1 串表示,称为字符的编码。当然每个人都可能会给出一种编码。例如,小明希望用 0111 0000 表示小写字母 a,而用 1111 0000 表示大写字母 F;可是 Tom 喜欢用 0111 0000 表示字母 T,而用 1111 0000 表示字母 o,用 0000 0100 表示字母 m。显然,要想使不同的计算机能够互相识别各自表示的字符,就必须使用相同的编码,这就是编码标准。不过,标准也有很多。各个国家和很多公司都制定了标准。本节介绍 3 个有代表性的编码标准,它们分别是:使用最多的字符编码——ASCII 码,汉字编码标准之一——GB 2312,以及力争统一全世界字符的统一码——Unicode。

3.3.1 简单字符的编码:ASCII 码

使用最广泛的编码标准是美国信息交换标准代码(American Standard Code for Information Interchange),其英文首字母缩写是 ASCII,所以这种编码被称为 ASCII 码。这种编码用 8 位表示 128 个字符。这些字符包括 10 个阿拉伯数字(0~9)、52 个英文字母(a~z 和 A~Z)、34 个专用符号和 32 个控制符号。表示 128 个不同的符号只要 7 位二进制数就够了,而 8 位的 0/1 串可以有 256 个不同序列。实际上 ASCII 码的最高位都为 0,也就是说它只用了后面的 7 位,所以一共只表示了 128 个不同的字符。具体的编码规则如表 3-1 所示。有些公司会对最高位进行定义,这样就可以再多表示 128 个字符,这种编码被称为扩展的 ASCII 码。

在表 3-1 中可以看到,ASCII 码用十进制数 97 对应的二进制 0/1 串,也就是 0110 0001,表示小写字母 a。根据这种编码规则,如果想在计算机中存储小写字母 a,计算机就在存储器中存储 0110 0001。现在问题出现了。如果存储器某个单元的内容是 0110 0001,它表示的是字母 a 还是数字 97 呢?

在实际的计算机系统中,如果计算机处于指令周期的取指令阶段,CPU 从存储器取出的内容会被当作机器指令来解释。机器指令也是一种 0/1 串,将在 3.4 节说明。在执行指

表 3-1　ASCII 码表

十进制	十六进制	八进制	字符	十进制	十六进制	八进制	字符	十进制	十六进制	八进制	字符	十进制	十六进制	八进制	字符
0	0	000	NUL	32	20	040	SPACE	64	40	100	@	96	60	140	`
1	1	001	SOH	33	21	041	!	65	41	101	A	97	61	141	a
2	2	002	STX	34	22	042	"	66	42	102	B	98	62	142	b
3	3	003	ETX	35	23	043	#	67	43	103	C	99	63	143	c
4	4	004	EOT	36	24	044	$	68	44	104	D	100	64	144	d
5	5	005	ENQ	37	25	045	%	69	45	105	E	101	65	145	e
6	6	006	ACK	38	26	046	&	70	46	106	F	102	66	146	f
7	7	007	BEL	39	27	047	'	71	47	107	G	103	67	147	g
8	8	010	BS	40	28	050	(	72	48	110	H	104	68	150	h
9	9	011	TAB	41	29	051	)	73	49	111	I	105	69	151	i
10	A	012	LF	42	2A	052	*	74	4A	112	J	106	6A	152	j
11	B	013	VT	43	2B	053	+	75	4B	113	K	107	6B	153	k
12	C	014	FF	44	2C	054	,	76	4C	114	L	108	6C	154	l
13	D	015	CR	45	2D	055	—	77	4D	115	M	109	6D	155	m
14	E	016	SO	46	2E	056	.	78	4E	116	N	110	6E	156	n
15	F	017	SI	47	2F	057	/	79	4F	117	O	111	6F	157	o
16	10	020	DLE	48	30	060	0	80	50	120	P	112	70	160	p
17	11	021	DC1	49	31	061	1	81	51	121	Q	113	71	161	q
18	12	022	DC2	50	32	062	2	82	52	122	R	114	72	162	r
19	13	023	DC3	51	33	063	3	83	53	123	S	115	73	163	s
20	14	024	DC4	52	34	064	4	84	54	124	T	116	74	164	t
21	15	025	NAK	53	35	065	5	85	55	125	U	117	75	165	u
22	16	026	SYN	54	36	066	6	86	56	126	V	118	76	166	v
23	17	027	ETB	55	37	067	7	87	57	127	W	119	77	167	w
24	18	030	CAN	56	38	070	8	88	58	130	X	120	78	170	x
25	19	031	EM	57	39	071	9	89	59	131	Y	121	79	171	y
26	1A	032	SUB	58	3A	072	:	90	5A	132	Z	122	7A	172	z
27	1B	033	ESC	59	3B	073	;	91	5B	133	[	123	7B	173	{
28	1C	034	FS	60	3C	074	<	92	5C	134	\	124	7C	174		
29	1D	035	GS	61	3D	075	=	93	5D	135	]	125	7D	175	}
30	1E	036	RS	62	3E	076	>	94	5E	136	^	126	7E	176	~
31	1F	037	US	63	3F	077	?	95	5F	137	_	127	7F	177	DEL

令阶段,CPU 需要从存储器取操作数进行运算,这时从存储器取出的内容就会被解释成数据。但是,这并不能回答前面提出的问题。如果取数据时取出 0110 0001,那么可以解释成 97,也可以解释成字母 a。这个问题的解决留给了程序设计。当用某种程序设计语言写程序时,如果需要在存储器中存储数据,必须首先申请存储单元,并且要指明这个存储单元准备存储什么类型的数据。用程序设计语言的说法就是必须首先定义一个变量并且声明变量的类型。变量其实就是给存储空间起的别名,就好像把中央大街 115 号起名为"空间站"。这样,只要说"空间站",指的就是中央大街 115 号。定义变量就是申请存储空间,当程序中定义了一个变量时,计算机会分配一个存储单元,并且用程序中给出的变量名标识这个存储单元。例如,程序中定义了一个名叫 age 的变量。定义变量除了要起名外,还要声明变量的类型,也就是说明该存储单元要用来存储什么类型的数据。例如,int age 表示变量 age 标识的存储单元要存储整数。这样,当计算机从 age 这个存储单元取出 0110 0001 时,就会把这个 0/1 串解释成整数 97,而不是字母 a。与之相对的是,如果定义 age 时写的是 char age,表示变量 age 所对应的存储单元要存储字符。那么,当计算机从 age 中取出 0110 0001 时,就会把它解释成字母 a,而不是整数 97。

重 点 提 示

> 为字符规定一个对应的 0/1 序列,称为字符编码。
> 现在存在很多个字符编码标准。
> 计算机中的 0/1 串可以被解释成字符、数字、指令等,计算机系统根据具体情况进行相应的解释。
> 程序中的变量必须声明类型,计算机才能正确解释它的内容。

3.3.2   汉字字符的编码：GB 2312

ASCII 码解决了简单字母和符号在计算机中的表示问题。可是,要在计算机中存储的内容还有很多。例如,你想把最近写的一首小诗存在计算机中,然后把它放到网上,让大家欣赏。当然,你的诗是用汉字写的。再如,要把原版的《一千零一夜》做成电子版。它是用阿拉伯文写的,同英文以及汉字完全不同。其实,仍然只要为每个需要表示的字符定义一个 0/1 串就行了。每一种定义就形成一种编码。当然,在解释这些 0/1 串时,要知道用的是哪种编码方案,才能还原出最初的内容。上网时用户经常会遇到一种情况：网页上显示的都是一些看不懂的符号,人们将其称为乱码。这时需要在浏览器的菜单栏中找到"查看"→"编码"选项(见图 3-1),然后就会看到很多名称,例如阿拉伯文、简体中文、繁体中文、希伯来文等。需要在这些名字中间试验选择,直到网页上的内容看起来像是可以理解的文字为止。从这个菜单上列出的选项,可以对各种文字的编码有初步的认识：编码方案真是够多的！每种文字至少有一种编码。

这里不能对所有编码都进行介绍,只对汉字编码方案进行简要介绍。GB 2312 是我国在 1980 年颁布的第一个汉字编码国家标准。它的全称是《信息交换用汉字编码字符集 基本集》,它的标准号是 GB 2312—1980。在这个标准中,汉字以及一些序号、字母等被称为图形字符。GB 2312 一共对 7445 个图形字符进行了编码,其中包括一般符号、序号、数字、拉丁字母、日文假名、希腊字母、俄文字母、汉语拼音符号、汉语注音字母、汉字等。GB 2312 能够表示的汉字数量为 6763 个。每一个图形字符都用两字节表示。

GB 2312 定义了一个代码表,对其支持的 7445 个图形字符进行了编号。代码表分为

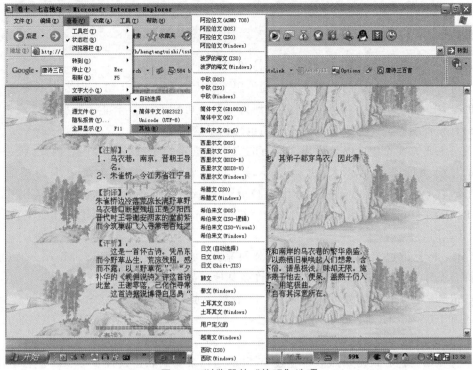

图 3-1 浏览器的"编码"选项

94 个区,每个区中有 94 个图形字符的位置,GB 2312 把这些位置称为位。所以,一个区中就有 94 个位。区的编号(区号)是 1~94,位的编号(位号)也是 1~94,所以一个图形字符的编码就可以用它的区号和位号表示了。区号加上位号也被称为区位码。例如,汉字"啊"在 16 区的第一位,所以它的区位码是 16-01,写的时候区号和位号用连字符相连。如果计算机上有区位码输入法,那么用的就是这个编码方案。

但是,GB 2312 并没有用区位码作为每个图形字符的最终编码。GB 2312 最终定义并使用的编码被称为国标码。国标码实际上是在区位码的基础上加上十六进制数 2020H。那么,最后计算机中存储汉字"啊"用的是哪个 0/1 串?是 16-01 换算成十六进制数加上 2020H 的和的二进制表示吗?非也!因为计算机系统中可能同时支持 ASCII 码和国标码。这时候就会带来一些麻烦。例如,两个字节单元的内容是 3021H 时,如果解释成国标码,那么表示的就是汉字"啊"(用区位码 16-01 计算一下看看对不对);如果解释成 ASCII 码,那么就是字符'0'和'!'(查表 3-1 核实一下)。所以,为了解决这个问题,计算机中并不存储汉字的国标码,而是再把它加上十六进制数 8080H,这样就保证两个字节单元的最高位都是 1,也就能与 ASCII 码区分开了。最后存储在计算机中的这个编码称为机内码。

图 3-1 中的"简体中文(GB 18030)"是我国于 2000 年发布的国家标准,全称为《信息技术 中文编码字符集》,完全兼容 GB 2312。

ASCII 码是使用最广泛的编码标准,它使用 7 位编码表示 128 个字符。

GB 2312 是我国为了能在计算机内存储和表示汉字,在 1980 年颁布的国家标准。

3.3.3 字符的统一码：Unicode

还有一个编码比较特殊，它就是统一码，即 Unicode。

先讲讲制定 Unicode 的背景。不同的编码实在太多了，这除了给人们带来不便之外，最麻烦的是，把一篇文章从一台计算机复制到另一台上可能就面目全非了。所以人们希望世界上只有一种编码。计算机领域的专家们也想到了这件事。

统一编码方案希望能够给世界上所有的文字都规定一个唯一的号码。因此，统一编码方案的号码空间必须足够大，也就是号码的位数要足够长。这个统一编码被命名为 Unicode，它的全称是 Universal Multiple-Octet Coded Character Set，简称为 UCS，中文名称为统一码。Unicode 的目标就是给每个字符提供一个唯一的数字，不论是什么平台、什么程序、什么语言。

Unicode 标准已经被工业界的知名公司采用，如 Apple、HP、IBM、Microsoft、Oracle 等。许多操作系统、所有最新的浏览器和许多其他产品都支持它。

Unicode 给每个字符分配一个数字，这个数字被称为码点。UCS 目前有两种格式：UCS-2 和 UCS-4。UCS-2 就是用 2 字节编码，而 UCS-4 就是用 4 字节编码。UCS-2 的码点是 16 位二进制数。所以这样算来它也只能表示 65 536 个字符，好像并不能代表世界上的所有字符。因为担心最终码点数将超过 65 536，所以统一码联盟设计了 UCS-4。它用 32 位（实际上是 31 位，最高位未使用）二进制数表示字符，所以就有 $2^{31} = 2\,147\,483\,648$ 个码位。这个数字看起来应该够用了。如果不够，设计者还可以设计出 UCS-8 或者 UCS-16。当然 UCS-2 的码点包含在 UCS-4 中，只要把 UCS-2 规定的码点前面加 0 扩充到 4 字节，就是该字符的 UCS-4 编码。目前 UCS-2 的码点还没有被全部分配出去。Unicode 的设计者正仔细地分配这些有限的资源，以免浪费。

Unicode 和别的编码还有一个不同。码点并不是字符在计算机中的编码表示，而只是字符对应的一个数字而已。Unicode 的码点其实可以理解成只存在于纸上，它的表示范围实际上并没有计算机硬件的限制。那么，码点在计算机中怎样表示呢？这个问题看起来很奇怪，因为码点已经是数字了，而且是二进制数字，把它存储在计算机中就行了。可是，UCS 的码点并没有被全部分配出去，所以 16 位/32 位的二进制数并没有都用上。而且对于一些国家来讲，它们的字符集只要几十个字母加上一些符号（对于英语国家也就是 ASCII 码表）就够了。所以，如果采用 UCS-2 或 UCS-4，那么在英语国家的机器上，字符表示的第一个字节都是 0，这对空间是个不小的浪费。为此，这些国家就提出了另一个规范，称为 UCS 传输格式（UCS Transformation Format），缩写为 UTF。常见的 UTF 规范包括 UTF-8、UTF-7、UTF-16。顾名思义，UTF-8 就是用 8 位表示 UCS 码点，UTF-7 用 7 位表示，而 UTF-16 则用 16 位表示。UTF-16 和 UCS-2 的位数相同，但它与 UCS-2 码点也有一些不同，不过目前那些不同的码点还没有被分配出去，所以，可以暂时认为 UTF-16 和 UCS-2 一样。现在，尽管全世界的字符都被统一编码了，但是这些编码在计算机中的表示并不一样。你可能已经注意到了，在浏览器的"编码"选项中的 Unicode 后面有个括号里面写着 UTF-8。所以，就目前的发展来看，要想去掉浏览器中的"编码"选项还需要很长一段时间。

在浏览器的"编码"选项中还有"自动选择"选项，它是怎么实现的？实际上在描述每个网页的 HTML 文件中有一个 content-type 项,它告诉浏览器这个网页用的是什么编码。但是,为什么有时还会出现乱码呢?这是因为有些网页并没有给出 content-type 项的内容。在这种情况下,还能否实现自动选择呢?答案是有可能,目前常见的一种做法是"猜"。因为每种文字都有一些出现频率非常高的字符,如英文中的 t、汉字中的"的"等。利用这个特性,统计出现概率最高的码,就可能推测出这个网页使用的编码。当然不是总能猜得准,所以有时候还会看到乱糟糟的东西。

3.4　机器指令

通过上面的内容,我们知道程序和数据是怎么存储在计算机中的。但是,计算机是怎么"看懂"人们写的程序的呢?在回答这个问题之前,先来想想我们是怎样和外国人沟通的。一般有两种办法:一是我们学会外语,直接和外国人讲外语,这样他们就能明白我们说的是什么;二是找一个既懂汉语又懂外语的翻译,他把我们的话翻译成外国人能懂的语言。同样,如果希望计算机能明白人们的意思,也有两种途径:一是人们讲计算机的语言;二是找一个翻译,把人们的话翻译成计算机的语言。本节介绍第一种方法,就是讲计算机的语言。第二种方法将在 3.5 节中介绍。

计算机能够理解的语言被称为机器语言。机器语言由一条一条的语句构成,这些语句通常被称为机器指令。这些指令是什么样子呢?在 2.4 节中已经讲到,控制器从存储器中取出程序执行。在存储器中的指令只能是 0/1 串,要想让计算机能明白我们的意思,程序中只能是计算机指令。控制器读取一条指令,例如 01010101,然后把它交给译码器。译码器会把指令翻译成相应的控制信号,例如把 01010101 翻译成给加法部件的启动信号。计算机就这样读懂了这条指令。

在介绍译码器之前,先来了解指令的格式。机器指令一般分成两部分,分别为操作码字段和地址码字段,如图 3-2 所示。有的计算机的操作码长度是固定的,有的是可以变化的。根据操作码的不同,地址码字段中可能有一个地址,也可能有多个地址。例如,若操作码表

操作码字段	地址码字段

图 3-2　机器指令的一般格式

示加法操作,那么地址码字段中就可能存在 3 个地址,分别是两个加数和相加结果的存储单元地址。那么,译码器是怎样把指令(例如 01010101)翻译成加法的呢?其实说起来也不难。假定这条指令中前 3 位是操作码,也就是 010(当然实际机器的指令长度和操作码的长度都要比这长,3 位的操作码意味着只能有 8 条不同的指令,那这个计算机的能力也太低了)。控制器会将这 3 位操作码传递给译码器。译码器的核心是一个译码电路。它有一些输入端和输出端。图 3-3 是译码器结构。当有指令到来时,指令的操作码(例如 010)就会通过输入端传递给译码电路。假定高电平表示 1,低电平表示 0,那么 010 这种输入会在第二条输入线路上产生高电平信号,而第一条和第三条输入线路上产生低电平信号。在这种信

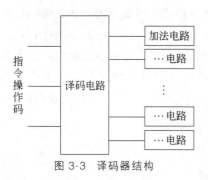

图 3-3　译码器结构

号输入的情况下,译码器中搭设的电路就在第一条输出线路上产生一个信号,这个信号就会开启加法运算电路。这个信号还可能同时传递给其他相关的电路,如完成以下功能的电路:取指令中的地址,按照地址读取加数,并把加数传递给加法电路。这个译码过程让用户感觉计算机好像能够看懂 010 是让它计算加法一样。而实际上完成这一动作的是没有思想的各种电子元器件。图 3-3 只是译码器结构的逻辑示意图,实际上的译码器比这复杂得多。

在 CPU 出厂时,译码电路就固定下来了,所以一台计算机能够理解的机器指令在 CPU 出厂时就确定了。因此,每个 CPU 都有自己的指令集合。CPU 内部的结构不同,它支持的指令集合也不同。当然这些指令集合都是一些 0/1 字符串。如果想让计算机做事,那么就需要了解这些指令及其用法。然后把要计算机做的事情用这些指令描述出来,这就是程序。最后把程序交给计算机去执行就可以了。

计算机能够理解的语言被称为机器语言。
机器语言是由一条一条的语句构成的,这些语句通常被称为机器指令。

3.5　汇编语言和高级语言

用机器语言写的程序就是一堆 0/1 串。这样的程序读起来相当费劲儿。如果不小心把哪条指令的 0 和 1 抄错了,在这些 0/1 串中查找错误极其困难。而且离开指令表,一条程序都写不出来,程序员不可能记住那么多指令对应的 0/1 串。因此,早期的设计人员就给这些指令起了一些好记的名字。例如,01010101 表示加法,那么就用 add 表示。像 add 这样的符号称为助记符。这样,程序员写程序时,就直接写 add 而不写 01010101 了,这既容易记住又不容易出错。但问题是译码器看不懂它。所以,设计者就专门写了一个程序把程序员用助记符写的程序翻译成机器指令。这个翻译的过程被称为汇编。完成汇编工作的程序就叫汇编程序,所以这些助记符也叫汇编语言,用汇编语言写的程序则称为汇编语言源程序。

图 3-4 是一段汇编语言源程序,它的任务是计算几个数的平均值。如果想运行这个程序,则首先要对其进行汇编。假定把这段代码存储在一个称为 count.asm 的文件中(汇编语言源程序文件要求以 .asm 为扩展名)。现在要做的事情

```
.model small
.stack
.data
    score dw 90,95,54,65,33,55,11,-1
    average dw 0
.code
.startup
    xor ax,ax
    xor dx,dx
    xor cx,cx
    lea si,score
again:
    mov bx,word ptr[si]
    cmp bx,0
    jl over
    add ax,bx
    adc dx,0
    inc cx
    add si,2
    jmp again
over:
    jcxz exit
    div cx
    mov average, ax
exit:
    exit 0
end
```

图 3-4　汇编语言源程序

就是汇编。假定汇编程序的名称为 masm.exe。在 Windows 的命令行中输入 masm count.asm 命令,就会生成一个名为 count.obj 的目标文件,这个文件中的内容就是机器指令。但是,源程序中可能会引用其他库文件中的内容。库文件中一般是一些经常用到的功能的代码段,专门有人把它们写好。这样,当用户的程序需要这些功能时,就不用自己再写代码,直接引用就行了。不过,这就还需要一个连接目标文件和库文件的过程,这个过程用连接程序 link. exe 完成。最后生成一个可执行文件,也就是计算机能够读懂的程序,就可以输入文件名,让计算机来执行这些指令了。图 3-5 描述的就是这样一个过程。

```
C:\>masm count.asm
C:\>link count.obj
C:\>count.exe
```

图 3-5　汇编语言源程序的汇编过程

重 点 提 示

机器指令的助记符形成汇编语言。

把汇编语言程序翻译成机器指令的过程称为汇编。完成汇编工作的程序称为汇编程序。

用汇编语言写的程序称为汇编语言源程序。

汇编语言虽然比机器语言好记好用,但是用起来仍然不太方便。毕竟它是机器语言的助记符,和人们日常用的语言区别很大。例如,计算几个数的平均数,人们希望写个算式就行了。为此,人们又设计了高级语言,它更接近人类的语言(实际上是更接近英语)。高级语言有很多种,例如 C、Java、COBOL 等,可以说数不胜数。高级语言因为更接近人的思维,所以离计算机也就远了。用高级语言写的程序也需要特殊的程序把其翻译成机器语言,这些翻译程序称为编译程序或者解释程序。编译程序将高级语言源程序全部翻译成机器语言后保存为可执行程序。这样,一个源程序只需要编译一次,以后都执行这次编译产生的可执行程序。C 语言的编译器就是编译程序。而解释程序则把源程序一条语句翻译成机器指令后就立即执行这条指令,然后再翻译并执行下一条。解释程序并不把翻译的结果保存下来,所以下一次执行这个程序时,还要逐句翻译再执行,因此程序解释执行的速度要比编译后执行的程序慢。

图 3-6 是求几个数的平均值的 C 语言源程序。看起来比汇编语言程序短多了。要想让这段代码被计算机执行,需要对它进行编译。在 Linux 操作系统下进行 C 语言编译的程序叫 gcc。假定这段代码被存储在一个名叫 count.c 的文件中(C 语言的源程序要求以.c 为扩展名)。用 gcc 对它进行编译。编译之后生成一个可执行文件,名为 a.out。现在就可以在命令行输入 a.out 运行它,让计算机执行其中的指令了。C 语言源程序编译后也需要有连接的过程,只不过都由 gcc 一起完成了。图 3-7 为上述过程用到的命令。

因为汇编语言是和机器语言对应的,所以不同 CPU 支持的汇编指令集合也不同。现在直接用汇编语言写的程序不是很多。但是,高级语言的效率要比汇编语言低一些。出于各种考虑,编译程序在编译高级语言写的代码时产生的目标程序会比较庞大,难以优化,运行速度较慢。所以,在一些对速度和空间有严格要求的环境下,例如各种工业自动控制用芯片的编程,以及操作系统中底层与设备相关的功能模块,汇编语言仍然被广泛使用。

```
#include <math.h>
main()
{
    int a[7],i;
    float av=0;
    for(i=0;i<7;i++)
    {
        scanf("%d",a+i);
        av+=a[i];
    }
    av=av/10;
    printf("%f, \n",av);
}
```

图 3-6　C 语言源程序

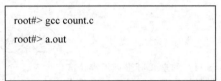

```
root#> gcc count.c
root#> a.out
```

图 3-7　C 语言源程序的编译和执行命令

 重 点 提 示

高级语言更接近人类语言。

高级语言编写的程序需要用编译程序或者解释程序翻译成机器语言。

复习题

1. 什么是进位制？什么是进位制的基数？

2. 二进制数每位上的位权是多少？

3. 十进制数怎样转换成二进制表示？

4. 十六进制数怎样转换成二进制表示？

5. 八进制数怎样转换成二进制表示？

6. 每一个二进制数都能精确地转换为十进制数吗？每一个十进制数都能精确地转换为二进制数吗？如果能，为什么？如果不能，在什么情况下不能？

7. 二进制的主要逻辑运算有哪些？它们的运算规则是什么？

8. 什么叫原码？原码有什么优点和缺点？

9. 什么叫补码？为什么现在很多计算机中都使用补码表示数？

10. 怎样求一个负数的补码？

11. 什么是 ASCII 码？

12. 区位码、国标码和机内码有什么关系？

13. Unicode 和 UTF 有什么关系？

14. 计算机怎么知道一个内存单元中的 0/1 串应该解释成指令还是数据？

15. 计算机解释数据时，怎样决定存储单元中 0/1 串应该解释成数字还是字符？

16. 什么是机器语言？

17. 什么是汇编语言？汇编程序和汇编语言程序有什么关系？

18. 什么是高级语言？计算机怎样读懂高级语言？

练习题

1. 16 位补码能够表示的整数的范围是多少？

2. 将下列十进制数转换为二进制表示、八进制表示、十六进制表示（如果不能精确表示，保留小数点后 4 位）。

256　　　　　　63.25　　　　　　　−1022　　　　　　16.321

3. 将下列二进制数转换为十进制表示、八进制表示、十六进制表示。

10101110　　　　0111010001　　　　01101101　　　　11111111

4. 将下列十进制整数用 16 位原码表示出来。

789　　　　　　　−543　　　　　　−128　　　　　　4095

5. 将下列十进制整数用 16 位补码表示出来。

789　　　　　　　−543　　　　　　−128　　　　　　4095

6. 求下列二进制补码表示的十进制整数。

10010001　　　　01110011　　　　11101101　　　　11000000

7. 求下面两个数的 16 位补码，并用补码计算这两个数的和、差。

−9837　　　　　3456

8. 完成下列二进制运算。

11011101＋11101000　　　　　　11010010−01110011

101 * 1101　　　　　　　　　　11110101/101

10101010&11010011　　　　　　10010101│01010110

～10101101　　　　　　　　　　11101101⊕10100011

9. 对下列 ASCII 码进行译码。

01001110　01101001　01101000　01100001　01101111　00100001

01001010　01101001　01100001　01111001　01101111　01110101　00100001

讨论

1. 用 8 位补码计算下列两个数的和，是否能够得出正确的结果？为什么？

X＝−89　　　　Y＝−120

2. 设计用原码进行乘法运算的规则。

3. 补码、原码在负数的表示上不同，在正数的表示上相同。如果已知程序中要使用的数据都是正数，你认为用哪一种编码比较合适？是否需要另外设计一种编码？如果需要，请说明原因。

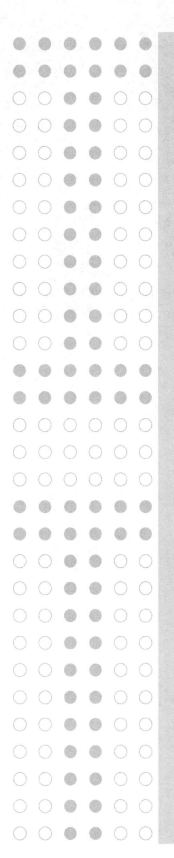

第 3 篇　计算机软件平台

　　实际上人们日常很少直接接触计算机内部的硬件平台，这一点从计算机系统层次图上体现得非常清楚。第 1 章对硬件上的第一层软件平台——操作系统作了初步介绍。因为操作系统这个平台非常重要，对它的认识直接决定我们使用计算机系统的效率，所以，本篇将进一步了解操作系统的知识。本篇将深入到操作系统的内部，了解这个平台实现的机理，了解它为什么能够帮助我们做那些事情，从而初步了解它的各种外在表现背后的原理。这些知识能帮助我们更有效地使用这个操作平台。在对操作系统的内部机制以及硬件平台有了足够认识的基础上，本篇还将讲述怎样通过 Shell 脚本这个操作系统提供的另一个用户接口控制计算机。

　　操作系统是人们操作计算机的平台，也是应用软件的运行平台。但是，对于开发应用软件的用户来说，只有操作系统平台还是不够的。他们需要有一个能够帮助其开发应用软件的平台。为此，在计算机的发展进程中，逐渐形成了应用软件开发和运行平台。不同类型的应用软件可能有不同的开发平台，它们本身属于计算机软件的范畴，向下依托操作系统，向上为应用程序员提供各种软件开发上的便利以及应用软件在运行时的支持。这个平台包括帮助程序员编辑、编译、调试程序的软件工具，还提供一些可重用的成品或半成品的软件构件。在这个意义上，图 1-9 是简化的结构，在操作系统和应用软件之间还应该有一层，即这里说的应用软件开发和运行平台。中间件基本上指的就是这样的平台。本篇的最后将简要介绍应用软件开发平台。

第 4 章 操作系统的内部实现机制

前面介绍了操作系统平台的功能。那么,操作系统是怎样实现这些功能的呢? 了解操作系统做事的方法和策略,对更好地使用这个操作平台非常有帮助。本章介绍操作系统的内部实现机制。

操作系统所做的最基本的事情是使终端用户能够在计算机硬件上运行应用程序。只要用户输入程序名或者双击程序图标就可以运行程序。为了这么简单的一个动作,操作系统做了非常多的事情。为让程序运行起来,操作系统需要把存储在外存(硬盘)上的程序找到并读取到内存中,然后分配 CPU 以运行该程序。具体来说,这里涉及的工作基本上可以分为 4 部分:信息存储管理、内存管理、进程管理和外设管理(因为肯定会涉及外设,至少要使用外存)。

操作系统中负责管理信息存储的部分也被称为文件系统。文件系统主要做的事包括显示外存上存储的文件以及用户选定文件后把文件从外存中找到并读出来。目前常用的内存在没电时是不能保存信息的,因而文件(包括程序)都是保存在外存上的。但是外存的存取速度比内存要慢多了。为了弥补外存与 CPU 之间巨大的速度差距,要运行的程序都要先从外存读入内存。这个读入过程就由操作系统负责完成。到外存什么地方读取程序由文件系统负责;而读出来后放在内存中什么地方,就由操作系统的内存管理部分负责。那么进程管理指的又是什么呢? 进程管理负责在合适的时候让 CPU 执行已经读入内存的程序。这里涉及一个概念,就是进程。这是与程序动态执行、一个系统中同时有多个程序在运行以及 CPU 分配相关的概念。4.1 节会详细说明这个概念。总之,操作系统为了让多个程序能够同时在计算机中运行(这几乎是现在每个操作系统都必须支持的功能),就必须管理进程。至于外设管理部分,当然是负责同外设打交道了。文件管理部分要访问硬盘上的信息,就必须找操作系统的外设管理部分帮忙。

下面就从进程管理开始介绍操作系统做这些事情的过程和策略。

4.1 进程的管理

4.1.1 进程概念的引入

前面已经讲过,为了提高计算机硬件的使用率,尤其是 CPU 的使用率,操作系统都采用了多道程序技术。在这种技术下,当一个程序需要使用或者等待外设时,操作系统会让 CPU 去执行别的程序。这时第一个程序并没有执行完毕,它可能在等待或使用外设。与此同时,另一个程序也正在 CPU 上运行。这里的"另一个程序"甚至可以与刚刚让出 CPU 的那个程序一模一样。例如,连续两次双击了桌面上的 WPS 图标,就会出现这种情况,即启动了两个 WPS 应用程序。

当计算机中有多个程序在执行时,操作系统为此要多做哪些事情? 首先,当一个程序因为某些原因不能继续执行而闲置 CPU 时,操作系统应该有一种办法知道这件事情。其次,当 CPU 被让出来之后,操作系统应该决定接下来让哪个程序使用 CPU。如果要执行一个新程序,那么操作系统就要把新程序读入内存中的某个地方,而且要保证新读入的程序不会破坏前面还没有执行完、仍在内存中的程序及相关数据。如果接下来要执行前面没有执行完的某个程序,那么操作系统要在内存中找到这个程序,并且还要知道之前执行到了哪里,即接下来该执行哪条语句。为了完成这些工作,操作系统必须记录一些必要的信息。从前面的分析可以看出,至少要记录的信息包括:每个程序在内存中存放的位置,每个程序将要执行的下一条指令的地址,系统中正在执行的程序是什么,以及系统中有哪些程序在等待获得 CPU。

上面一直在用"程序"这个词描述这些事情。如果仔细分析,就会发现,在有些情况下,这会带来一些混乱。先来回想一下,程序是什么?程序是一段指令代码,这段代码被执行后能够产生一些结果。这段代码可以被执行无数次,不仅一次结束后可以再来一次,而且在上次还没有结束时就可以启动下一次,形成程序的多次执行同时存在的情形。当然,如果每次执行时的初始条件都一样,那么执行的结果也应该是一样的。

那么,用"程序"这个概念描述多个程序在计算机中执行的情景会有什么问题呢?假设你写了一个小程序。程序的功能很简单:获取计算机系统维护的当前时间,把它换算成一个整数,在屏幕上显示出来,并提示用户输入这个数的质因数,然后等待用户输入,最后判断用户输入的结果是否正确并显示。你把这个程序编译、连接后生成了一个可执行文件,命名为"时间与智慧"。然后运行这个程序,在非常短的时间间隔内先后两次双击屏幕上的"时间与智慧"图标。那么这个程序就被启动,而且启动了两次。因为计算机只有一个 CPU,所以操作系统会首先读入第一次启动的程序的代码,并且开始执行。当执行到提示用户输入质因数时,程序需要等待键盘的输入。这时,操作系统并不让 CPU 去等待,而是让它读取第二次启动的程序并执行(其实计算机的时间片比这短多了,只不过为了说明方便,假定时间片非常长,所以才会让第一个程序一直执行到因等待外设而让出 CPU)。计算机同样将这个程序读入内存中的一个区域,并保证它不会破坏先前读入的程序。这个程序再次执行到等待键盘输入而被操作系统收回 CPU。此时恰好有一个键盘输入。这时操作系统的麻烦事情就来了:它应该把这次输入的结果交给第一次启动的程序还是第二次启动的程序呢?如果操作系统用程序名区分这两次程序的执行,显然是不行的,因为它们都叫"时间与智慧"。所以,操作系统必须能够区分同一程序在系统中的两次执行。用程序名不行的原因在于程序名对应的是同一个代码,是静态的。无论程序执行多少次,代码都是这一个,所以用一个程序名就足以标识这个代码了。而操作系统现在关注的是程序的执行过程,它是动态的。一个程序可能在系统中存在多个执行过程,而且在某个时刻每个执行过程所执行到的指令位置可能不一样,产生的中间结果也可能不同。所以,需要一个新的概念描述程序的执行过程,为此人们引入了进程的概念。

进程的英文是 process。这个单词的原意就是过程的意思。现在操作系统不再用程序描述正在执行的代码,而是用进程。程序的一个执行过程就对应一个进程,前面例子中"时间与智慧"的两次执行在操作系统中就对应两个不同的进程。操作系统给它们分配两个不同的名字(通常用号码,称为进程号)以示区别。这样,当有一个键盘输入到达时,操作系统就可以根据这个输入所属的进程号找到正确的进程,程序就能正确执行了。

　　下面用炒菜的例子说明进程的概念。程序就好像菜谱,而进程就好像照着菜谱炒菜的过程。假设你找到了一个鸡蛋炒西红柿的菜谱,现在打算用两个锅同时做两份鸡蛋炒西红柿(当然,用炒不同的菜的示例同样可以说明问题,就好像执行不同的程序,这是更普遍的情况。但是,为了更清楚地看到引入进程概念的必要性,这里假定做同一个菜)。你在第一个锅里放油后,需要等待油热,这时你没有等着,而是接着往第二个锅里放油。这时第一个锅中的油热了。你赶快查看菜谱,发现要放入打好的鸡蛋。于是你将鸡蛋飞快地倒入第一个锅中。如果没有等待的过程,那么你要在一个锅操作一个短暂的时间后,去处理另一个锅里的菜,也就是分时进行两个炒菜的过程。在整个炒菜过程中你要记住两道菜各炒到哪一步了。也就是说,当炒菜过程进行到菜谱上的"向锅里加少许盐"时,你要知道应该往哪一个锅里放盐。除此之外,你还要决定什么时候你该关注哪一个锅,这取决于你是否能够暂时离开当前处理的那道菜等很多因素。如果两道菜同时都需要你处理,那么就要有轻重缓急的策略。在这个例子中,你的手就是计算机的 CPU,而你的大脑就是操作系统。从这个例子就可以体会出程序和进程有多大的不同。

　　现在通过你的大脑在炒菜过程中做的事情来分析操作系统为支持多道程序技术而需要做的事情。首先,为了能够让你的手在两个炒菜过程之间有效地切换,你的大脑必须给两个炒菜过程起两个不同的名字,例如,分别称为第一锅、第二锅,或者左锅、右锅。此外,大脑还要记住两道菜都分别进行到菜谱中的哪一步了,例如,第二锅该放盐了,第一锅该出锅了。操作系统也要做类似的事情,它要给每个进程分配一个标识符,然后记录每个进程接下来要执行的指令的地址。另外,两道菜的原材料要分开放,例如,第一锅的原材料放在左边,第二锅的放在右边,不能混放,以防一道菜的原材料放到另一道菜中。同样,操作系统要保证两个进程的程序和数据在内存中不能放在同一个区域,以免互相影响或被误用。

　　操作系统把与进程有关的信息都组织在一起,放在一个称为进程控制块的数据结构中。进程控制块存储在内存中特定的位置。当用户执行某个应用程序时,操作系统就会创建一个进程控制块。进程控制块中除了前面讲到的内容外,还有很多其他信息,如进程是由哪个用户启动的、它都使用了什么资源、它正在做什么等,将在后续内容中逐步说明这些内容。有了进程的概念以及进程控制块这个描述进程的数据结构,操作系统控制整个系统中多道程序的执行就容易多了。

| 进程标识符 |
| 用户标识符 |
| 进程间通信信息 |
| 各种定时器信息 |
| 文件系统信息 |
| 虚拟内存信息 |
| 处理器环境信息 |
| ⋮ |

图 4-1　进程控制
块的结构

　　图 4-1 给出了进程控制块的结构,简要列出了一些比较重要的信息项。图 4-2 是 Linux 中 task_struct(任务结构)的定义。Linux 为每个进程维护一个 task_struct 类型的数据结构,它实际上就是 Linux 的进程控制块。

重 点 提 示

　　进程是程序在计算机中的一个执行过程。
　　程序是静态的,而进程是动态的。
　　操作系统用进程控制块存放与进程有关的信息。
　　每个进程都有一个进程控制块。

```
struct task_struct {
        volatile long state;          /* -1 unrunnable, 0 runnable, >0 stopped */
        unsigned long flags;          /* per process flags, defined below */
        …
        volatile long need_resched;
        …
        long counter;
        long nice;
        …
        struct list_head run_list;
        unsigned long sleep_time;
        …
        pid_t pid;
        …
        /* filesystem information */
        struct fs_struct *fs;
        …
        /* signal handlers */
        spinlock_t sigmask_lock;    /* Protects signal and blocked */
        …
};
```

图 4-2　Linux 中 task_struct 的定义

　　解决了怎样在系统中描述多道程序的问题，接下来看看操作系统为了支持多道程序具体需要做哪些事情。首先，操作系统要决定在某个时刻应该执行哪个进程，这个工作被称为进程调度。其次，因为两个或多个进程可能会同时需要同一个资源，如打印机或者某个数据，所以操作系统需要仲裁让哪个进程使用资源。这个问题被称为进程间资源的竞争与共享。另外，如果多个进程都要访问同一个数据，例如一个进程要更改系统时间，而另一个进程要显示系统时间，那么操作系统必须保证第一个进程把年、月、日、时、分、秒全部更改完毕，才能让第二个进程显示；否则更新到一半，数据不完整，就会出问题。这就是进程的同步与互斥。此外，进程之间有时候需要通信。例如，一个进程在结束前想把自己的退出原因告诉另一个负责监控它的进程。那么，操作系统就要为这两个进程提供通信手段。这么一想，为了支持多个进程的并发执行，操作系统要做的事情还真不少。并发是指两个或多个事件在同一时间间隔内发生。并发性是现代操作系统的一个重要特征。并发性不同于并行性。并发性是指在一段时间内宏观上有多个进程同时运行，但是如果系统只有一个处理机，则每一时刻只能有一道程序在执行，微观上进程是分时地交替执行的。而并行性是指两个或多个事件在同一时刻发生。如果进程要并行执行，则必须有多个处理机支持才行。下面就分析操作系统是怎样做这些事情的。

两个或多个事件在同一时间间隔内发生称为并发。并发性是现代操作系统的一个特性。

4.1.2　进程的状态

　　既然系统中有多个进程,操作系统就要知道它们都在干什么,这样才有可能管理和安排它们的工作。也就是说,操作系统需要了解进程当前处于什么状态。为此,接下来看看将进程的活动归纳成哪些状态更便于操作系统管理。

　　首先,被操作系统创建的进程可能获得了 CPU,正在运行。这种状态称为执行状态。这时其他进程或者在等待 I/O 设备,或者已经准备好了在等待 CPU。称那些等待 I/O 设备的进程处于阻塞状态;而那些万事俱备,只差 CPU 就可以执行的进程状态则被称为就绪状态。

　　为了在 CPU 空闲时能够很快地找到合适的进程接着运行,操作系统把处于就绪状态的进程排成一队。当 CPU 空闲出来时,操作系统就在就绪队列中取出一个进程让它运行。处于阻塞状态的进程也被排成一队。当一个正在执行的进程需要等待某个 I/O 操作时,操作系统就让这个进程在阻塞队列中排队,同时把 CPU 分给就绪队列中的某个进程。当某个 I/O 操作完成时,操作系统就从阻塞队列中查找在等待这个操作完成的进程,把它从阻塞队列中取出,让它到就绪队列中排队等待 CPU 以便继续运行。多数操作系统会为每种常用的设备维护一个等待队列,也就是说等待进程会根据自己等待设备的不同而排在不同的队列中,并不是都排在一个等待队列中。这样,当某个设备工作完成时,系统直接到相应的等待队列中取进程就可以了。

　　为了防止某个进程执行起来没完没了而使其他进程等待的时间过长,一般操作系统都会采取分时机制,为每个进程分配一个可连续占用 CPU 的时间,称为时间片。时间片用完,尽管进程并没有结束,也不需要等待什么 I/O 设备,操作系统也不让该进程继续执行,而是让其到就绪队列中重新排队,同时把 CPU 分给就绪队列中的第一个进程,让它接着从上次停下来的地方继续执行。

　　系统中新进程的来源有很多。例如,新用户登录时,系统会为用户创建一个进程。当用户运行了某个应用程序时,操作系统也要为这个应用程序创建一个进程。这些进程都是操作系统自动为用户创建的。操作系统还提供系统调用,让用户的应用程序自己创建新进程完成其任务中的某一个部分。例如,一个监控网络状态的应用程序可以创建一个进程专门负责收集网络的状态数据并放到数据库中,而操作系统自动为这个应用程序创建的进程则只负责从数据库中读取状态信息并显示。又如,一些服务器运行时,系统为其创建一个进程。当有客户向其请求服务时,这个进程就会创建一个新进程为该客户服务,而它自己则又去查看是否有新客户需要服务。系统就好像一个接待员,而具体的服务都是由它创建的进程完成的。如果进程 A 创建了进程 B,那么通常把 A 称为 B 的父进程,而把 B 称为 A 的子进程。操作系统在创建进程时,要为进程创建一个进程控制块以及相关的数据结构。在做完准备工作后,操作系统会把新创建的进程放到就绪队列中排队。

当一个进程执行完其代码的最后一条语句时就结束了。当系统的一个用户注销时，该用户的进程也将被终止。当一个用户退出应用程序时，系统也把该进程终止。导致进程被终止的原因还有很多，如内存不够、对数据的不正确使用等。在有些系统中，如果父进程被终止，那么子进程也会被终止。操作系统会收回被终止进程的资源。

执行、就绪、阻塞是进程最基本的 3 种状态。从前面的分析可以得出这 3 种状态的转换关系，如图 4-3 所示。图中圆圈表示进程的状态，箭头上标注的是引起状态转换的事件。

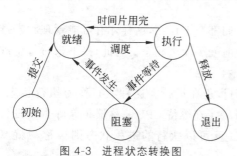

图 4-3　进程状态转换图

每个进程的状态被保存在它的进程控制块中。进程排队是怎样实现的呢？进程怎么会自己去排队呢？这只是一种形象的说法。在实现上其实就是操作系统对进程控制块进行组织。例如，让进程到就绪队列中排队，实际上就是把进程控制块放到一个链表中，这个链表中所有进程的状态都是就绪。

链表是一类特殊的数据结构，在"数据结构"课程中有详细介绍。链表中通常是一些结构相同的结构体数据。把一些相关的信息组织在一起，用一个名字来标识，就称为结构体。例如，一个学生全部的信息，如姓名、成绩等，放在一起就可以形成一个结构体数据。可以把每个结构体数据理解成一张卡片。进程控制块就是一个结构体。在这些结构体中有一个特殊的项，它可以存放一个地址。这个地址是另一个一模一样的结构体在内存中存放的地址，即另一个进程的控制块的地址。通过这个地址就可以找到另一个进程控制块。这就好像该项指向了另一个进程控制块，所以把这样的项称为指针。指针就好像给每张卡片下面加了一个钩，可以用来挂下一张卡片。指针是一种数据类型。前面已经说过，内存单元中存放的数据必须事先声明它的数据类型。当 CPU 看到一个声明为指针类型的数据时，就知道这个数据的内容是一个地址。每个进程控制块中的这一项都放着另一个进程控制块的地址，这样，只要知道第一个进程控制块的地址，就可以通过它找到第一个进程控制块，然后就能从该进程控制块中找到下一个进程控制块的地址。这些链起来的进程控制块就好像是在排队了。图 4-4 是 Linux 中的就绪队列，图 4-5 是该队列的 C 语言定义。

```
struct list_head {
    struct list_head *next;
};
struct task_struct {
    …
    struct list_head run_list;
    …
}
```

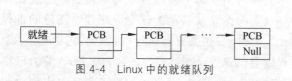

图 4-4　Linux 中的就绪队列

图 4-5　Linux 的就绪进程列表

其实绝大多数系统中的进程不只有这 3 种状态。某些操作系统采用的管理策略有时会产生一些新的进程状态。例如，下面的策略就增加了一个进程状态。先来看这个策略使用的背景。在多道程序的系统中，内存中有多个进程。内存大小是有限的，在一定时候就会出现这种情况：系统想再读入一个程序来运行，即创建一个新进程，而内存中已经没有空间了。这时如果把系统中暂时不能执行的进程从内存中清除，就有空间了。可是这些进程都已经执行一部分了，如果直接把它们扔掉，那么前面的时间就浪费了。最好的办法是把这些进程的控制块以及已经产生的数据先放到外存中，这个动作被称为进程的换出，这样进程在内存中占用的空间就被腾出来了。要知道它让出来的空间不只是刚刚存储到外存的控制块和数据所占的地方，还有被读入内存要执行的代码。只不过这些代码本来就在外存中，所以换出进程时不用复制这些内容。等到内存中有空闲空间时，系统再把这些换出进程读进内存，并根据情况分配资源，它们就可以从上次暂停的位置继续执行了。这里换出的进程被称为处于挂起状态。通常，系统会选择那些处于阻塞状态的进程挂起，因为它们在等待某个事件发生，即使获得 CPU 也不能执行。当没有阻塞进程时，系统再从就绪的进程中选择把某个进程挂起。

因为挂起进程的相关信息都在外存中，所以不可能直接获得 CPU 进入执行状态。它们只有在重新装入内存后才能被重新调度。挂起进程重新被装入内存的过程被称为激活。在激活挂起进程时，当然也是要优先选择装入内存中就能处于就绪状态的进程，而不是那些还会继续阻塞的进程。为此，挂起进程的状态又被划分成两种。那些进入内存就能处于就绪状态的挂起进程被称为处于挂起就绪状态，而还在等待某类其他事件的挂起进程称为处于挂起阻塞状态。当挂起阻塞进程等待的事件已经发生时，它就转入挂起就绪状态。显然，挂起就绪状态的进程被激活后马上转为就绪状态，而挂起阻塞状态的进程被激活后只能处于阻塞状态。就绪进程被挂起后处于

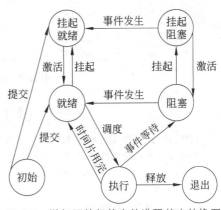

图 4-6　增加了挂起状态的进程状态转换图

挂起就绪状态，而阻塞进程被挂起后则处于挂起阻塞状态。图 4-6 是增加了挂起状态的进程状态转换图。系统也可以因为某种原因把正在执行的进程挂起，这时该进程也转入挂起就绪状态。

计算机出现初期，系统为程序执行创建进程时，需要将整个程序都读入内存。后来应用程序随着功能增强而变得越来越大，内存也变得越来越紧张，就产生了挂起技术。现在操作系统创建进程时不再把整个程序都读入内存（在 4.2 节中会讲这是怎么回事），而且计算机的内存也比以前大了很多，所以现在很少再因为内存不足导致进程挂起了。但是，挂起这个概念仍然有发挥作用的场合。例如，用户设置了一个程序，它负责在每天半夜把数据都备份一遍。当这个进程完成今天的工作后，它再次运行的时刻是在将近一天之后，在这么长的时间内就没有必要把它放在内存中占地方了，所以可以把它挂起。另外，在调试程序时，有时也需要把一些进程挂起，以便分析它的一些数据。

除了上述状态之外，个别操作系统还会根据需要增加一些状态。例如，Linux 操作系统就设置了僵死状态。处于僵死状态的进程已经执行完毕，但是系统并没有删除它的进程控制块和相关信息，也就是进程的"尸体"还在。一些需要了解该进程信息的其他进程可以查看这些信息，然后把这些信息清除，这时僵死进程才真正退出系统。图 4-7 是 Linux 的进程

状态转换图。

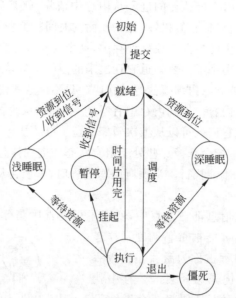

图 4-7 Linux 的进程状态转换图

就绪、执行、阻塞是进程的3种基本状态。

各种操作系统会根据自己的策略增减进程的状态。

4.1.3 进程的调度

　　既然系统中同时存在处于各种不同状态的多个进程,那么操作系统就需要小心地为这些进程服务,既要保证整个系统的效率,又要尽量让每个进程都满意。

　　当 CPU 空闲出来时,操作系统要考虑让哪个进程运行。这项工作被称为进程的调度,有时也称为处理器调度。怎么调度?最简单的办法就是在所有就绪进程中随机选一个执行。这种随机抽取似乎太没有确定性了,应该让先准备好的进程先得到 CPU,也就是最早来就绪队列排队的进程应该最先运行,这样才公平。这种策略称为先来先服务。这种方式看起来很公平,但不一定合理。例如,一个进程只需要做很少的工作,如把桌面背景换一下,但在它被创建之前系统刚刚创建了另一个计算进程,后者需要进行相当复杂的运算,大概需要工作半小时。按照先来先服务的原则,CPU 空闲时,应该运行这个计算进程,那么排在它后边的那个只要运行极短时间的进程就需要等待至少半小时,这显然不合理。这就和在银行排队一样,你只需要打印收据的服务,但是不巧你前面的人手里拿了数不清的单据要处理。

　　分析先来先服务策略,可以发现,之所以会产生对短进程不公平的现象,主要是因为进程获得 CPU 后就一直执行到结束(除非进程遇到 I/O 操作或者主动让出 CPU)。这种 CPU 分配方式称为非剥夺式。其实这个问题很好解决,前面也提到过,就是让每个进程执行一个固定的时间片。即使进程在分给它的时间片内没有执行完,它也必须让出 CPU,到就绪队列重新排队。系统取出排在就绪队列最前面的进程,让它运行。这就是轮转式调度策略。这种在进程没有执行完就把 CPU 收回的 CPU 分配方式称为可剥夺式。有了轮转式调度法,现在短进程就不担心前面有长进程了。当长进程用完自己的时间片后就要到就绪队列末尾重新排队,这样短进程就有机会迅速地执行了。

现在看来,事情解决得差不多了。可是各个进程的情况都不一样,例如,前面出现的问题就是由于进程执行时间长短不同造成的。所以,还要仔细分析进程之间的区别。有些进程会经常使用 I/O 设备,而有些进程则使用 CPU 的时间长一些。如果采用轮转式调度法,经常使用 I/O 设备的进程在刚刚获得 CPU 后,只执行了几条指令就遇到了 I/O 操作,结果不得不让出 CPU 去执行 I/O 操作,等 I/O 操作结束后再重新排队。这些进程在再次得到 CPU 后,又一次在只用了一点点儿时间片的时候让出 CPU 去访问 I/O 设备,如此往复。这就好像你在银行办事时好不容易排到窗口,柜员给了你一张复杂的表格让你拿到旁边去填。等你填完了,又要到队尾重新排过。当你再次到达窗口,递上填好的表格后,柜员又给了你另一张表格让你去填,然后重新排队。那么,这个问题怎么解决呢? 好多银行其实已经有了很好的解决办法。通常填好表格后,你不用重新到原来的队列排队,而是在另一个队列里和所有像你一样填表的人一起排队。柜员会优先服务这个队列,也就是说,只要这个队列中有人,那么柜员就先为这些人服务。理由很简单,因为这些人都在另一个队列中排过队。有些操作系统也采用了这种策略。即除了就绪队列外,操作系统再组织另一个队列,那些没有用完时间片就因为 I/O 操作让出 CPU 的进程在执行完 I/O 操作后就进入这个队列。只要这个队列中有进程,CPU 就会分配给它。和银行例子不同的是,操作系统会把每个进程没有用完的时间片记下来。获得 CPU 的进程在用完剩余的时间片后必须到就绪队列中重新排队。

在平等的原则下,前面的调度策略可以说工作得不错了。但是,凡事都有个轻重缓急。在某些情况下,是不能一味强调平等的。例如,公路上的汽车具有平等使用道路的权利。但是,消防车是特例,它拥有优先权,因为它做的事情很重要,耽误不得。在计算机中也是这样,有些进程的事情必须马上做,例如报时程序。操作系统要能够支持这种需求。为此,有些操作系统会为进程规定优先级,如 1、2、3 级等。假定 1 级最高,那么当有 1 级进程要运行时,优先级为 2 的进程必须让出 CPU。同一优先级的进程则可以采用先来先服务或轮转策略。使用这种策略时,操作系统通常会让优先级相同的进程在一起排队,即为每个优先级组织一个队列。分配 CPU 时,先看最高优先级队列中有没有进程,如果没有,再查看下一优先级队列。这种策略称为优先级策略。然而,如果高优先级队列中始终有进程,低优先级的进程是不是永远得不到机会了? 是的,这种现象被称为饥饿。为了避免进程被饿死,必须对前面的策略做些调整,采取一些措施让低优先级的进程也能够有机会运行。例如,可以让进程的优先级和等待时间挂钩,当低优先级的进程等待到一定时间时,它的优先级就升高了,这样它总会等到获得 CPU 的时候。你还能想到办法解决这个问题吗?

实际的操作系统在调度进程时,都是根据自己目标和应用环境采用上述策略中的一种或把几种结合在一起,也有些会使用其他更合适的策略。

和调度策略有关的一些信息如进程的优先级、进程剩余的时间片数等,也需要保存在每个进程的进程控制块中。

操作系统根据一定的策略选择进程是需要时间和空间的。各种调度策略的具体体现就是操作系统中的有关代码,这些代码的执行需要时间和空间。这些代码以及用到的相应数据结构都要放在内存中。当进程让出 CPU 后,如果它还没有执行完,为了保证它能够再次继续正确地执行,操作系统必须把这次执行的一些有关事项保存下来。例如,一些寄存器(如程序计数器)的内容必须保存下来,因为后面的进程会用到这个寄存器。程序计数器里面放的是下一条应该执行的指令的地址。只有把这个值保存起来,才能保证进程下一次能够从正确的指令继续执行。状态寄存器的内容记录着进程执行到当前位置时产生的一些情况,如是否有进位、是否可以中断等,这也必须保存起来。这些寄存器的内容被保存在进程控制块中或者与当前进程有关的一些内存区域中。这个保存过程被称为进程上下文保存,其实就是保护现场。同样,被选定接下来要执行的进程必须在其被切换下来时的环境中继续执行,所以要恢复为它保存的上下文,也就是要重新装入以前保存起来的寄存器内容及相关数据,而不能使用刚刚切换下去的进程的环境,这个过程被称为恢复上下文。如果是新进程,没有旧的环境需要恢复,那么就根据需要设置这些寄存器的值。总之,不能使用前面进程遗留的寄存器内容。保存和恢复现场的过程也被称为上下文切换。上下文切换涉及读写内存的操作,所以它的时间开销也是不容忽视的。如果操作系统设计得不好,进程频繁地切换,那么很多时间都浪费在进程切换上,计算机的效率就会大受影响。

CPU 的分配方式分为剥夺式和非剥夺式两种。

先来先服务、轮转法、优先级法是常见的进程调度策略。

进程切换会产生时间和空间上的系统开销。

4.1.4　进程的同步与互斥

支持多道程序,系统的效率提高了。但是进程多了,麻烦事也多了。就好像人手多了,事情就做得快了,可是要协调的事情也多起来,尤其是在工具不是很充裕的情况下,组织者必须协调工具的使用顺序,才能保证效率,保证不出问题。同样,操作系统除了要保证系统中多个进程有序地运行,充分提高系统的效率外,还要保证这些进程之间不能因为共享或者竞争资源而出现问题,尤其是要保证程序的运行结果是正确的。前面讲到的上下文切换就是为了达到这个目的而进行的工作之一。但是,只保证进程运行环境互相不影响是不够的。下面就来看看还有什么情况需要操作系统协调。

系统中有很多资源,每个进程都可能使用它们。例如,编辑器需要打印机打印文档,而照片查看软件也需要打印机打印照片。这时,操作系统必须保证编辑器进程没有用完打印机之前,照片查看进程只能等待,这样文档和照片才不会被打印在一起。

再看一个例子。假定一个进程负责收集温度,它每隔一段时间测量一次当前室内的温度,并把它记录下来。另一个进程则负责显示测温进程测量的结果。这两个进程同时在系统中工作。大多数情况下,这两个进程都工作得很顺利。可是某一次,当测温进程刚刚把时间从 9:00 修改成 10:00,准备把温度从 23℃ 修改成 27℃ 时,恰巧它的时间片用完了,这时操作系统立即把 CPU 收回来,分配给显示温度的进程。显示进程读取了时间和温度,并把它显示出来:10:00 的温度是 23℃。它并不知道这个信息是错的。这种情况显然是不应该出现的。因此,操作系统必须解决这个问题。

　　分析前面的两个例子,可以看出,问题的根源在于进程对资源的使用有特殊的要求,即进程没有使用完资源之前,其他进程不能插进来打扰。这被称为资源的互斥访问。前面的打印机(硬件资源)是要求互斥访问的资源,时间和温度(是数据,可以看作软件资源)也是这样。

　　操作系统怎么支持进程互斥地访问资源呢?如果程序能告诉操作系统哪些资源在未用完时不能被其他进程使用,那么操作系统也就好处理这件事情了。为此,操作系统提供了让应用程序定义互斥资源的手段。应用程序要使用互斥资源时,必须先申请。当互斥资源没有被其他进程使用时,操作系统才会让该进程使用。当然,进程用完互斥资源时,必须在程序中明确说明用完了。这样操作系统才会让其他进程使用这些资源。像打印机这类物理上要求必须互斥访问的硬件资源,操作系统自动实现资源的互斥支持,不用程序员再在程序中明确说明。

　　程序中访问互斥资源的那段代码被称为临界区或者敏感区、危险区,意思是说,这部分代码如果在执行过程中被其他进程打断就会带来危险。申请使用互斥资源的操作也常被称为加锁,意思是把资源锁住。而告诉操作系统使用完毕释放资源的动作被称为开锁。在使用互斥资源的应用程序中必须首先为互斥资源声明一把锁,实际上就是一个与互斥资源相关联的变量,也称为互斥量。

　　图 4-8 是加上了互斥访问操作后的测温进程和显温进程。测温进程在更改数据之前,要先申请锁住数据,即 lock(w),w 就是与数据相关联的互斥量。这样,如果它在数据更改一半时被切换下来,显温进程获得 CPU 后要读取数据,那么它也要先申请锁住这些数据。可是系统发现数据已经被锁住了,所以显温进程就不能读取这些数据,只好等待。结果它只能让出 CPU,一直到测温进程再次执行并修改完数据,把锁打开,即 unlock(w)。然后显温进程重新获得 CPU,才能读取数据。这样两个程序的运行结果就正确了。加锁和开锁动作是由操

图 4-8　加锁互斥的两个进程

作系统实现的。但是程序员必须在程序中正确的地方使用系统调用告诉操作系统做这件事情。程序员需要很小心地使用这些功能。例如,如果在加锁之后忘了开锁,那么就会使另一个进程一直等待下去。

　　操作系统通过提供互斥量及对互斥量进行操作的系统调用实现进程对资源的互斥访问。

　　除了竞争资源外,进程之间有时还会有合作关系。进程间合作的典型例子就是负责产生数据的进程和负责打印的进程。负责产生数据的进程把数据放到缓冲区中,打印进程从缓冲区中取走数据并打印。只有缓冲区中有数据,打印进程才能执行,而产生数据的进程只有在打印进程把数据取走,缓冲区空出来时,才能往里面写数据。因此说这两个进程的动作需要同步。这两个进程的问题就是被称为生产者和消费者问题的典型示例。生产数据的进程被称为生产者,打印进程被称为消费者。其实前面那个测温和显温的进程之间也是生产

者和消费者的关系,只不过前面关注的是资源的互斥访问。

为了解决生产者和消费者的同步问题,操作系统引入了信号量的概念。其实,生产者和消费者的同步要求是由于共享资源产生的制约关系。例如,打印进程和计算进程同步的需求就是由于它们共享缓冲区资源和数据资源。对于要求同步的资源,操作系统让程序为其声明一个信号量。信号量实际上是一个整数,其值就是它对应的资源的个数。信号量减少,表明消费资源;信号量增加,表明生产资源。

操作系统提供了两种对信号量的操作,分别称为 P 操作和 V 操作。P 操作用来申请消费资源,它的步骤如下:

(1) 对信号量的值减 1。

(2) 判断信号量是否小于 0。如果信号量小于 0,表明现在没有资源可供进程使用,那么调用 P 操作的进程就要等待;否则,进程就可以继续执行,即使用资源。

V 操作的步骤如下:

(1) 对信号量加 1。

(2) 判断信号量是否大于 0。如果信号量不大于 0,就说明有进程在等待信号量对应的资源,那么调用 V 操作的进程就要发出信号,通知等待的进程已经有资源可用了,也就是唤醒该进程,然后调用进程继续执行(注意,不是唤醒的进程继续执行。唤醒的进程现在变为就绪状态,它是否能执行取决于调度程序)。如果信号量大于 0,表明没有进程等待资源,那么调用进程就继续执行。

有了操作系统提供的信号量和 P、V 操作,前面的同步问题就可以很好地解决了。P 和 V 是两个荷兰语单词的首字母,因为信号量机制是荷兰计算机科学家 Dijkstra 提出的,他早期的论文多用 P 表示等待,用 V 表示发信号,于是就这样沿用下来。

图 4-9 是一个使用 PV 原语实现计算进程和打印进程同步的伪代码。这里信号量 buffer 表示缓冲区的数量,而信号量 data 则表示数据的数量。

图 4-9　PV 原语实现计算进程和打印进程同步

计算进程在写入数据之前要申请缓存区,所以调用 P(buffer),如果这时有缓冲区,例如 1 个,那么 buffer 的值是 1,P(buffer)的结果是 0,不小于 0,这时计算进程继续执行,使用 1 个缓冲区,写入数据。然后产生了一个数据,所以调用 V(data),假定这时 data 是 0,data 值加 1,大于 0,说明没有打印进程在等待,则计算进程继续执行。假定此时它又计算出一个数据,那么再次进入循环,当前 buffer 的值是 0,调用 P(buffer)申请缓冲区,buffer 值减 1,为 −1,小于 0,此时计算进程就不能继续执行了,要转为等待状态,让出 CPU,进入等待队列。

在此之后,调度程序让一个打印进程工作,此时,buffer 的值是 −1,data 的值是 1。打印进程要使用数据,所以要先调用 P(data),data 值被减为 0,所以可以继续执行,输出数据,buffer 里可以再次存入其他数据,所以生产了一个 buffer 资源,调用 V(buffer),buffer 的值被加 1,由 −1 变为 0,不大于 0,说明有打印进程在等待缓冲区,所以从等待队列中唤醒一个等待进程,该进程的状态由等待变为就绪,被移到就绪队列等待调度进程调度它执行。唤醒动作之后,打印进程继续执行。

　　由此可见,如果把信号量的值设置为 1,就可以实现对资源的互斥访问。只不过这时 P 操作和 V 操作要在同一个进程中出现,利用如图 4-10 所示的 mutex 信号量,就实现了对内存单元的互斥访问。

```
buffer:=n;
data:=0;
mutex:=1;
-------------------------------------------
P计算:                    P打印:
Repeat                   Repeat
    P(buffer);              P(data);
    P(mutex);              P(mutex);
    写入数据;               输出数据;
    V(mutex);              V(mutex);
    V(data);               V(buffer);
Until false;             Until false;
```

图 4-10　PV 原语实现互斥

　　找到了解决进程间竞争和合作问题的协调手段,多个进程就可以在一个井然有序的环境下利用操作系统中的资源完成各自的任务了。

重　点　提　示

操作系统通过提供信号量及相应的 P 操作和 V 操作实现进程对资源使用的同步。
信号量也可以实现资源的互斥访问。

4.1.5　进程间的通信

　　系统中的进程会有相互交换信息的需求。有时要传递的信息很少,如子进程告诉父进程它已经完成任务并退出了;有时要传递的信息也可能很多,如负责监测网络状态的进程要把自己收集的信息交给负责产生统计信息的进程。为了让进程之间互不干扰,操作系统禁止进程访问分配给其他进程的内存空间。因此,操作系统必须提供手段让进程之间能够交换信息。信号量机制可以使进程之间传递同步信号,但是并不能满足传递数据的各种要求。为此,操作系统为进程提供了其他的通信手段。常见通信手段有信号、管道、消息队列、共享内存以及基于网络连接的通信。

1. 信号

　　对于只是通知某件事发生了这种简单的通信要求,操作系统提供了一种称为信号的通信机制(注意,不是信号量)。从名字上就可以明白这种通信手段的含义。在人类社会中,当发生某件事时,人们会发出特定的信号通知另外一些人。例如,在古代,如果有敌人入侵,长城的烽火台上就会点起狼粪,另一个烽火台上的人看到冒出的狼烟就知道敌人来了。可以看出,要使用信号,必须事先定义好信号的含义,如燃起狼烟就表示敌人来了。如果一个烽火台想传递胜利的消息,那么就不能再用狼烟了。他们必须再约定另外一个信号,例如可以点起若干支火把或者学几声狼叫。

操作系统提供的信号机制也一样。操作系统事先定义一些信号表示特定的事件(现在多数操作系统也允许用户自定义一些专用的信号)。当特定的事件发生时,一个进程就会给另一个进程发送相应的信号。操作系统为用户提供了发送信号的接口函数,让进程在发送信号时调用。接口函数的工作就是把进程要发送的信号放到目标进程的信号队列中。每个进程都有自己的信号队列,里面放着别的进程发给它的、等待它处理的信号。进程在执行过程中的特定时刻,如从系统空间返回用户空间之前,会检查自己的信号队列中是否有需要处理的信号。如果有信号,进程就先处理信号,执行针对该信号的处理程序,完毕之后再继续执行原来要执行的指令。对应每个信号,进程都有一个处理程序。操作系统为信号定义了处理程序,进程可以使用系统定义的处理程序,也可以自己定义处理办法。当进程发现信号队列中有要处理的信号时,就去查找相应的处理程序。一个信号处理完毕后,再去处理下一个信号,直到信号队列空了为止。4.4.4节会讲到和I/O设备相关的中断的概念,可以看出,信号的产生和处理有点儿像中断,只不过并不需要硬件的支持。因此,信号也被称为软中断。发送信号时,必须指明发送给哪一个进程,即发送进程必须知道目标进程的进程号。进程号是在进程被创建时由操作系统分派的,程序员在写程序代码时是不能知道的,因为程序还没有运行起来成为进程。一般只有具有亲缘关系的进程才能在运行中通过特殊的系统调用(如 getppid)得到对方的进程号,所以信号机制一般用在父子进程或者兄弟进程之间。

　信号是操作系统提供的进程之间通信的一种手段。
　信号可以在进程之间传递特定事件发生的信息。
　信号一般用在具有亲缘关系的进程之间。

对于要传递大量信息的通信要求,信号机制就无能为力了。为此,操作系统提供了另外一些进程通信手段,常见的有管道、消息队列、共享内存以及基于网络连接的进程通信方式。

2. 管道

管道这个名字让人容易联想到输油管道、下水管道。输油管道的作用是把油田开采的原油输送给用户。油田从管道一端注入原油,用户在另一端打开管道的阀门,就会有原油流出来。当然,油田先注入的原油会先到达用户。如果管道中没有原油,用户就不可能接收到任何东西。操作系统中的管道也是类似的一种机制。操作系统为用户提供建立管道的系统调用函数。需要通信的进程双方调用这些函数在它们之间创建一个管道。一方在创建时声明自己是管道的上游,即发送方;而另一方则声明自己是下游,即接收方。然后操作系统就会在双方之间建立一个通信管道。上游的进程向管道写入数据,下游的一方从管道接收数据。可以看出,管道是一种先进先出的单向通信。如果需要双向通信,就要建立两个管道。

管道的容量是有限的。如果管道满了,接收方还没有把数据取走,那么发送方就必须等待。这种同步控制由操作系统负责。当管道满时,操作系统就让发送进程等待。管道中的数据都是以字节为单位的,是没有格式的字节流。也就是说,管道中的数据都被看作一个个单个字节,管道并不管这些字节之间的逻辑关系。例如,一个进程想给另一个进程发送一首唐诗:"清明时节雨纷纷,路上行人欲断魂。借问酒家何处有,牧童遥指杏花村。"于是它分 4 次把这首诗放到管道中(为了节约资源,它没加标点)。接收进程接收数据时,4 句话已经连成一片了,因此它收到的是"清明时节雨纷纷路上行人欲断魂借问酒家何处有牧童遥指杏花村"。于是接收进程把它解释成一首词:"清明时节/雨/纷纷路上行人/欲断魂/借问酒家何处/有牧童遥指/杏花村"。

3. 消息队列

消息队列是操作系统提供的能够保持数据逻辑边界的通信手段。操作系统为进程提供了系统调用来创建消息队列。进程可以使用系统调用创建一个消息队列。任何进程都可以向该队列中发送消息,也可以从该队列中接收消息。在这里,每个消息都是一个有意义的报文,不再是没有边界的字节流。这样,如果一个进程把上面的唐诗分成 4 个消息发送,它就不会再被断句成词了。如果消息队列已满,那么操作系统就会让写消息的进程等待。如果从消息队列取消息的进程没有找到需要的消息,那么操作系统也会让它排队等候。

4. 共享内存

管道和消息队列的实现实际上都需要数据的复制。发送进程把数据复制到管道或者队列中,接收进程把数据从管道或者队列复制到自己的内存区中。为了省去复制数据的时间,操作系统提供了共享内存的通信方式,即提供系统调用让一个进程声明自己的某块内存区可以被其他进程共享。而其他进程可以通过系统调用把这段内存映射到自己的内存区中。然后,两个进程就都可以直接读写这段内存区了。共享内存不涉及数据的复制,因此是速度最快的通信方式。但是,共享内存没有同步机制。如果一个进程向共享的内存区中写了内容,另一方如果不查看,是不会知道的,也就是说操作系统是不会插手帮忙的,所以需要进程自己通过其他手段实现同步。而管道和消息队列都由操作系统控制同步。

5. 基于网络连接的进程通信方式

最后一种通信方式是通过网络连接实现的。前面提到的几种通信方式要求通信进程都必须在同一台计算机上。如今计算机已经通过网络连接起来了,不同计算机上的进程也需要通信。为此,操作系统为不同计算机上的进程建立网络连接,让它们通过网络连接传递信息。要建立网络连接,进程必须通过系统调用创建一个称为套接字(socket)的抽象结构。进程通过套接字和另一个进程建立联系,这就叫创建了一个网络连接。每个套接字在网络中都有一个唯一的标识号,通常由主机名(确切地说是 IP 地址,在网络中,每台计算机都有一个独一无二的数字标号,称为 IP 地址)和端口号构成。主机名用来在网络中定位计算机,而端口号用来区分同一台计算机上的不同进程。主机名就好像公司的通信地址,而端口号就好像同一个公司中不同人的名字。进程通过套接字把消息发送到网络中,消息中指明接收进程所在的主机名以及接收进程正在守候的端口号。网络中的传输设备会根据消息中的主机名找到目的进程所在的计算机,把消息传递给该计算机。然后该计算机上的操作系统通过消息中的端口号找到计算机上接收这个信息的套接字,并把数据复制到套接字的缓冲区内。这样目的进程就可以从套接字中接收到数据了。这种办法也可用在同一台计算机上的进程之间通信,只不过目的进程所在的主机名就是本机计算机而已。

可以传送大量信息的进程间通信手段有管道、消息队列、共享内存以及基于网络连接的进程通信方式。

管道是一种先进先出的单向通信。管道中的信息以字节为单位组织。

消息队列能够保持数据的逻辑边界。

共享内存是最快的一种进程间通信手段,但是进程必须自己实现同步控制。

基于网络连接的进程通信方式可以支持同一计算机或者不同计算机上的进程之间的通信。

4.1.6 线程

操作系统用多进程并发运行提高系统的效率。但是,进程切换需要很多时间和空间上的管理开销。因此,怎样既降低这些开销,又让系统仍然能并发工作,成为操作系统设计者的一个工作目标。

解决问题当然从分析问题入手。经过研究人们发现,进程切换时做的工作大致可以分成两部分:一部分与处理机相关,如保存和恢复进程上下文、改变进程状态;而另一部分只与进程有关,与处理机无关,如修改与存储管理、文件管理相关的数据结构。进程切换的目标主要是改变 CPU 所做的事情,实际上是处理机这个资源分配的改变。按道理应该只有与处理机相关的信息是必须改变的。如果进程切换时只修改与处理机相关的信息,切换开销不就小了吗? 那么,为什么切换进程时需要改动这么多信息呢? 为了说明这个问题,需要分析进程在系统中扮演的角色。在系统中,操作系统是以进程为单位分配资源的,这些资源包括内存空间、处理机、I/O 设备、文件等。而处理机分配的改变导致了进程的切换,进程的切换又使系统中所有与其相关的资源状态信息发生了改变,可见处理机是不同于其他资源的。其实处理机分配的改变就是计算机执行任务的改变。可以看出,进程同时也是执行任务的单元体。这样一来,进程实际上同时扮演了两个角色,资源分配的单元体以及执行任务的单元体。

要想在处理机切换时不改变其他资源的状态信息,就必须把其他资源与处理机的分配载体分开。这样就必须改变一个事实:处理机的分配单位和其他资源的分配单位不能是同一个实体。为此,操作系统的设计者采用了另一个分配处理机的单位,称为线程。有了线程之后,进程变成除了处理机之外的其他资源的分配单位,也就是它放弃了作为执行任务的单元体的角色;而线程是执行任务的单元体。这样,除了处理机之外的资源仍然以进程为单位分配,处理机则以线程为单位分配。系统在创建进程时需要同时为其创建一个或者更多线程。同一进程的所有线程共享分配给进程的资源。程序员可以把程序要完成的任务分给几个线程完成。操作系统调度这些线程在一个或者多个处理机上并发运行。这样,当处理机在同一个进程的线程之间切换时,就只需要切换与处理机有关的信息,各种其他资源的相关信息就不用变动了。当然,如果处理机在不同进程的线程之间切换,那么要做的工作与以前切换进程时所做的相同。从这里可以看出,线程可以支持同一个进程中多个子任务的并发执行。而原来如果想让这些子任务并发,就必须把这些子任务设计成不同的进程。

操作系统提供创建和撤销线程的系统调用。线程也可以创建其他线程。因为线程只与处理机分配相关,所以创建线程时要设置的相关信息也少。因此,创建和撤销线程的开销比创建和撤销进程要少很多。

进程和线程的关系可以通过一个作业的例子类比。假定你有离散数学和英语两门课的作业要做。离散数学有 10 道题,英语有 15 道题。你开始做离散数学作业。你拿出离散数学作业本和教科书,并打开课程讲义做参考。做到第 3 题的时候你觉得有些困难,想不出解法。于是你切换任务,去做英语作业。你需要收起离散数学的作业本和书等资料,并拿出英语作业本和英语书,同时在大脑中转换到英语的记忆,开始做英语作业。做了几道题之后你决定还是考虑一下离散数学那道题,于是,你又把英语的这一套东西放到一边,重新换上离散数学的那些东西。从这个过程可以看到,更换这些资料以及转换大脑思路这些切换要花一些时间和精力。如果把任务的调配方式改一下,就可以减少一些这种开销。这次你把作业任务分解成以题目为单位,即现在的作业就是 25 道题。当离散数学第 3 题不会时,你去看第 4 题或者后面的其他题目可不可以做出来,这样就不用换作业本和教科书了。也就是现在作业的分配单元是题目,而不是课程。在这个例子中,你相当于计算机的 CPU,这两门课的作业就是你的任务,每门课的作业是一个进程,而每一道题目就是线程。第一种情况是按照进程进行任务调度,而第二种情况则是按照线程进行任务调度。

因为同一进程的所有线程共享地址空间和文件,所以这些线程可以通过共享内存和文件直接通信,就不用由操作系统协助了。不过问题是操作系统必须提供线程同步的手段,帮助程序员协调线程对共享空间的访问。

关于线程的概念有很多说法。例如,线程是进程内的一个执行单元;线程是进程内的一个可调度的实体;线程是程序中的一个相对独立的控制流序列;线程是执行的上下文,其含义是执行的现场数据和其他的调度所需的信息;线程是进程内一个相对独立的、可调度的执行单元;等等。这些说法有助于从不同角度理解线程。

在使用线程的系统中,线程是处理机的分配单元,而进程则是处理机之外其他资源的分配单元。一个进程至少包含一个线程。

同一进程中的线程之间的切换不用切换进程的资源信息,因而开销比切换不同进程之间的线程小。

4.2　内存的管理

内存管理就是要解决与进程有关的信息在内存中的存储问题。你可能会想:内存管理不是很简单吗?当程序要运行时,如果内存中有空闲空间就装入程序,否则就拒绝运行。本节就来看看内存管理是不是真的这么简单。

为了保证能够找到已经装入的程序,操作系统需要记录程序在内存中的位置。为了标识位置信息,操作系统必须对内存空间进行编号。我们已经知道内存是由一些相同的存储单元构成的。整个内存可以被看作一个大盒子,其中有大量整齐排列、一模一样的小盒子。操作系统把这些小盒子按照顺序编号,从 0 开始,一直到小盒子总数为止。每个盒子中可以放一字节,也就是 8 位 0/1 数码。图 4-11 是内存空间示意图。

做好这个准备工作之后,操作系统就可以开始分配和使用内存空间了。这并不像看起来那么简单。为了更好地理解操作系统做这些事情的前因后果,还要从头说起。

在计算机刚刚出现时,一个系统中只能有一个程序在运行。这个时期称为单道程序阶段。整个内存都由一个进程使用,进程的全部程序和数据都放在内存中。如果程序太大,超过了内存的大小,程序就不能运行。所以,程序员写程序时必须知道所用计算机内存的大小。他要在写程序时指定程序和数据在内存中的位置。当时的系统中也根本不存在操作系统,更不用说由它来分配内存了。内存的使用完全由程序员自己控制。

后来出现了监控程序(操作系统的前身)。系统启动时,监控程序首先会被装入内存。在系统运行的整个期间,监控程序始终都在内存中。因为监控程序很重要,所以必须把它

图 4-11　内存空间示意图

保护起来。为此,它被装载在内存中特定的地方,留给监控程序使用的那段内存被称为系统空间。用户的程序不能使用系统空间。用户程序能够使用的内存区域被称为用户空间。操作员把要运行的程序成批交给监控程序。监控程序控制计算机按顺序读入用户程序。如果用户程序要求的空间小于计算机的用户空间,监控程序就把它读入用户空间,并让它开始执行。用户程序执行完毕,监控程序收回内存,再读入下一个用户程序。如果用户程序要求的空间大于计算机的用户空间,那么这个用户程序就被拒绝。这个时期被称为批处理系统阶段。这时的系统中同时存在两个程序:监控程序和用户程序。当用户程序要使用监控程序所在的区间时,监控程序就会终止用户程序。对系统空间的保护功能从此成为操作系统内存管理的重要功能之一。

可以看到,无论是单道程序阶段还是批处理系统阶段,如果用户程序需要的内存空间大于可以使用的内存空间,那么程序就无法执行。也就是说,程序要受到内存空间大小的限制,程序员写程序时必须知道可用内存空间有多大。

随后,计算机就进入了多道程序批处理阶段以及后来的分时系统阶段。总之,从那以后计算机的内存中就不再只有一个程序,应该说不只有一个进程的信息了。与进程相关的信息有哪些?前面已经提到,它至少包括进程的控制块、进程要执行的程序代码以及用到的和产生的数据等。这时内存的分配和管理就变得复杂起来。为什么复杂?有多复杂?下面就从多道程序的出现开始介绍操作系统内存管理的发展及相关技术,从中体会这个问题的复杂程度。

4.2.1　固定分区

在多道程序出现初期,为了支持多个进程共享内存,操作系统采用了一种非常简单的办法。它把整个内存分成大小相等的若干个区域,然后以区域为单位给进程分配内存。这些区域被称为分区。操作系统用一个表格记录整个内存空间被分成了几个分区、每个分区的起始位置和大小、分区是否被使用以及分配给了哪个进程。当要创建新进程时,系统就查看

表格,找到一个未被使用的分区分配给新进程,并更改表格中相应的记录。当然,进程要求的空间要小于或等于分区的大小。当进程退出时,系统就把分配给它的分区状态更改为未使用。分区在系统启动时就分配好,在整个系统运行期间都保持不变。因此,这种内存管理办法被称为等长固定分区法。

图 4-12 是用等长固定分区法分配内存的示例。图中 64MB 内存一共被分为 8 个 8MB的分区。因为是以分区为单位分配内存,所以即使一个进程只使用了分区中的很小一部分空间,分区中的剩余空间也不能被其他进程使用了。例如,图 4-12 中作业 A 只有 1MB 大小,分配给它的 8MB 分区还剩 7MB 没有使用。但是,其他进程也不能使用这 7MB,因为在操作系统的表格中这个分区(整个 8MB 空间)已经被分配出去。这些已分配分区中剩余的空间被称为内部碎片。

按照等长固定分区法,图 4-12 中还剩下 3 个分区(共 24MB)的空间可以分配给 3 个进程使用,而实际上图 4-12 中的 64MB 内存只使用了 26MB。可以看到,各个进程需要的空间大小是不同的,而等长固定分区法却把分区分成相同的大小,所以小进程会形成很大的内部碎片,浪费内存空间。为此,可以想到的一个办法是把分区分成各种不同的大小。这样,在创建进程时,系统就可以根据进程的需要选择一个大小合适的空闲分区分给它。这种办法被称为不等长固定分区法。图 4-13 是不等长固定分区法分配内存的示例。图中 64MB 的内存空间被分成 8MB、2MB、4MB、8MB、16MB、26MB 几个大小不等的分区,看起来好像浪费的内存空间确实少了。不过,如果作业需要的内存空间大小不像图 4-13 中那样,例如,5个作业都要求 1MB 的内存,那么内存空间浪费还是很严重的。而且这种方法也增加了内存分配的复杂度,因为在查找空闲分区时需要比较分区的大小。

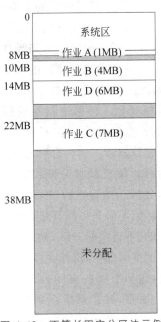

图 4-12　等长固定分区法示例　　　　图 4-13　不等长固定分区法示例

如果进程需要的内存大于单个分区的容量,那怎么办呢?没办法!这个程序在这台计算机目前的操作系统下没有办法运行。这就给程序的规模带来了限制,给程序员提出了很高的要求,尤其是在早期计算机内存比较小的情况下。为此,当时的程序员想出一个方法。他们把程序分成可以不要求同时装入内存的几部分。程序运行时,它只向操作系统申请够装入一部分程序的内存。当需要用到其他部分代码时,进程再把这些程序读入内存,覆盖自己前面所用内存空间里的内容。这种技术被称为覆盖技术。它是在程序员的控制之下实现的一种内存扩展方法。

采用固定分区的方法,系统只要维护一个固定行数的表格,里面记载分区的情况就行了。内存分配算法也很简单,有足够大的空闲分区就分配,否则就拒绝。因此,固定分区法是最简单的内存管理方法。但是,在这种策略下,无论系统中进程所占用的内存是多少,系统最多能同时容纳的进程数目是固定的,就是分区的个数。无论是等长还是不等长分区法,分区内部碎片造成的内存空间浪费都比较严重。因此,现在这种方法已经很少使用了。

固定分区法是最简单的内存管理方法。

固定分区法分为等长和不等长两种。

固定分区法限制了系统中同时存在的进程数目,其产生的内部碎片会浪费内存空间。

4.2.2 动态分区

既然固定分区会产生内部碎片,浪费内存空间,那么就不在系统启动时确定分区大小,而是在系统运行中根据进程需要的空间确定分区大小,这样就不会产生内部碎片了。这种办法就是在固定分区法之后出现的动态分区内存管理方法,也叫可变分区法,其分区大小和分区数都是根据实际情况变化的。下面看看操作系统实现动态分区法要做的事情。

系统启动时,除了操作系统占用的系统空间外,用户进程可用的内存空间整个都是空闲的,被看作一个大的空闲分区。当操作系统要创建新进程时,它就从这个大空闲分区的一端按照进程的需求分割一块给这个进程。此时空闲分区还是一个,只不过大小有些变化。再创建新的进程就继续这样分割。系统运行一段时间之后,有些进程执行完毕,退出了内存。它原来所占的内存就空闲出来,而这段内存前后的内存可能已经被分配出去了。这样就增加了一段空闲分区。随着进程的不断装入、退出,内存中的空闲分区就不再是一段连续的内存空间,而是很多大小不等的、不连续的分区,如图 4-14 所示。

为了分配空闲分区,操作系统首先需要掌握空闲分区的情况,包括有哪些空闲分区、它们都在什么地方、有多大。通常,操作系统会把这些空闲分区组织成链表。它在一个特定的地方记录第一块空闲分区的开始地址以及大小;然后在第一块空闲区中的某个位置,如分区开始的头几字节或者最后几字节,记录

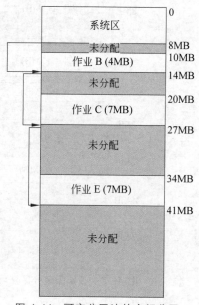

图 4-14 可变分区法的空闲分区

第二块空闲分区的起始地址和大小。这样就形成一个链表，操作系统通过它就能够找到所有的空闲分区了。图 4-14 中的空闲分区就用链表连接起来了。

　　系统中有这么多大小不一、不连续的空闲分区，如果有新进程需要空间，应该分配给它哪一个空闲分区呢？这就要看操作系统采取什么策略了。首先能想到的分配方案就是选择与新进程需要空间大小最接近的空闲分区给它，这种方法被称为最佳适应法。最佳适应法看起来应该是最合理的，但实际情况并不是这样。为了找到大小最接近的空闲分区，系统需要把所有空闲分区都检查一遍并逐个对比。检查所有空闲分区需要花费时间，尤其是分区很多的时候。而且，分割大小最接近的分区，意味着分割所剩分区的空间也是最小的。这些剩余分区最终会小到不够任何进程使用，被称为外部碎片。随着系统的不断运行，内存中的外部碎片会越来越多。最终会出现这种情况，即内存中总的剩余空间可以满足新进程的需要，但是系统却找不到空间可以分配。要解决外部碎片问题，操作系统可以定期进行内存空间整理，移动内存中的进程分区，让剩余分区连到一起，这样就可以形成大的空闲分区。但是移动内存中的代码和数据需要很多时间，并且还需要更改每个进程的进程控制块中记录的信息，这样才能保证进程能够继续正确地访问到自己的程序和数据。通常操作系统需要硬件配合才能完成这件事情。所以，移动数据和程序，将空闲空间全部集中到内存一端的代价是非常大的。

　　既然最佳适应法容易产生很多小得无法分配的分区，那么，如果让每次分割剩下的分区尽可能地大，小分区不就少了吗？怎样才能让剩下的分区尽可能地大呢？办法很简单，选择最大的空闲分区分割就行了。即每次分配分区时，都选择最大的空闲分区分配。这种方法被称为最差适应法。最差适应法解决了小分区的问题，减少了外部碎片。但是，要找到最大的空闲分区同样也需要把所有的空闲分区都比较一遍。最差适应法的一个新问题是，因为总是从大的空闲分区开始分配，所以系统中很难剩下面积很大的空闲分区。如果进程需要大的空间，那么就很难满足要求了。

　　最佳适应法和最差适应法都要检查所有空闲分区，要花费很多时间。因此，可以改变策略：从空闲分区链表开始查找分区时，只要发现能用的分区就把它分配给申请进程，无论这个分区比需要的空间大很多还是只大一点儿，这样就可以减少空闲分区的查找时间了。这种方法被称为首次适应法。不过首次适应法总是从链表头开始查找，找到合适的分区就分配出去。时间长了，在空闲分区链表的前端就会剩下很多小分区。这些小分区会变得越来越难以分配出去。但是，每次还不得不从这些小分区开始检查。所以，实际上首次适应法并不能很好地减少查找时间。怎么解决这个问题呢？如果不是每次都从头开始查找就好了。那么从哪里开始呢？从上次分配的空闲分区之后开始查找应该是一个解决办法。为此，操作系统要记住接下来该检查的空闲分区的位置。等到要给进程分配分区时，操作系统就从记录的这个分区开始依次向后查找，直到碰到能用的分区为止。如果到链表尾还没有找到，那就再从头开始。这种方法被称为下一个适应法。这种方法存在的问题和最差适应法类似：因为它循环分配所有的空闲分区，所以系统中很难剩下面积很大的分区。

　　这么多方法都各有利弊，没有一个绝对好于另一个。从前面几章应该已经发现了这个现象：十全十美的解决办法似乎是不存在的。所以，多数时候系统的设计者都要根据具体情况权衡利弊，选取一个折中方案。在实际的工程中，工程师通常要考虑成本、工期、质量等方方面面的原因，最终给出折中方案。这也是很多方案无法尽善尽美的原因之一。

4.2.3　页式内存管理

固定分区法和可变分区法都各自存在着问题。因此，还需要努力寻找更好的内存管理方法。尽管这两种方法已经很少使用了，但是它们为后来的解决方案奠定了很好的基础，所以把它们放在前面作为介绍内存管理的铺垫。

现在再来看看这两种方法存在的主要问题，以便能够针对问题找到解决方案。固定分区法的问题是内部碎片浪费空间。原因是进程需要的内存空间大小差异很大，并且不可预知，所以很难确定分区的大小取多少合适。如果分区选得很大，对于小的进程，分区内就会产生很大的内部碎片；如果分区选得很小，大的进程又会因为内存空间不够用而不能运行。经过这样的分析，就发现了一个问题：为什么一个进程不能使用几个分区呢？这样就可以把分区减小，不就可以减少内部碎片了吗？因为这样在分给进程的所有分区中只有最后一个分区会存在内部碎片，而且小于分区的大小（注意现在分区已经变小了）。

动态分区的问题是会产生小得不够任何进程使用的外部碎片，造成空间的浪费，如果进行内存空间整理，又会带来时间上的开销。针对这个问题，你一定也想到了解决办法：把多个小分区分配给一个进程，这样就不存在外部碎片了。这个方案实际上改变了进程的内存空间必须连续分配的做法，把一个进程需要的内存空间分散在内存中不相连的几个分区中。为实现这个方案，操作系统必须做一些额外的工作。我们知道，程序计数器中存放的是下一条指令的地址。系统通过将其值自动加1形成下一条指令的地址。这里暗含着下一条指令紧挨着当前指令，也就是说计算机认为指令是连续存储的。如果程序在内存中不是连续存储的，那么就会出现问题。例如，当前指令位于进程所分配的某个分区的末尾，那么程序计数器加1后得到的地址就不是下一条指令的地址。为了支持不连续的内存分配，操作系统需要能够找到指令或数据在内存中实际的存放位置。这个工作被称为地址重定向。

现在梳理一下解决内存分配问题的新思路。第一，内存要分成固定大小的区域；第二，这些区域要很小；第三，可以给一个进程分配多个区域；第四，分配给一个进程的多个区域可以不连续；第五，需要地址重定向技术的支持。这样就得到了一个崭新的内存管理方案，它被称为页式内存管理。下面就把它具体化。

当系统启动时，操作系统把内存分成固定大小的区域。这些区域大小相等（因为等长区域要比不等长区域好管理）。假设每个区域为512KB。这些区域不再称为分区，而是称为页框（或称页帧、物理块）。为什么叫页框？这里解释一下。假设有一个大仓库，如果直接往里面堆放货物，放的时候不是很方便，而且查找货物也很麻烦。通常的做法是，在仓库中放一些货架。货架分成一个一个格子，这就是框的意思。有了框之后，货物就放在每个框中。给每个框编上号，就可以记录货物的位置了，查找货物就很方便了。内存就好比仓库，页框就好比仓库中货架的格子。仓库的每个框是用来放货物的，而内存中的框是用来放置进程信息的。操作系统把进程要存放在内存中的信息按照页框的大小分成一个个小部分,就好像是把每个客户的货物打成包一样,每个小部分称为一个页(或者页面)。这就是为什么内存的框叫页框,因为是用来放页的。两方面都分好之后,操作系统就可以为进程分配内存空间了。

与仓库管理一样,操作系统把每个页框都编上号,进程的每个页也被编号。每个进程的页是独立编号的,不受其他进程影响,因此不同进程使用的页号可能是一样的。这就好比把仓库中每个货主的货包单独编号一样。

为了在分配空间时能够找到空闲的页框,操作系统需要记录空闲的页框有哪些。采取的记录方式可以是空闲页框链表,也可以用位图表示每个页框的使用情况。位图就是用内存中的一位来表示一个页框是否被分配出去,因此位图是位数与内存页框数相等的一个 0/1 串,0 表示对应的页框是空闲的,1 表示正在被使用。进程的页被放到不同的页框中。操作系统必须记录进程的页都放到哪个页框中了,不然就找不到了。所以,操作系统为每个进程维护了一个记录这种对应关系的表,称为页表。每个进程都有一个页表。

下面通过一个例子理解页式内存管理。假定系统中有 A、B、C、D 共 4 个进程。其中,A 进程需要的内存空间为 1069KB,B 进程为 947KB,C 进程为 524KB,D 进程为 1500KB。假定系统设定的页大小为 512KB,那么这 4 个进程需要的页框数分别为 3、2、2、3。分给每个进程的最后一个页框并没有用完,有的剩得多一些,有的剩得少一些,但是都不会超出一个页框的大小。当进程需要的内存空间较多时,内部碎片的比例就会变得越来越低。图 4-15 说明了这 4 个进程使用内存的情况以及对应的页表。从中可以看出,整个内存的页框是统一编号的,而每个进程的页号都是从 0 开始的,所以如果按照页号顺序将对应的页框号放在页表中,页表中就可以省略页号。因为通过页框号在页表中的位置就可以知道其对应的页号。例如,页表中的第二个页框号对应的是进程的 1 号页(页号从 0 开始)。现在系统中不再存在任何外部碎片,因为任何一个空闲页框都可以被分配出去。

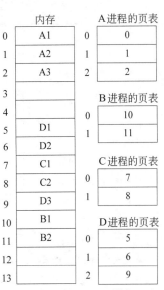

图 4-15　内存分页及进程页表

要执行程序中的指令,系统需要知道每条指令在内存中的地址。可是现在程序每次执行时被放到内存中的位置都可能不同,这与系统当时内存的使用情况相关。为此,在程序放入内存中之前,每条指令和数据也都被编了一个号。通常,这个编号工作由编译程序完成。这个编号可以看作程序在纸面上的一个地址。这个地址与程序实际放在内存中的位置无关,把它称为逻辑地址。编译程序为每个程序单独编址。为了得到进程指令在内存中的实际位置,操作系统需要根据进程页表中的记录信息把指令中出现的逻辑地址转换成该指令在内存中的物理地址,具体转换过程如图 4-16 所示。因为操作系统会按照页框大小先将进程代码和数据分页,每条指令/数据所在的页号正好应该是其逻辑地址除以页框大小的商,余数正好是该指令在页内距离页开始地址的偏移量,又因为页框大小通常都是 2 的整数次幂,如 $512 = 2^9$,这样二进制除法就变成了向左移位。例如,二进制地址除以十进制数 512,就变成将该二进制数的小数点向左移动 9 位。二进制地址的后 9 位就是余数,即偏移量;9 位之前的数值就是商,也就是页号。当要访问某个逻辑地址的内容时,操作系统要找到这个逻辑地址对应的物理地址,才能按照该物理地址取出内容。为了获得这个物理地址,操作系统首先按照页的大小把地址分成两部分,一部分作为页号,另一部分作为该指令在页中的偏移量。然后操作系统根据页号查找进程的页表,从中得到该页在内存中使用的页框号。操作系统把页框号转换为该页框在内存中的起始地址(也就是乘以每个页框的大小)。最后,把页框的起始地址加上指令在页中的偏移量,就求出指令在内存中的物理地址了。

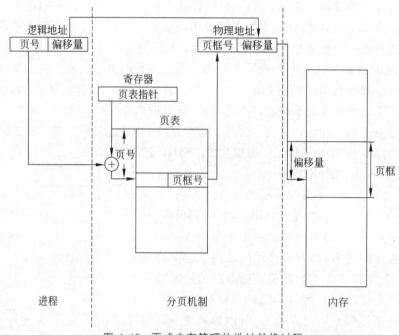

图 4-16 页式内存管理的地址转换过程

　　页式内存管理的具体做法是:操作系统把内存分成固定大小的页框,需要存储的信息被分成大小相等的页,每个页被放到一个页框中。操作系统以页框为单位分配内存。一个进程可以使用多个页框,并且分配的页框在内存中的位置可以不连续。
　　页与页框的对应关系存放在页表中,系统为每个进程维护一个页表。
　　页式内存管理的实现需要硬件的支持。

4.2.4　段式内存管理

　　页式内存管理在对程序或者数据分页时并不考虑每个页内容的意义。有的操作系统对这种方法加以修改,按照逻辑意义把程序分成若干小部分,然后放到内存中的不同区间。这种分配内存的方法被称为段式内存管理。分段是按照程序和数据的意义进行的,因为不同的代码的逻辑意义不同,长度也因而不同,因此每个段的长度也不确定。由于需要知道代码的意义,所以分段必须由程序员完成。一个进程的段可以被放到内存中的不同位置,但是每个段的空间必须是连续的。为了找到指令在内存中的位置,操作系统需要记录从逻辑段到内存物理段的映射关系。这些信息记录在段表中,如图 4-17 所示。因为每个段的长度是随着程序段的逻辑意义变化的,所以段表中要给出段的长度。

当要访问一个逻辑地址时,系统首先判断这个地址所在段的段号,然后以此查找段表,找到段在物理内存中的起始位置。接着系统再计算这个地址在该段中的偏移量,把它加上物理段的起始地址,就可以得到该逻辑地址对应的物理地址。分段方式的地址转换过程如图 4-18 所示。可以看出段式内存管理与页式管理的地址转换过程非常相像,但是段式管理方法实际上和动态分区法非常相近。

	段长度	段地址
0	1789	123
1	56	4567
⋮	⋮	⋮

图 4-17　段表

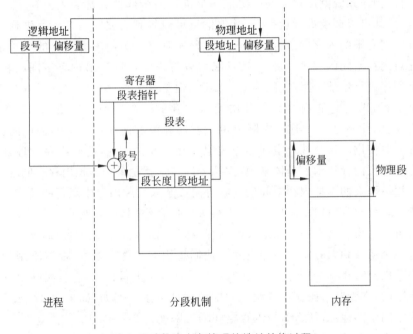

图 4-18　段式内存管理的地址转换过程

有的操作系统把分段和分页两种方式结合起来,形成段页式内存管理。也就是先把程序按照逻辑意义分成段,然后每个段再分成固定大小的页,以此为基础进行内存分配。采用段页式内存管理时,逻辑地址要转换成物理地址需要经过两次查表,即先查段表,再查页表。

　　段式内存管理按照逻辑意义将要存储的信息分成段。操作系统以段为单位进行内存的分配。不同段的长度是不同的。
　　逻辑段与物理段的映射关系被存放在段表中。
　　段式内存管理与页式内存管理结合形成段页式内存管理。

4.2.5　虚拟内存管理

前面介绍的内存管理方法都没有解决一个问题,即每个程序运行所需内存空间不能超过可用内存大小,否则程序就会因不能装入内存而无法运行,除非程序员采用覆盖技术。但是软件发展的趋势是功能越来越复杂,代码随之也越来越长。让每个程序员在写程序时考虑内存的大小以及怎样覆盖也越来越不现实,所以这个问题必须解决。其实,如果程序可以不用全部放在内存中就能够执行,问题就解决了。

经过研究,人们确信这个想法是可行的。因为有以下的事实和技术作为基础。首先,程序其实并不需要将所有的代码和数据都放到内存中,因为一个 CPU 在某个时刻只能访问一条语句或者一个数据。当然,为了减少 CPU 等待数据从外存转载到内存的时间,可以把一段代码或数据预先放到内存中,根本用不着把一个大程序的全部内容都放到内存中。覆盖技术其实就是基于这种思想。其次,目前已经有成熟的地址重定向技术,允许程序在内存中的位置不连续且可以变化。

既然这样,操作系统就不再需要一次把一个进程的全部信息都装入内存了。它只要装入一部分,然后就可以调度进程运行了,其他信息可以等到需要时再装入。这样,无论多大的程序都可以在有限的内存中运行。程序员写程序时再也不用考虑内存的大小了,他可以编写使用任意内存空间的程序。例如,程序员可以写一个需要 1GB 内存空间的程序。编译程序对这个程序进行编址,地址空间为 0~1GB。但是这个程序可以放到只有 256MB 内存的计算机上运行,因为它的内容是分几次装入内存的。在这种情况下,程序员感觉他有1GB 的内存空间,而不是 256MB。实际上可能程序并没有使用这么大的物理内存,所以把程序员写程序时使用的这个地址空间称为虚拟内存空间。因此,这种内存管理办法也有了一个名字——虚拟内存技术。具体来说,虚拟内存技术就是采用虚拟内存空间独立编址,操作系统负责把一个大的虚拟内存空间的内容分阶段装入物理内存中运行的技术。在虚拟内存技术支持下,每个程序员都会以为有一个很大的内存空间,而且是自己独享的。例如,程序员张欣欣可以认为自己有一个无限大的内存空间,地址从 0 到无穷大;而李乐乐同样可以认为自己有一个从 0 到无穷大的内存空间。他们想用多大就有多大,根本不用受限制。而他们的程序可以同时在一个只有 4GB 物理内存的计算机上运行。当然,实际上虚拟内存空间也是有上限的,它受制于操作系统设定的虚拟地址宽度。例如,如果用 32 位二进制数表示虚拟内存空间中的地址,那么虚拟内存空间的上限就是 $2^{32} = 4GB$。

只要把前面介绍的内存管理方法稍加改造就可以实现虚拟内存技术。下面来看看要实现虚拟内存技术,操作系统具体还需要做哪些事情。以改造页式内存管理为例。先梳理一下思路。首先,为了把一部分程序放到内存中,操作系统需要先把程序分成若干部分。这个不难,前面介绍的分页就是在做这个事。然后,操作系统要选择一部分内容装载到内存中。这时操作系统需要记录进程的哪些部分装载到内存中,装载到内存中的内容放在什么地方。这个做起来也很容易,把页表稍加改造即可。在每个进程的页表中增加一个标志,表示该页是否装入内存。如果已装入,就在页表中记录页框号;如果没有装入,就用未装入标志表示,同时表中该页框号位置的数字无效(注意,内存单元即使未使用,也是能读出一个数字来的)。

这样做完之后,当进程在执行过程中需要访问某个信息时,操作系统需要先判断要访问的内容是否已装入内存。如果已经被装入,那么操作系统要知道放在什么位置了。这需要操作系统查找页表,把要访问信息的虚拟地址转换成对应的物理地址。如果要访问的内容还没有装入到内存,这时操作系统需要在内存中找到一块空闲空间分配给进程,然后把要访问的内容从外存读取到内存中,并且修改页表,记录该信息。如果内存中没有空闲空间,或者即使有空间,但为了防止内存空间被用完,操作系统并不想把这些内存分给进程,那么,这时操作系统就要选择内存中一些正在被使用的存储单元,把里面的内容写回到外存,把这些空间释放出来,这个过程称为换出或者淘汰。这个工作需要做得很谨慎。如果选择换出的存储单元不合适,刚刚换出的内容马上又被访问,那么操作系统就不得不又把它换入。如果这种换入换出的频率太快,就被称为抖动,它会使计算机系统的效率急剧下降。为了防止抖动,操作系统必须采用一些策略以选择合适的内容换出,这些策略被称为淘汰算法。

可是,只把一部分代码放到内存中,这样行吗?如果要执行的一段代码分布在程序不同的页中,例如,接下来要执行的 1000 条指令分别在 1000 个不连续的页中,那么系统是不是要不停地从外存装入页,然后再为腾出内存而换出页?其实,在大多数情况下,这种假设情况是不会发生的。因为人们通过实验发现,一般情况下一个进程在一段时间内要访问的指令和数据都集中在一起,不会那么分散,更不会那么均匀地分布在整个虚拟内存空间。这个现象被称为局部性原理。

　　虚拟内存技术是采用虚拟内存空间独立编址、操作系统负责把一个大的虚拟内存空间的内容分阶段装入物理内存中运行的技术。
　　虚拟内存技术实现的基础是地址重定向技术和局部性原理。
　　虚拟内存技术使程序在一定程度上不再受物理内存大小的限制。

前面说过,每个进程都可以使用一个无限大的虚拟内存空间。实际上,每个操作系统都按照地址长度确定了虚拟内存空间的大小。例如,32 位的 Linux 操作系统的虚拟内存空间大小就是 4GB。如果把 4GB 的虚拟内存空间分成 512B 的页,应该能分 $4\times 2^{30}/2^{9}=4\times 2^{21}=2^{23}$ 个页。假定每个页的页表项占用 4B,那么一个进程的页表应该占用 $2^{23}\times 4B=32MB$。你一定会说,现在很少有程序有 4GB 那么大,所以页表中很多项都是空的,没有意义。而且,即使程序真的有 4GB 那么大,根据局部性原理,在某段时间内,CPU 也不会访问到所有代码,也就是不会用到全部页表项,把它们都放到内存中,是不是太浪费空间了?你想得很对。实际上,操作系统通常会把页表也看作存在于虚拟内存空间中。整个页表也被分页,每次系统只装载(实际上是生成)页表的一部分。例如,32MB 的页表被分成 2^{26} 个 512KB 大小的页。系统按照需要装入这 2^{26} 个页表页中的一部分。当访问到在内存页中没有记录的页时,操作系统再为这些页建立页表项。也就是说,现在页表不再全部放在内存中了,而且放在内存中的页表页也不再连续存放了。可是,这就需要一个类似页表的数据描述哪些页表页已经在内存中了,在内存中的页表页放在什么地方,也就是需要一个页表的页表。这个页表的页表被称为页目录表,其中的项指出某一个页表页是否在内存中以及在内存中的页框号。这种机制被称为多级页表。多级页表实际上是采用虚拟内存技术管理大页表的一种方式。

　　分页技术可以实现虚拟内存。
　　多级页表机制使得内存中可以只存放大页表的一部分。

采用虚拟内存技术后,当要访问某个虚拟地址对应存储单元的内容时,系统通过页号找到页表中相应的项,但并不能直接取用该项中的页框号,而是要先检查该页表项中的存在标志位。如果存在标志位被置位,则表明该页已经被装入内存,这个页表项中的页框号是有效的;否则,表明要被访问的页还没有被装入内存,因此这个表项中的页框号是没有意义的(该存储单元中的值可能是以前使用后留下的结果,也可能是一个随机的状态)。

当要访问某个虚拟单元的内容,但发现它所在页的页表项表明它还没有被装入内存时,就会发生一个被称为"缺页异常"的事件。异常是计算机技术中一个常用的术语。系统在做一件事情时,突然发生了某件必须处理的情况,否则当前的指令就执行不下去,于是要暂停当前工作去处理这个情况,然后如果可能再回头继续做前面正在做的事情,这种情况就是异常。因为要访问还没有装入内存中的内容,所以该条指令无法继续执行,就发生了异常。这时系统要执行处理缺页异常的代码,这段代码的作用就是把需要的内容装入内存并设置相应的页表项。等到缺页异常处理完之后,刚刚因为缺页而暂停的指令就可以继续执行了。

如果采用多级页表,当要把虚拟地址转换为物理地址时,因为要找到页表项必须先找到这个页表项在内存中的位置,所以,要先根据虚拟地址得出页号,再根据页号计算出该页表项位于哪个页表页中,接下来再根据这个页表页号查找页目录表,从中找到页表项在内存中的位置,最后才能像前面一样进行读取页表项、找到页框号、计算物理地址、访问物理单元的步骤。如果要访问的页表页没有在内存中,那么也要发生缺页异常,由异常处理程序装入这个页表页。只不过这次不是从外存装入,而是系统直接创建一个新的页表页。因为页表项并不存在于外存上,如果内存中没有,实际上就是还没有创建。

访问未装入内存的虚拟存储单元的内容时,会发生缺页异常。

缺页异常处理程序负责申请内存,把需要的内容装入内存,并更改相关的页表项。

在实现虚拟内存的系统中,有两个时刻可以装入页:一个是在页面使用之前装入,称为预装入;另一个是在页被访问时装入,称为按需装入。采用预装入方式,访问页时,页已经在内存中,所以访问速度很快。但并不是所有预装入的页都可能在最近一段时间内被使用,所以那些未被访问的页所占用的内存空间可以说是一种浪费。而按需装入则不存在浪费内存空间的问题。但是访问页时,因为页不在内存里,进程必须等待缺页异常处理程序将页装入后才能继续执行,因而会有 CPU 等待时间。通常操作系统会综合利用这两种方式。在创建进程时,系统为每个进程预装入一定数量的页。当进程执行到一定阶段需要新页时,系统再按需要装入页。外存的访问速度很慢。访问硬盘所用时间大部分用在磁头寻找数据位置上了。一旦磁头定位之后,读取少量字节和一大块数据的时间则相差不大。因此,操作系统在按需装入要访问的页时通常会捎带把后面的页也预装入一些,因为这样也多花不了多少时间,甚至时间就是一样的。按照局部性原理,这些与所需页相邻的页可能很快就会被访问。因此,这样做可以减少缺页异常的发生次数,节省时间。

预装入和按需装入是虚拟内存系统中装入页的两种方式。

通常操作系统把两种装入页的方式综合利用,以减少系统时间开销。

采用了内存管理技术后,又引入了一个很大的时间开销。以分页系统为例,当要访问某个单元的内容时,必须先读取页表,才能知道这个单元在内存中的具体位置,然后才能到内存中读写所需内容。而页表是放在内存中的,所以读取页表是一次访存动作。这样本来只需要访存一次的动作,现在因为地址转换要先读取页表而变成了两次访存,也就是说,所有的访存动作时间都因此而加倍。而如果再采用页目录,就变成了 3 次访存。前面说过,比起CPU 的执行速度,内存的访问速度可要慢多了。因此,这会导致系统的效率大幅降低。有什么办法? 使用缓存。正因为这样,多数 CPU 中都设置了一个专门用来存放页表的缓存,放置最近经常用到的页表项。

页表中的页表项是按照页号的顺序组织的。因此,查找某页的页表项时,并不需要从页表头开始一项一项地对比页号,通过页号就能够计算出该页表项在页表中的位置,直接读取那个位置的内容就行了。因此,页号也就不必在页表项中出现,还能节省一部分空间。但是页表缓存中只保留了一部分页的页表项,这些页表项的页号不再与其位置有一一对应关系,所以缓存中的每个页表项都必须带有该项所对应的页号。在缓存中也不能再直接通过页号计算出页表项的位置。如果要查找某页的页表项是否在缓存中,也只能逐项比对页号。这种查找办法太慢了。为此,存放页表的缓存硬件本身支持一种特殊的功能,它能够同时比对缓存中的所有单元,也就是把串行的逐项比对变成并行的同时比对,这样查找整个缓存的速度就和比对一条页表项的时间相同了。这种缓存被称为高速关联缓存。关联存储器的另一种解释是以其中某一存储项内容作为地址存取的存储器。在有的系统中这种页表缓存也被称为转译后备缓冲器(Translation Lookaside Buffer,TLB)。

从这里可以看出,计算机系统的某项功能,如查找比对页表项,既可以用软件实现,也可以用硬件实现。一般硬件实现的速度较快,但是成本也较高。所以,系统的设计者通常需要考虑平衡多种因素,然后在软硬件实现之间找到一个平衡点。

有了页表缓存,操作系统在转换虚拟地址时,会先到页表缓存中查找该页的页表项。如果找到,就从里面读出对应框的物理地址进行地址转换;如果没有找到,那么操作系统还需要到内存的页表中读取页表项。如果页表项中的存在标志位表示这个页已经在内存中,那么操作系统就通过里面的页框信息转换地址,并可能把该页表项放到页表缓存中。如果页表项的存在标志位没有被设置,那么就会发生缺页异常,将该页装入,然后填写页表,同时也可能将该页表项放到页表缓存中。页表缓存中放置哪些页表项,由专门的算法决定,这些算法的好坏会决定页表缓存的效率。使用页表缓存的转换过程如图 4-19 所示。

计算机系统使用高速关联缓存保存页表项,以减少地址转换时读取页表增加的访存时间。

现在考虑最后一个问题:当系统要装入一个页而内存中并没有空闲页框可用时,操作系统应该怎么办? 解决办法很简单,把一些不用的页从内存中换出。有时为了防止内存用光的事情发生,操作系统也会在还有一定空闲页框时就选择一些页换出。有些操作系统还可能限制每个进程能够使用的最大内存大小,当进程使用的页框数达到界限时,操作系统也会把该进程的一些页换出。

为减少缺页异常的发生,在换出页时,最好选择那些以后再也不会用到的页。如果没有

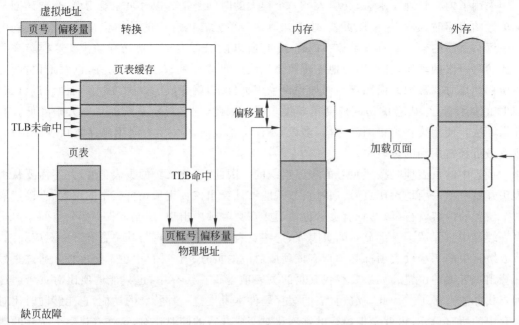

图 4-19 使用页表缓存的转换过程

这样的页,就选择那些下次使用时间离现在最远的页。要实现这个想法,操作系统需要知道将来要使用的页序列,然后查找目前内存中的页哪些在这个序列里没有再出现过,或者出现的时间离现在最远,把这些页换出。这种策略被称为最优策略(OPTimal strategy),简称OPT。但是,通常操作系统是不能预知将来要发生的事情的。有些进程的代码执行序列是由实际执行环境决定的,例如分支跳转指令是根据程序运行当时的状况决定下一步动作的。因此,OPT 策略通常只是作为一个最好的标准用在理想的实验环境下评测其他实用的淘汰策略。

既然 OPT 策略无法实现,只好另辟蹊径。最简单的办法就是直接换出最早装入的页。这被称为先进先出(First In First Out,FIFO)策略。FIFO 策略实现很容易。操作系统将内存中的页按照装入顺序排队。需要换出页时,取出队头的页换出即可。但实验表明FIFO 策略的效率并不像想象的那么高。人们通过实验还发现了 FIFO 策略的一个缺点。按道理,如果内存中可以存放的页数增多,发生缺页异常的可能性应该随之减小。但是,FIFO 策略却是反常的:内存中可装入页数增加了,缺页异常数反而增加了。

FIFO 策略的效果不尽如人意,OPT 策略又没办法实现。因此,还需要想出别的办法解决淘汰页的问题。既然 OPT 策略是最好的,那么就想办法尽量实现它。OPT 策略不能实现的原因是不能知道将来进程要访问的页序列,那么,是否可以想办法猜测一下?为此,人们提出了最近最少使用(Least Recently Used,LRU)策略。这个策略的核心思想是:如果一个页很久没有被访问了,根据局部性原理,可以推测在将来它被访问的可能性也会比较小。因此,LRU 策略选择未被访问时间最长的那些页换出。为了能够比较页未被访问的时间,操作系统需要为每个内存中的页维持一个计时器。当页被访问时,计时器被清零,否则它就随时间增长。当操作系统需要淘汰页时,就比较页的计时器,选择时间最长的页。实验表明 LRU 策略的效果比 FIFO 策略好。

但是 LRU 策略的实现开销非常大,因为内存中可装入页的数量很大。如果内存大小是 512MB,每个页的大小是 512B,那么内存中可以装入的页数是 2^{20} 个。为每个页设置一个计时器,开销非常大,管理这些计时器要花费很多时间,对这么多计时器的时间进行比较更是件非常耗时的事情。因此,在实际应用中,通常使用的是 LRU 策略的一个简化形式。操作系统为每个页设置一个标志位,表示这个页最近是否被访问过,因此这个标志位被称为访问位。访问位通常也被放在每个页的页表项中。当某个页被访问时,访问位就被设置为 1。操作系统定期将所有页的访问位清零。当操作系统需要将一些页换出时,就选择那些访问位为 0 的页,这样可以将开销大大降低,而且能收到与 LRU 策略相似的效果。

选好要换出的页之后,操作系统需要把页写回外存,然后把要装入的页读入换出的页原来所在的页框中,并更改这两个页的页表项。这里涉及外存的读和写,因此会很耗时。如果要换出的页没有被改写,那么它和外存中原来的页是一模一样的,也就没有必要再把它重新写回外存。由此得到启示:在选择换出的页时,要尽量选择那些没有被改动的页,这样换出这些页时就不用写外存了。需要注意的是,在计算机中让出一段内存并不需要把内存中的内容清空,只要操作系统标记它没有被占用就行了。这和实体仓库不同。所以,换出没有被改动的页,操作系统只要改动该页的页表项,并标记其原来占用的页框未被占用就行了。为了找到这种没有被修改的页,操作系统在每个页的页表项中又增加了一个标志位,称为修改位,以表示页是否被修改过。这样,当操作系统选择要换出的页时,除了检查页的访问位之外,还会检查页的修改位。增加了上述内容的页表项结构如图 4-20 所示。

页	页框号	存取控制	存在位	访问位	修改位	外存地址

图 4-20　增加了访问位和修改位的页表项结构

重点提示

当内存中缺少空闲页框时,操作系统需要选择一些页换出。常用的淘汰算法是简化的最近最少使用策略。

选择换出页时,选择没有被修改的页可以省去写外存的时间。

4.3　信息存储的管理

本节讲解操作系统怎样把信息存储在外存上,并在需要时帮助用户找到以前存储的信息。

内存是易失性存储材料制造的,计算机断电之后内存中的信息就全部消失了,所以不能够用它存放需要长期保存的信息。用户写的程序或文档都希望能保留一段时间。这个任务当然就交给了断电也能保存信息的外存,如磁盘、磁带等。

可是,在外存上存储信息,操作系统还需要对其进行管理吗?下面通过一个例子思考这个问题。假定现在没有计算机,也没有外存。存储信息的载体就是纸张。假设你把自己的全部作品都写在了 A4 纸上。这些纸被你小心地存放在书柜里。你写的东西很多,包括一部短篇小说的初稿、为 Linux 操作系统写的补丁程序、下学期的学习计划以及写给某公司的自荐信等,足有上千页。现在到了交数据结构作业的日子,你要从这堆纸中找到数据结构作业。这时你发现一个不小的问题：数据结构作业已经淹没在上千页纸中了。更糟糕的是，你发现同一内容的纸甚至都不是挨着放的，而且你还没给每个内容的纸分别编写页码。于是你只好一页一页检查，根据每页上的内容判断它是不是数据结构作业。经过乏味、漫长的艰苦工作，你终于从上千页纸中找出了那几页数据结构作业。这件事情使你变得聪明起来。在查找数据结构作业时，你把属于同一内容的纸归到一起，编上页码，还用钉书器把它们装订在一起，并加上封面，写上一个题目，如"Linux 操作系统内核补丁"。这样，下次再找时就不用再一页页地翻了，只需要按照名字一本一本地查找就行了。你把这样一本一本的内容称为文件。过了一段时间，你的文件越来越多，有上百本，查找一份文件花费的时间越来越多。通过分析，你发现你是按照每个文件产生的顺序直接把它放在文件堆上的，也就是说，这些文件是按照产生的时间顺序叠放的。而查找文件时，往往是按照文件的内容或者说名字查找的，而这和时间一般没有直接的关系。找到问题之后，你便开始着手解决这个问题。既然通常是按照内容查找，那么就把内容相似的文件放在一堆，并且在上面放了一张纸，写上这类文件的内容，如"Linux 相关""个人资料"等。后来你发现有一种称为文件夹的办公用品，可以把这些内容相似的文件都放进去，并且外面还有一个插标签的地方，可以写文件夹的名字。于是你就买了足够多的文件夹，把所有文件都分门别类地放进去。事情终于变简单了。要查找数据结构作业，只要找到名字为"作业"的文件夹，然后再在里面找名为"数据结构作业"的文件就行了。

回来讨论计算机外存上存储的信息。如果不考虑其他因素，在外存上存储信息并不复杂，只要在硬盘上找到可用的空间，通过磁头把要存储的 0/1 信息转换成磁信号记录在硬盘上就行了，就好像在纸上找到空白的地方，在上面写字一样。不过，通常我们不是把信息存储在外存上就结束了。存储信息的目的是将来使用它。当要使用外存中的信息时，必须做的事就是把它从外存中找出来，然后装入内存。需要在外存上存储的信息非常多，如接收电子邮件的程序、编辑相片的程序，还有个人简历以及数据结构作业等。如果存储信息时什么都没有考虑，只是找到空闲空间就写，那么现在要在外存中找到所需的信息时，只能逐字节判断，这和前面在上千页纸中找作业是一样的。所以必须把外存上的信息管理和组织起来，才能方便快捷地找到它们。

与前面的例子类似，操作系统也把相关的信息组织成文件，并要求用户为每个文件起个名字，如"个人简历"。用户通过文件名告诉操作系统他要访问的信息。为了提高查找文件的速度，操作系统让用户把文件分门别类组织到不同的文件夹中。每个文件夹有一个名字。同一文件夹中相同名字的文件是没有办法区分开的，因此操作系统要求用户必须给文件起不同的名字。不同文件夹中的文件可以使用相同的名字，因为通过文件夹名能够把它们区分开。

文件夹还有一个名字，称为目录。这个名字也很好理解。在前面的例子中，用一张纸记录文件夹中所有文件的名字以及这些文件在文件夹中的位置等信息，然后把这张纸放到文件夹的最前面，这张纸实际上就是一个目录。每个文件夹正好有一个目录。如果文件夹太多了，查找起来也不方便。还可以用类似的方式把文件夹分类，然后放在更大的文件夹中。同样，用一张纸记录大文件夹中的小文件夹的名字以及它们的位置，然后放在大文件夹的最前面，这样就形成上一级目录。可以根据需要决定创建多少级目录。操作系统中的目录也起到类似的作用，也有类似的组织形式。通常在外存中的文件夹/目录也被存储成一个文件,称为目录文件,它里面记录着在该文件夹下的所有文件的名字和位置等相关信息。

与现实中的文件不同的是,计算机系统中文件的内容在外存上的存放位置可能是不连续的。在实际工作中,通常把一个文件的所有内容都放在一起装订起来。这是因为纸是散页的,各页之间没有固定顺序,所以可以按照内容移动,而且白纸一般是不重复使用的。而外存空间则不同,它是要重复使用的。随着存储信息的增减,外存上可用的空间就不再是连续的了。而外存中的存储单元在物理上是不能移动的。要使一个文件在外存上连续存储,只有移动存储单元的内容,让空闲空间连续,这就是我们有时候会做的磁盘碎片整理。可是移动外存上的内容涉及存储单元的读和写,很耗时。磁盘碎片整理一般要花几小时的时间。所以,通常操作系统会想办法支持在外存上不连续的若干区间存储一个文件。

可以看出,对于需要长期存储的信息,操作系统要做两方面的管理工作。首先,为了便于找到存储的信息,操作系统要把信息按照某些特征以某种形式组织起来,如文件和目录。此外,操作系统还需要对外存上的空间进行管理,就像内存管理一样,以便存储信息时能够找到合适的空闲区间,同时还要提高外存空间的利用率,减少信息访问的时间。

文件的组织方式被称为文件系统。不同操作系统组织文件的方式不同。这样就出现了很多不同的文件系统,如 DOS 的 FAT16、Windows 的 NTFS 和 FAT32 以及 Linux 的 EXT4 等。通常,操作系统中用来管理文件系统以及对文件进行操作的机制及其实现也被称为文件系统。

重　点　提　示

操作系统通常把外存上的信息组织成文件的形式。

文件的组织方式被称为文件系统。

通常,操作系统中用来管理文件系统以及对文件进行操作的机制及其实现也被称为文件系统。

4.3.1　外存管理和文件的物理组织

现在看看操作系统怎样在外存上存储信息。在外存上存储信息与使用内存有很多类似的地方,所以多数操作系统也采用了与内存管理类似的观念管理外存。内存管理技术经历了固定分区、动态分区、分页等技术发展过程,其中使用较多、效率较高的是页式内存管理。因此,在外存管理上,很多操作系统都使用了类似页式内存管理的技术。

这里只介绍最常见的外存设备——硬盘的管理。根据页式内存管理的思想,操作系统首先把硬盘分成大小相等的区域,这些区域称为物理块,简称块。块的大小随操作系统不同而不同。前面讲过,硬盘是由一个个盘片构成的,通常以扇区为单位读写。因此,常见的块大小为扇区的长度,如 512B 或者 1KB。有时块的大小也会大于扇区的长度,但多数时候是扇区长度的倍数,一般是 2 的整数次幂。按照这样的单位分配磁盘空间,可以减少访问磁盘的次数,从而减少读写外存的时间。

当用户要求在硬盘上存储信息时,操作系统首先要判断硬盘上是否有足够的空闲块。为此,操作系统需要事先统计系统中的空闲块。空闲块信息的记录形式会直接影响查找空闲块的速度。常见的空闲块记录形式与管理内存空闲页框的方法类似,有位图、空闲块链表以及空闲块分组链表等。

在查找和分配空闲块的过程中,操作系统还要决定另一件事情:是否一定要分配连续的块。通常情况是,除非用户要求连续存储(这时操作系统要找到足够多的连续的块存放这些信息),否则操作系统并不坚持要把一个文件的信息放在前后相连的块中。

把文件放在硬盘上之后,为了下次使用时能够找到它,操作系统需要记录文件存储的位置。对于连续存储的文件,操作系统只要记录其在外存上的起始块号以及文件长度就可以了。连续分配方式和内存管理中的动态分区方式类似。因此它的缺点也很明显:外存上有时很难找到足够多的连续空闲块,除非进行存储单元内容的移动,而这又太耗费时间。因此,考虑到效率问题,多数操作系统并不在硬盘上连续存储文件。在这种情况下,为了找到分散在外存上不同块中的文件内容,操作系统需要记录每个文件在外存上的分布情况,也就是操作系统要记录每个文件所使用的全部块号及其顺序。

有些操作系统把一个文件所用的块号按照其所存内容的顺序排列在一起,写在另一个文件中,这个文件称为原始文件的索引文件。索引文件通常存放在外存上的特定块中。然后操作系统在另一个表格(例如文件分配表)中记录系统中所有文件名及其对应的索引文件所在的块号,这样操作系统就可以通过文件名找到分配给文件的块了。可以看出,文件的索引和内存管理使用的页表功能类似。这种在外存上组织文件的形式被称为索引结构。在图 4-21 中,一个文件被存储在 8、23、24、12、27 这几个块中,而这些信息被存放在索引块 4 中。操作系统只要在文件分配表中记录该文件的名字以及索引块号 4 即可。

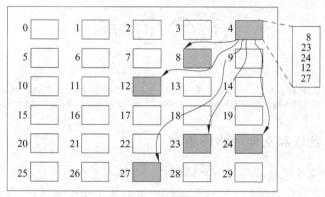

图 4-21　索引结构示例

索引文件中存放文件所用的块号。另外,还有些操作系统用存放文件内容的块记录其所用的块号及其顺序。具体的做法是,在文件的第一个块中的某个特定位置记录第二个块的块号,在第二个块中再记录第三个块的块号,这样一直到最后一块为止。这种文件的组织形式被称为链表结构。在这种情况下,操作系统的文件分配表中只要记录文件名、文件的第一个块的块号以及总块数即可。图 4-22 是与图 4-21 相同的文件的链表结构。

按照链表结构存放文件,如果要访问文件中某个位置的信息,那么必须从第一个块开始按照链表一直找到信息所在的块。因此这种结构比较适合存储经常被顺序访问的文件,而对于那些经常要被随机访问某部分内容的文件则不太适合,这是由于每一次都要从头开始查找文件的块,访问信息会花费很多时间。所以,从这里可以得出结论:文件的访问速度不仅和硬盘的存储速度有关,还与文件在硬盘上的组织方式有关。由此可见,提高效率不能只靠提升硬件,管理也要跟得上才行。上面介绍的文件在外存上的存储组织形式称为文件的物理组织结构。

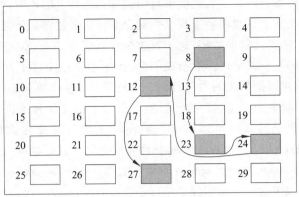

图 4-22　链表结构示例

重 点 提 示

　　操作系统采用类似页式内存管理的方法管理外存。

　　文件在外存上的存储组织形式称为文件的物理组织结构。常见的文件物理组织结构有连续结构、索引结构以及链表结构。

　　连续结构指文件被存放在外存连续的块中。

　　索引结构用额外的块记录文件使用的块号及其顺序。

　　链表结构在存放文件的每个块中记录该文件使用的下一个块的块号。

4.3.2　文件操作

　　用户对于其存储的信息通常有以下一些操作需求。首先,当用户要保存信息时,他要创建一个文件,并给它起个名字。创建好文件之后,用户要往这个文件中写信息。在写的过程中,用户希望能够改变写的位置,如回退到前面写过的内容中插入一行。写完之后,用户会关闭文件。一段时间以后,用户希望看看以前保存的信息。于是他打开文件,查看其中的信息,并作了一些修改之后把文件关闭。在打开文件之前,他需要浏览硬盘上都有哪些文件,通过文件名找到要查看的文件。用户还会运行一些可执行文件。对于不需要的文件,用户会希望能够把它从硬盘上删除。总结一下,通常用户需要对文件进行的操作有创建文件、打开文件、读文件、写文件、在文件中变动读写的位置、关闭文件、执行文件、浏览文件、删除文件等。一般这些操作都是通过应用程序完成的。但是,应用程序最终要依靠操作系统提供的文件操作接口完成这些任务。例如,当用户要保存文件时,通常只是单击应用软件中的"保存"按钮。用户并不需要到硬盘上查找空间,然后调用写硬盘的指令,把这个文件写到硬盘中选好的位置,再在某个地方记录这个文件的内容都存在硬盘上的哪些地方了。实际上应用软件也不做这些工作,这些工作都是由操作系统完成的。

　　操作系统中负责管理文件的那部分模块被称为文件系统。文件系统负责定义文件在外存中的组织和保存方式,以及向用户提供访问文件的手段,即接口。不同操作系统的文件系统不同,它们提供给用户以及应用程序的接口也不同。但是,文件系统一般都提供以下几个主要功能:打开文件、关闭文件、读文件、写文件以及定位到文件中的某个特定位置等。

　　支持这些操作的基础是文件系统要能够通过文件名找到外存上的文件。我们已经知道,文件系统通过自己维护的记录表就能够找到文件在外存上的位置。但是,当系统中的文件越来越多时,在表中逐个比对名字查找文件就会变得越来越慢。而且为了能区分文件,文件名是不能重复的。随着文件的增多,这个要求也显得越来越苛刻。对于多个用户共享外存的计算机来说,不同用户的文件都混杂在一起,使用起来也非常不方便。所以,文件系统开始支持目录。用户可以把相关的文件放到一个目录中。多个目录还可以被组织到更高一级的目录中。每个目录也由一个名字标识。同一目录下的文件和子目录不可以重名,但是不同目录下的文件和子目录则可以同名。最高一级的目录被称为根目录。图 4-23 是 Windows 操作系统的目录结构。Windows 操作系统把每个逻辑盘符(如 C 盘、D 盘)作为根目录。这样,使用 Windows 操作系统的计算机一般都有几个同一级别的根目录。而有些操作系统(如 Linux)则只支持一个根目录。

图 4-23　Windows 操作系统的目录结构

文件系统支持目录结构后,文件被组织到目录中,此时文件系统只记录文件名及其在硬盘上的块号就不行了。文件系统要在硬盘上记录这种层次结构的目录关系。怎么记录呢?很多文件系统把同一个目录下的文件名、子目录名以及物理位置信息记录在一起,也以一个文件的形式存放在硬盘中,这个文件被称为目录文件,它的名字就是这个目录的名字。这个目录文件就好像前面例子中放在文件夹最前面的那张目录纸一样。而目录文件本身在外存上的位置信息则记录在其所在的上一级目录的目录文件中。这样逐级递推,一直到根目录为止。在这种情况下,如果文件系统想在外存上找到一个文件,只有文件名就不行了。文件系统必须知道这个文件所在的各级目录的名字,才能从最高一级目录文件开始逐级查找,最终找到这个文件在硬盘上的位置。

文件所在的各级目录名写在一起称为文件的路径。为什么叫路径?因为文件系统正是沿着它的指引才找到文件在磁盘上的位置。通常路径从根目录开始,一直写到文件名为止,目录名之间用一个分隔符隔开。不同的文件系统可能会使用不同的分隔符,如 Windows 用反斜杠(\),而 Linux 用斜杠(/)。现在,如果要表示图 4-23 中的文件 biologon.dll,那么就要完整地写出它的路径,即 C:\Program Files\IBM fingerprint software\bioglon.dll。从根目录开始的路径被称为绝对路径。多数操作系统都定义了两个特殊的目录名:一个点(.)表示当前工作目录;两个点(..)表示上一级目录,或者说父目录。在有的操作系统中,如果要表示的文件位于当前目录中,那么写文件名时可以省略路径。例如,假定已经进入 C:\Program Files 目录,那么当前目录就是 C:\Program Files。现在如果要访问文件 biologon.dll,那么在指定文件名时可以只写 IBM fingerprint software\biologon.dll,这里把 IBM fingerprint software 称为相对路径。

　　上面对文件系统怎样管理文件做了介绍,但是这些内容比较抽象,下面通过一个例子完整体验一下文件系统怎样管理外存上的文件,具体以类 UNIX 操作系统(如 Linux 操作系统)的文件系统为例。

　　类 UNIX 操作系统通常采用索引结构在外存上存储文件。在系统启动时,外存被分成大小相同的块。每个文件使用的块号记录在文件的索引中。系统在外存的特定位置留出一些块,专门放置所有文件的索引,这些块被称为索引块。

　　类 UNIX 系统中既有目录又有文件。文件中存放的是需要存储的具体内容,存放在分配给文件的块中。目录也以文件的形式存储在硬盘上。每个目录文件的内容是该目录下的子目录名、文件名及其相关信息,其中最重要的信息是子目录和文件的索引文件在外存上的位置。

　　当要访问文件时,操作系统必须先找到文件的索引块,然后才能找到文件内容在硬盘上的具体位置。文件索引的位置存储在文件所在目录的目录文件中,所以,要想找到文件的索引,必须找到它所在目录的目录文件。而目录文件和其他文件一样是存储在外存上的。要从外存上读取这个目录文件,也必须先找到它的索引块。这样操作系统就必须知道存有这个目录文件索引块位置的上一级目录的名字,然后在上一级目录的目录文件中根据目录名查找该目录的索引块地址。可是上一级目录的目录文件在哪儿呢?操作系统需要先找到它的索引块……这个循环到什么时候为止呢?答案是一直查找到根目录。因为根目录已经没有上一级目录了。那么,到哪里去找根目录文件的索引块的位置呢?为了解决这个问题,类 UNIX 操作系统把根目录文件的索引块位置记录在一个被称为超级块的地方。每个文件系统都有一个超级块,并且超级块在外存上的位置是固定的。对于硬盘来说,超级块在第二个块上(第一个块上放的是引导程序)。超级块中除了有根目录文件索引的位置外,还有文件系统的一些参数,如外存一共被分了多少块、每块有多大等。在类 UNIX 操作系统中,每个存储设备在使用前都需要安装。安装过程的主要工作就是读入存储设备的超级块,在内存中建立一个相应的数据结构记录超级块中的信息。这样,当用户要访问某个文件时,可以很快找到根目录文件的索引,并最终找到文件的内容。

　　图 4-24 描述了类 UNIX 操作系统通过文件名定位文件位置的过程。假定要访问磁盘上的文件/root/src/hello.c。路径最前面的"/"表示根目录。类 UNIX 操作系统的文件系统首先要从超级块中找到根目录文件的索引位置。在图 4-24 中,超级块中给出的根目录文件的索引块号是 4。这个号码即是根目录索引文件在文件系统的索引块特定区域中的位置。根据这个位置信息,文件系统找到根目录文件的索引块并从中读出根目录的索引。然后文

件系统再根据这个索引给出的块号，如图 4-24 中的 106、201、300 等，到相应的块中读取根目录文件。文件系统在根目录文件中查找子目录名 root。找到以后（在 106 号块中），文件系统就可以取得 root 子目录文件的索引块的位置信息，即 19。文件系统再根据这个信息到外存索引块区域找到 root 子目录文件的索引。索引中给出了 root 子目录文件在外存中的块号，即 188、198、211 等。文件系统再从这些块中存储的内容里查找子目录名 src 及其索引文件所在位置，在数据块 198 中找到索引号 48。根据这个信息系统找到 src 子目录文件的索引文件，即索引块 48，系统再根据索引文件中的内容找到 src 子目录文件。在这个目录文件中含有文件名 hello.c 及其文件索引的位置，即数据块 224。通过这个索引，系统最终得到 hello.c 文件的位置，即数据块 245 和 267。实际文件系统中文件的索引并不会占用一个块，通常是多个索引在同一个块上，但是通常也用索引号表示索引位置，只不过在这种情况下一个索引号对应的是某个块中的某个位置。

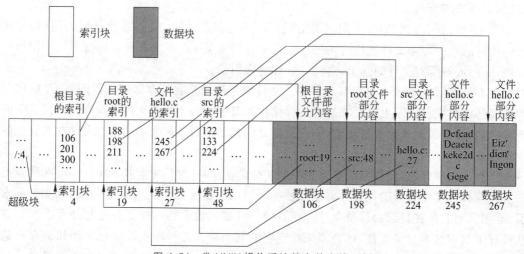

图 4-24　类 UNIX 操作系统的文件查找示例

　　文件系统要为用户和应用程序提供访问文件的手段，通常是一些接口函数，如创建、打开、读、写、删除等。
　　文件系统把文件组织成层次的目录结构。
　　文件系统把目录信息也以文件形式存放在外存上。
　　目录文件中记录该目录下的文件和子目录的索引文件的位置。
　　文件系统要在外存上找到文件的内容，必须知道文件的路径。

　　从上述过程可以看出，为了访问一个文件，文件系统需要沿着文件的路径多次访问外存。这会花费非常多的时间。所以，文件系统一般都把根目录索引文件的内容读到内存中备用。同时，文件系统都支持当前工作目录的概念。当前工作目录的索引也被缓存在内存中。如果访问当前目录下的文件和子目录，就可以直接通过内存中的索引找到当前目录的目录文件，然后在其中查找子目录名或者文件名就可以了。因为当前目录的索引已经被保留在内存中，系统就不用再从根目录开始找它了，这样可以大大减少访问文件的时间。因此，访问当前目录下的文件和子目录也不需要给出从根开始的绝对路径，只要给出从当前目录开始的相对路径即可。

　　通常用户要访问某个文件的内容时,操作系统都要求先打开文件。打开动作是通过操作系统提供的接口函数实现的,通常接口函数名称为 open。当应用程序想要读取一个文件时,它也要使用操作系统提供给它的工具,例如 read 函数。在调用 read 函数之前,操作系统要求必须先调用 open 函数。open 函数要求用户给出文件名和路径。操作系统根据这些信息按照上述办法找到文件的索引信息,然后把文件的索引放到内存中,并在调用 open 函数的这个进程的进程控制块中记录索引信息在内存中的位置。这样进程接下来读写这个文件时就可以直接使用内存中文件的索引找到外存上的文件,而不用再到外存上一步步查找了,这样可以节省很多时间。这就是访问文件之前必须先要调用 open 函数的原因。

　　下面讨论文件的读写问题。读和写是文件的两个重要操作。操作系统提供的读写接口函数一般有 read(读文件)、write(写文件)、append(在文件末尾添加)等。在常见的操作系统(如 Windows 和 Linux)中,读写文件的单位都是字节,即文件内容是以字节为单位组织的。在介绍管道时提到过字节流这个词。也就是说,操作系统并不考察文件内容的逻辑,无论什么内容,在操作系统看来都是一个个互不相干的字节。因此,在进行读写操作时,操作系统只要求用户指明从文件的什么位置开始读写多少字节。文件中的位置也是按照字节编号的。通常操作系统为每个文件维护一个当前访问指针,即当前的访问进行到文件中的哪个位置。当前访问指针的移动单位也是以字节为单位的,如向前或向后移动若干字节。文件内容的组织形式被称为文件的逻辑结构。除了按照字节流组织文件内容外,一些大型的商用操作系统支持按照记录读取文件中的内容,文件中相关的内容会被组织成一个个记录,每个文件都是由这样的一个个记录构成的。操作系统允许用户按照记录读写文件。这样做可以提高文件的访问速度,且便于用户使用。这里不对此进行详细介绍,具体内容可以查阅相关资料。

　　虽然文件是按照字节组织的,但是对外存的访问并不是以字节为单位的。我们已经知道对外存成块访问可以提高效率。因此,尽管文件系统提供给用户的接口函数是按照字节流的形式读写文件的,但是,实际读写外存时是按照数据块的形式进行的。操作系统负责把字节流转换成块。也就是说,在写文件时,通常操作系统要等到数据足够写满一个块时才写回外存。同样,当用户要读取一字节时,操作系统会把该字节所在的整个块都读取到内存,然后把用户要求读取的字节交给用户。

　　操作系统提供给应用程序的接口函数功能还有在文件中查找以及对目录的一些操作(如改变当前工作目录、移动到上一级目录、创建目录、删除目录等)。

　　各种应用程序,如编辑软件 Word、Gedit,在操作系统提供的这些接口函数基础上对各种文件操作进行封装和加工,例如把 open 函数以及 read 函数的调用封装到一个"打开"按钮上。这样,普通用户就能够很方便地使用文件,而不用了解文件管理的任何细节,更不用知道具体的接口函数了。

　　使用当前目录可以减少定位文件时访问外存的次数。
　　文件内容的组织形式被称为文件的逻辑结构。文件常见的逻辑结构有字节流和记录。
　　文件系统负责把字节流或记录形式的用户操作转换成对外存的成块访问。

4.3.3　文件保护

除了帮助应用程序以及终端用户在外存上存储信息外,文件系统的另一个重要任务就是保护这些信息。保护信息要做的事情很多,尤其是在多用户的计算机系统中。例如,因为计算机是被多个用户共享的,所以外存上会同时存储着不同用户的文件。一个用户的文件,如个人信息文档,是不希望被别人看到的。这时,文件系统必须保证别的用户看不到这些文件。此外,系统中一些非常重要的文件关乎系统的存亡,是坚决不能允许普通用户随便使用和更改的。因此,文件系统必须想办法防止用户更改这些重要文件。

为了实现对文件的保护,文件系统通常让用户为每个文件设置访问权限。每个文件的访问权限记录在文件系统为文件维护的相应管理文件(例如文件的索引文件)中。操作系统根据用户设置的访问权限对文件实施相应的保护。在用户打开文件时,除了提供文件名外,操作系统一般还要求用户给出打开文件的目的,如读、写等。操作系统要先根据管理文件中的权限信息查看用户是否有权利进行要求的操作。如果权限信息表明这个文件只允许读,而用户声明要写这个文件,那么打开文件的操作就会以失败告终。

因为 Windows 操作系统最初是为个人计算机设计的,而个人计算机多数情况下是一个用户独占的,所以,文件保护起初在 Windows 操作系统上体现得并不明显。通常用不同用户名登录计算机,对硬盘上的所有文件都能够一目了然。不过,现在 Windows 已经开始支持越来越多、越来越灵活的文件保护手段了。面向多用户系统的 Linux,或者说类 UNIX 操作系统,在文件保护上则从一开始就做了严格的设计。例如,当用户以某个普通用户账号登录后,他只能够看到自己主目录下的内容以及一些其他用户授权其看到的文件。通常他并不能够随意安装程序,更不能在别的用户目录(尤其是系统的一些目录)中添加或者更改文件。如果想做这些事情,必须使用具有更高访问权限的账号。因为这些多用户操作系统的首要任务就是在多人使用计算机的情况下保证计算机的安全、可靠和稳定。

下面看看文件系统需要为用户提供哪几种文件访问权限。从文件的拥有者以及系统对文件保护的要求出发分析这个问题。

有些文件的拥有者可能不希望别人知道他的目录下有哪些文件,更别说访问这些文件了。因此,文件系统要允许用户设置一个权限,表示别人对某些目录或文件无任何访问权限。

有些文件的拥有者并不在乎别人知道自己的目录下存储了哪些文件。但是,他仍然不希望别人对他的目录或文件进行任何操作,如读写等。因此,文件系统需要提供一种称为"可知"的文件访问权限,表明这个目录或文件可以被别人看到。

有些文件是能够执行的,有些文件是不能够执行的。但是,即使是可执行文件,有时用户也会希望能够禁止一些人执行自己的这些文件。尤其是一些重要的、与系统管理有关的应用程序,系统不希望普通用户能够使用它。因此,文件系统应该允许用户设置或者禁止文件的"执行"权限。

还有一些文件,可以让别人阅读,但是拥有者并不希望别人更改它。因此,对于这些文件,用户希望设置它们的权限为"只读"。

如果文件可以被更改,那么用户希望设置的权限为"可写"。

还有一些文件只能在末尾添加内容,而不能更改前面已经写入的内容,如日志文件。

那么使用这种文件的用户会希望操作系统能够支持这个需求，设置一个"末尾添加"的权限。

前面提到的都是对文件内容本身的一些权限考虑。既然可以给每个文件设置权限，那么文件系统就要提供一个方式控制谁可以更改文件的权限。这种权限被称为"改变保护"。

对于文件来说，还有一个非常大的操作权限，就是"删除"。这是一个非常危险的操作。因此，用户也希望通过操作系统提供的保护机制把这个权限控制在自己的手中。

每个文件的权限对于不同的人应该是不同的。为此，多数操作系统都支持针对不同的用户设置不同的文件权限。设置权限的过程其实也可以理解为对某些用户访问文件的授权。在 Linux 中，通常一个文件的权限被分成 3 个部分。例如，当使用命令 ls -l 时（这个命令的功能就是详细列出当前目录下的文件以及子目录的信息）会看到，除了文件名之外，屏幕上还会出现形如 "-rw-rw-r--" 的字符串，如图 4-25 所示。这个字符串开头的 "-" 后面的 9 个字符是文件的权限。其中，r 表示文件可读，w 表示文件可写，x 则表示可执行文件。这 9 个字符被分成 3 组。最前面的 3 个字符表示文件拥有者的权限，中间的 3 个字符表示与文件拥有者在同一个用户组的用户的权限，最后 3 个字符则表示其他人的权限。从图 4-25 中可以看到，test1 文件允许文件拥有者读写，但是不允许执行；而与文件拥有者同组的用户同样可以读写这个文件，也同样不允许执行；除此之外的其他人则只能读这个文件。Linux 还提供了一个访问列表工具，它可以增加其他权限和功能，如设置某个具体的用户对某个文件的访问权限。

```
[test1@mail fs1]# ls -1
-rw-rw-r--+1 test1 test1 10 Feb 16 13:52 test1.txt
```

图 4-25　Linux 的文件权限

Windows 操作系统也提供了对文件权限的支持。用户可以在 Windows 的资源管理器中选定一个文件，然后右击该文件，在弹出的快捷菜单中选择"属性"命令，如图 4-26 所示，就会弹出文件属性对话框。选择"安全"选项卡，就可以对这个文件进行权限设置，如图 4-27 所示。从图 4-27 中可以看出，用户能够按照组名或用户名设置该文件的权限。

上面给出的是对于文件保护的常见需求。当然，实际情况中可能还有好多别的特定要求。在某些环境下，有些需求可能并不迫切，而在另外的场合则不同。因此，由于操作系统的目标不同，每个操作系统对文件实施的保护权限也不同。并不是所有操作系统都会实现前面提到的文件保护权限。不同操作系统提供给用户的文件保护手段和方法也各不相同。操作系统的实现者一般会仔细分析系统的应用环境，对需求和成本进行平衡，然后做出最后的决策。

重　点　提　示

保护文件是文件系统的一个重要任务。

文件系统提供手段让用户设置文件和目录的使用权限。文件系统在用户使用文件和目录时检查用户对它的访问权限，以此来保护文件。

常见的文件访问权限有"无""可知""只读""可写""执行"等。

图 4-26 Windows 的资源管理器

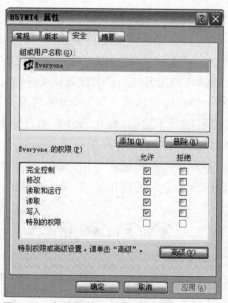

图 4-27 文件属性对话框的"安全"选项卡

4.3.4　虚拟文件系统

用过 Linux,尤其是早期 Linux 系统的人都知道,要在 Linux 下使用 U 盘或者光盘都必须用类似下面的命令先安装外存设备:

```
mount -t vfat /dev/sda1 /mnt/usb
```

为什么要这样做呢? 这是 Linux 的一大优势,即它可以支持多种不同的文件系统。这也是在 Linux 上使用外存之前必须先执行安装命令的原因。通过安装(实际上还有注册),Linux 就可以访问由其他操作系统的文件系统产生的文件。虽然在 Windows 下访问 U 盘不需要安装,但是,如果 U 盘是在 Linux 下用它的 EXT2 文件系统格式化的,那么在 Windows 下就不能访问;反过来,如果是在 Windows 下用它的文件系统 NTFS 格式化的 U 盘,在 Linux 下注册和安装之后就能够访问。本节就来详细说说这件事。

从前面的内容可见,文件系统做的事情很多:管理外存,组织外存上的文件,管理文件的目录结构,管理文件的逻辑结构,提供用户访问文件的接口,以及保护文件,等等。不同的操作系统会根据其目标选择不同方式实现这些功能。不同文件系统管理外存的方式可能会不同,提供给用户的接口也可能不一样。例如,Linux 采用索引文件记录文件在外存上的位置,而 Windows 则采用完全不同的方式。实际上 Windows 的硬盘分配方式与 Linux 是完全不同的。在接口方面,各个操作系统提供的文件操作的种类和数量也不相同。有些操作系统虽然提供同样的接口,但是接口的实现方式却不一样。正因为这样,目前市面上并存着很多不同的文件系统,如 Linux 的 EXT4 文件系统、Windows 的 NTFS 文件系统、OS/2 (IBM 公司为 IBM/PC 开发的一个操作系统)的 HPFS 文件系统、光盘使用的 ISOFS 文件系统等。不同的设计和实现方案使各个操作系统的文件系统不能兼容,在某个操作系统下创建的文件往往无法被另外一个操作系统识别。用某一操作系统的文件系统格式化的外部存储设备在另一个操作系统上也无法识别。例如,Windows 操作系统就不能识别磁盘上的 Linux 分区。这种情况给用户带来很大不便。有时一个操作系统中的用户会需要访问另一个操作系统下的某些文件。例如,在 Linux 下可能要访问用 Windows 的 NTFS 文件系统格式化的 U 盘。为此,各个操作系统都在想办法解决文件系统的兼容问题。

Linux 操作系统的设计者想出了一个办法。他们设计了一种称为虚拟文件系统的文件管理器。虚拟文件系统分成上下两部分:上面是与具体的文件系统无关的部分,下面是与具体的文件系统相关的部分。

与具体文件系统无关的部分向用户提供了访问文件系统的统一接口。这组抽象的接口由一组标准的、抽象的文件操作构成,它们以系统调用的形式提供给应用程序,如 read、write、seek 等。用户对任何文件系统都使用这组统一的接口,无论底层的文件系统怎样实现这些操作甚至不实现某些接口函数都可以。当用户调用这些操作访问具体的文件时,虚拟文件系统把这些操作映射成该文件所属文件系统对这些函数的实现。也就是说,虚拟文件系统通过提供抽象的、统一的调用接口屏蔽底层不同的文件系统。

虚拟文件系统记录每种文件系统具体实现这些文件操作的函数的位置。在进程打开文件(调用 open 函数)时,虚拟文件系统记录这个文件所属的文件系统。当用户要对文件进行操作时,虚拟文件系统根据记录的信息找到该文件所属文件系统实现这个操作的函数并调用。这样,虚拟文件系统就把文件和该文件所属的具体文件系统所提供的操作函数挂上了钩。虚拟文件系统中与具体文件系统有关的部分就是各个文件系统对统一接口函数的实现。

总结来说,虚拟文件系统为用户提供统一的文件访问接口,它负责把这些访问接口映射到具体文件系统的实现上。图 4-28 说明了 Linux 虚拟文件系统的机制。

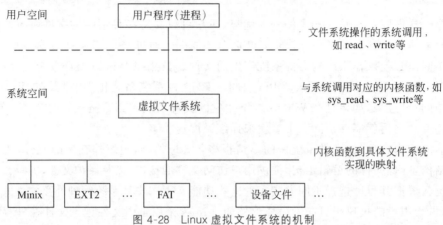

图 4-28　Linux 虚拟文件系统的机制

虚拟文件系统就好像一个系统总线,上面有若干插槽。每个具体的文件系统就好像插在插槽上的板卡。虚拟文件系统的插槽可以将不同板卡的访问方式转换成统一的一个面向用户的抽象接口。这种方法不但使 Linux 能够支持多种不同的文件系统,而且能够支持这些文件系统的相互访问。

尽管 Linux 可以支持很多文件系统,但是在 Linux 启动时并不是默认支持所有可支持的文件系统,因为这意味着它要有识别所有文件系统的能力,并带上所有文件系统对统一接口函数的具体实现。因此,Linux 启动时只能识别几种常见的文件系统。要想让 Linux 支持某种文件系统,首先必须向操作系统注册这种文件系统。就好比要想把板卡插到总线插槽上,总线需要首先有能力识别这种板卡才行。注册一个文件系统的过程就是教给操作系统识别这种文件系统的知识,因为不同的文件系统的文件组织形式不同。有关文件系统的组织信息都记录在每个文件系统的超级块中,但是不同文件系统的超级块的结构也是不一样的,因此,文件系统注册的一个重要工作就是把读取这个文件系统超级块的函数告诉虚拟文件系统。有了这个函数,Linux 就可以从超级块中获得这个文件系统的信息,也就能够识别这个文件系统了。除了提交超级块读取函数外,注册过程还会告诉虚拟文件系统,这个文件系统对文件操作的具体实现函数的模块是什么。虚拟文件系统把这些注册信息记录在操作系统的一个文件系统类型表中。这个表中记录了在系统中注册的,即目前系统可以支持的文件系统。每种文件系统在文件系统类型表中占据一项。每项中记录的内容有文件系统的名字、实现文件系统的模块名以及读取文件系统超级块的函数指针等。除了从外存上读取超级块中的信息外,超级块读取函数还有另外的工作,通过它可以找到该文件系统对文件操作的具体实现函数指针,如读文件操作 read 的具体实现代码的位置。所以,有了文件类型注册表中的这些信息,Linux 就能够很轻松地使用这些文件系统了。可以通过查阅 Linux 的文件/proc/filesystems 了解有哪些已注册的文件系统。

在 Linux 中有两个时机可以注册文件系统。在系统初始化时,文件系统的实现代码就在操作系统代码中。编译操作系统时,这些代码就与操作系统编译在一起。在系统启动初始化时,这些文件系统就会被加入文件系统类型表中。

另外,用户也可以在系统启动后把文件系统当作一个模块插入操作系统。Linux 提供了一种模块机制,允许用户在系统启动之后向操作系统核心插入代码,而不用重新编译操作系统。这与安装设备驱动程序是一样的思想。Linux 提供了插入和移除模块的命令。插入模块的命令是 insmod,移除模块的命令是 rmmod。可以用这两个命令向操作系统注册或者注销一个文件系统。当调用插入模块命令 insmod 插入一个文件系统时,操作系统就把这个文件系统的信息写入文件系统类型表中,也就完成了文件系统的注册过程。

仅仅具备识别板卡的能力还不行,只有把板卡插在插槽上,才能够使用它。同样,在使用一个位于 U 盘上的文件系统之前,必须安装这个文件系统才行,也就是把这个文件系统插入虚拟文件系统这个总线的插槽中。Linux 提供了安装命令 mount 完成这个任务。

在安装文件系统时,首先必须告诉它要使用的文件系统在哪个设备上,然后还要告诉它要安装的文件系统是什么类型。另外,在 Linux 中,文件系统被组织成一个树状目录结构。整个目录结构只有一个根。在 Linux 系统启动时,会自动把默认文件系统(一般是 EXT 系列的文件系统,如 EXT3 或 EXT4)的磁盘分区作为 Linux 文件系统的根文件系统。所有后安装的文件系统必须安装在这个根文件系统的某个目录下,即成为这个目录树的某个树枝。所以,在安装新文件系统时,最后还要告诉系统希望把这个文件系统安装在哪个目录下。

例如,如果想在 Linux 下访问 Windows 存放在 U 盘中的一个文件,那么就需要先安装产生 U 盘上这个文件的文件系统。具体的安装命令如下:

```
mount -t ntfs /dev/sda1 /mnt/usb
```

在这条命令中,-t ntfs 表示文件系统类型是 NTFS,就是 U 盘上的文件系统的类型。NTFS 是 Windows 使用的一种文件系统类型。接下来要告诉 Linux 要安装的文件系统在 U 盘上。U 盘在 Linux 中通常被仿真为 SCSI 设备。在 Linux 中用设备文件来表示设备,设备文件通常放在目录/dev 下,因此用/dev/sda1 表示文件系统所在的设备 U 盘。这里 sda1 表示是第一个 SCSI 设备的第一个磁盘分区。最后,要告诉 Linux 把 U 盘上的文件系统安装到/mnt/usb 目录下,即最后一个参数。通常都把文件系统安装在/mnt 目录下。运行完这条 mount 命令之后(必须是特权用户,才能运行这条命令),就可以在/mnt/usb 目录下看到 U 盘上的文件了。当然,前提是已经在 Linux 系统中注册过 NTFS 文件系统(通常 Linux 会默认支持 NTFS)。

那么,在安装过程中,操作系统都做了什么呢? 在输入 mount 命令之后,操作系统首先到文件系统类型表中查找是否有这个文件系统类型,即 NTFS。找到之后,操作系统就会调用文件系统类型表中给出的超级块读取函数,到用户给出的设备上,即参数/dev/sda1 指出的 U 盘上,取出该文件系统超级块中的信息。同时,操作系统还利用这个超级块读取函数获得该文件系统各种文件操作(如读文件、写文件)的实现函数指针,并记录下来。

当用户程序要访问一个文件时,首先必须调用"打开"操作。在虚拟文件系统中,"打开"操作所做的另外一项工作就是把文件所属文件系统对统一接口函数的具体实现函数指针记录下来,而这些指针就是操作系统在前面的安装过程中得到的。这样,当用户接下来对文件进行操作(如读文件)时,系统就可以通过打开文件时记录的这些指针找到具体的实现函数了。

现在常用的文件系统,Linux都已经自动支持了,所以一般不需要使用mount命令。但是,如果使用某个特殊的文件系统,还是要经过注册和安装的。

虚拟文件系统由与具体文件系统无关的统一接口以及具体文件系统对接口的实现两部分构成。
虚拟文件系统通过提供抽象的、统一的文件操作接口屏蔽底层不同的文件系统。
虚拟文件系统负责把统一接口与具体文件系统的实现函数关联起来。

4.4 外设的管理

计算机系统中的外设非常多。这些外设的功能不同,使用方法也不同。为此,操作系统这个平台必须给用户提供帮助,让用户能够方便快捷地使用这些外设。前面介绍过,不同外设的控制方法不同,应用程序并不直接和外设打交道,而是借助于操作系统提供的手段使用外设。操作系统为用户及应用程序提供访问外设的接口函数。这些函数屏蔽了不同外设的硬件区别。尽管系统中外设的种类很多,且可能会变化,外设控制方式也不同,且也可能会变化,但是操作系统会尽量保持提供给用户的接口稳定不变,这样用户就不会因为这些不同和变化而手忙脚乱。操作系统帮助用户做到以不变应万变。而操作系统则通过外设厂商提供的驱动程序实现"应万变"——对不同种类、变化的外设进行识别、管理和控制。

对于支持多用户、多进程并发执行的现代操作系统来说,仅仅为用户提供使用外设的帮助是不够的。操作系统要负责设备的分配,即在多个要求使用外设的进程中决定谁可以使用外设以及使用哪一个外设。操作系统要满足用户的要求,尽量做到公平,同时要考虑设备的使用效率。因此,对于外设管理,操作系统要做的事情主要有3个:为用户提供方便快捷地访问外设的手段、分配和管理外设以及提高外设和系统其他部件的使用率。第三个任务的实现可能会贯穿在第一个和第二个任务的实现过程中,但是也有一些措施是专门为实现第三个目标而实施的。操作系统完成上述3个任务的组成部分构成了操作系统的设备管理子系统,也称为输入输出子系统。

下面就来看看操作系统是如何完成上述的3个任务的。

设备管理的3个任务分别是为用户提供方便快捷访问外设的手段、分配和管理外设以及提高外设和系统其他部件的使用率。

4.4.1 外设访问接口

因为计算机系统外设种类繁多,且每种外设都有不同的特性,所以操作系统的一个任务就是要把各种外设的复杂操作细节屏蔽，让用户能够以较为简单、统一、相对固定的方式使用不同的外设。经过多年的不断摸索，人们发现在逻辑上外设的特性与文件非常相似。因为使用外设的最终目的无非是从外设输入或者向外设输出一些信息。这与文件的使用目的一样。这个发现使种类繁多的外设世界与文件这一单一事物对应起来。这样，提供统一的、以不变应万变的外设使用方式的任务就同支持异构文件系统类似了。

操作系统的设计者采用类似虚拟文件系统的思路完成了第一个任务：屏蔽不同设备细节，为用户提供简单、统一、相对固定地使用外设的手段。在这种思路下，设备管理子系统也被分成了上下两部分。在上面的与用户接口的部分中，设备管理子系统向用户提供了一组统一的设备使用接口函数。不同外设的操作是不同的，有的外设仅能读，有的外设仅能写。操作系统设计者选择的这组函数集合包括了对任何外设可以进行的所有可能操作。这些接口看起来像读写文件的接口，例如它们的名字是"打开""关闭""读""写""移动当前访问位置"等，特殊的是多了"控制设备"接口。每个外设对接口函数都有自己的具体实现。这些实现的具体代码通常在外设的驱动程序中。因为外设的功能不同，所以对这些函数的实现也不同。例如，同样是输出函数，即"写"函数，打印机的实现与显示器的实现肯定不同，而作为输入设备的键盘则根本不实现"写"函数。设备管理子系统负责把这些公共接口的调用转移到特定外设的驱动程序上。设备驱动程序负责对设备进行真正的操作。驱动程序是设备管理子系统下面的部分。与虚拟文件系统类似，公共设备接口是设备无关部分，而驱动程序是设备管理子系统中的设备相关部分。

在设备管理子系统中，"打开"函数完成的工作是为进程分配外设，并做好其他的准备工作，以便进程能够管理外设的 I/O 操作。"关闭"函数则释放占用的外设及其他相关软件资源。"移动当前访问位置"函数则可让进程对外设进行读写定位，使得进程能够对外设中的特定地址进行读写，如将磁带移动到一个可以读写的位置。"控制"函数是与设备相关的，例如，磁盘的"控制"函数可以完成磁盘断电/加电的任务，而显示器的"控制"函数则可能让屏幕反转，使黑像素变白、白像素变黑。

在早期操作系统中，外设的驱动程序不是独立于操作系统程序的，而是写在操作系统代码中的。只要有新外设添加到系统中，就要修改操作系统的代码，将新外设的驱动程序添加进去，同时修改公共接口函数与特定外设操作实现函数之间的对应关系，然后再对操作系统代码进行重新编译。因此，安装驱动程序是一件相当复杂、技术含量非常高的工作。安装驱动程序的单位和组织必须有一套操作系统源代码的复本以及添加外设所需要的知识。

这种方式对系统外设的增删带来的制约显然太大了。后来，人们想出了一个办法解决这个问题。这个办法说起来也并不复杂。系统为每个外设维护一个表格。表格中记录着每个公共接口函数与外设操作具体实现函数之间的对应关系，也就是从公共接口函数名到具体实现函数地址的映射。系统提供特殊的系统调用，让特权用户可在系统运行之后生成或者修改这个表格。这样，每次更改或添加新的外设时，都可以通过更改或生成这个表格中的项让系统找到新的驱动程序，也就不用重新编译系统了。只是每新添一个外设都必须进行注册并安装驱动程序，实际上就是把驱动程序放置到特定位置，然后把这个位置添加到接口函数映射表中。这种方式被称为可重新配置的驱动程序。现代操作系统都采用类似的方式支持外设，这也是每新添一个就必须安装驱动程序的原因。

设备管理子系统由设备无关部分和设备相关部分构成。

设备无关部分向用户提供简单、统一、相对固定的外设使用接口。

设备驱动程序是设备管理子系统中的设备相关部分。

设备管理子系统负责将统一的外设使用接口映射到驱动程序中对外设操作的具体实现函数。

4.4.2 驱动程序

驱动程序是直接与外设打交道的软件,是系统中直接操纵硬件动作的软件。驱动程序通过接口电路中的寄存器与硬件设备的控制器打交道。这些寄存器包括命令寄存器、状态寄存器和数据寄存器。驱动程序正是通过这些寄存器控制外设的。通过把设备命令写入命令寄存器,驱动程序可以控制外设发送/接收数据以及开启/关闭;通过读取状态寄存器的内容,驱动程序可以了解外设的状态;数据寄存器中则是驱动程序与外设之间传递的数据。不同外设对命令寄存器中的命令以及状态寄存器中的状态的解释都不同。因此,驱动程序的任务就是对不同外设的操作进行抽象,并尽可能让这些抽象相同或相似。例如,打印机驱动程序封装了如何控制打印机的知识,磁盘驱动程序专用于磁盘管理,但是它们都提供了“写”接口函数。当然,并不是每个外设都能实现标准接口上的每个功能,例如打印机驱动程序就没有实现“读”函数。设备驱动程序的设计是非常严格的,设计者必须了解外设控制的所有细节。因此,驱动程序通常都是由外设厂商设计和实现的。

在 2.5 节中介绍了系统与外设传递信息的几种方式,其实它们就是驱动程序与外设控制器之间传递信息的几种方式。当然,信息传递方式不同,驱动程序的实现也不一样。在这些方式中,最简单的是程序直接控制方式。如果驱动程序采用程序直接控制方式与外设传递信息,那么驱动程序实现的“读”函数的具体流程大致如下:

(1) 接收到操作系统传递过来的、应用进程请求的读操作之后,驱动程序查询外设接口的状态寄存器,确定外设是否空闲。

(2) 如果外设忙,则循环等待,直到外设变为空闲为止。

(3) 把输入命令放入外设接口的命令寄存器中,从而启动外设。

(4) 重复读取状态寄存器中的值,等待外设操作完成。

(5) 把外设接口的数据寄存器的内容复制给用户进程。

这个过程比较简单直接,容易实现。但是,在外设工作的过程中,例如键盘在扫描是否有键被按下时,CPU 一直处于查询状态,没有做其他事情,这被称为忙等。

驱动程序要通过注册和安装变成操作系统的一部分,因此操作系统对驱动程序的结构方面都有要求。但是,不同操作系统对驱动程序结构的要求是不一样的,因此同一设备在不同操作系统下会有不同的驱动程序版本,一般是不能够通用的。

驱动程序通过外设接口中的寄存器与外设打交道。

操作系统对驱动程序的结构方面有要求,不同操作系统对驱动程序结构的要求是不一样的。

4.4.3　设备分配

本节讨论以下问题：当进程请求使用外设，尤其是多个进程同时要求使用外设时，操作系统应该怎么办？因为系统中的外设资源有限，所以不是每个进程在需要时都能够立即被满足。因此，进程在需要外设时必须向系统提出请求，由操作系统的设备分配程序按照一定的分配原则和策略把外设分配给进程。如果外设正在被其他进程使用，那么申请外设的进程就必须进入相应外设的等待队列中排队。

常见的设备分配算法有先来先服务和优先级两种。在分配外设之前，操作系统要了解外设的情况，如共有多少外设、都是什么外设、目前的状态怎样等。为此，通常操作系统会为每类外设设置一个设备表，登记这类外设中每台外设的状态。包含的内容一般有外设名、占有外设的进程号、是否已经分配、状态好坏等。操作系统还会维护一个设备类表，里面记录着系统中共有多少类外设，每类外设的类名、总台数、空闲台数以及该类外设的设备表在什么地方等。

系统中的外设按照自身的固有特性可以分为独享型和共享型两种。独享型外设每次只能分配给一个进程使用，如打印机、绘图仪。而共享型外设则可以由若干进程同时共享，如磁盘。操作系统对不同类型的外设的分配和管理策略也不同。通常对于独享型外设，进程在使用前必须有明确的申请动作，使用后也必须有释放操作。而对于共享型外设，进程在使用前后并不用进行特殊的操作，直接使用就行了。

因为系统中的资源有限，进程又很多，所以设备管理子系统在分配外设时必须考虑外设的利用率问题。独享型外设分配给一个进程后，其他的进程如果要使用该外设，必须等待占用进程释放它才行。不过，通常占用独享型外设的进程并不是时时刻刻都在使用外设，独享型外设因而时常处于空闲状态，利用率很低。为解决这个问题，一些操作系统用共享型外设（如磁盘）模拟独享型外设（如打印机）。当用户需要使用独享型外设时，操作系统就把模拟的外设分配给它，而不分配给进程实际的独享型外设。例如，当进程要求使用打印机时，操作系统并不把打印机分配给进程，而是在磁盘上申请一段空闲区，然后把需要打印的数据传送到空闲区中，再把进程的打印请求挂到打印队列上。如果打印机空闲，操作系统就从打印队列中取出一个请求，然后从磁盘指定区域取出数据完成打印。由于磁盘是共享的，因此系统可以随时响应打印请求并把数据缓存起来，这样就把独享型外设改造成了共享型外设。这种技术被称为虚拟设备技术。实现这一技术的系统被称为 SPOOLing 系统。SPOOLing 是 Simultaneous Peripheral Operation On Line（联机同时外围操作）的缩写。

常用的设备分配算法有先来先服务和优先级两种。

外设按照物理特性可以分为独享型和共享型两种。

虚拟设备技术用共享型外设模拟独享型外设，把独享型外设改造成共享型外设，提高了独享型外设的利用率。

4.4.4　中断技术

最后看看为了提高系统的效率，操作系统在设备管理方面还做了什么工作，采用了什么技术。

在早期,计算机系统 CPU 的执行与 I/O 操作是串行的。一段时间以后,计算机设计者意识到,依赖于机械运动的 I/O 操作与纯电子开关的 CPU 计算相比,速度差距太大了,通常是在几个数量级以上。于是硬件和软件设计师开始寻找这样一种技术:CPU 计算可以不必等待 I/O 操作而持续进行。中断技术就在这种情况下产生了。采用中断技术后,在外设处理数据期间,CPU 可以去做别的事情。外设处理完数据后,给 CPU 发送一个信号,称为中断信号。CPU 每执行完一条指令都会查看一下是否有外设发出中断信号。如果有,CPU 就停下手头工作,处理发出中断信号的外设的事情。在 2.5.3 节中已经提到过中断,现在对与中断有关的内容给出进一步说明。

在计算机系统中,外设发送中断信号,CPU 检查中断信号,CPU 自动转入中断处理程序,这几个过程都是在硬件的支持下实现的。在支持中断技术的系统中,要用一个硬件标识表示中断请求,称为中断请求标志位。CPU 每执行完一条指令都自动检查中断请求标志位,看看有没有中断事件发生。如果把所有外设的状态寄存器中的完成标志位连接到 CPU 的中断请求标志位,那么当外设控制器的完成标志位被置位时,CPU 的中断标志位也就被置位了。由此,当 CPU 查看中断标志位时就会知道有外设完成了操作。如果 CPU 轮流检查这些外设的状态,就可以判断出是哪一个外设完成了工作。实际上,现在的系统都使用专门的硬件芯片支持中断。一般可以支持一组中断请求标志位。我们常听到的中断号就是这组中断标志中某一位的序号。系统一般会为不同的外设分配不同的中断号。但是,因为芯片能支持的中断标志位不是很多,所以中断号也是系统中的"紧俏资源"。对应于每个中断号,系统都保存了一份处理程序。一旦 CPU 发现某个中断标志位被设置了,就会执行相应的处理程序。为了在需要时能够找到中断处理程序,这些处理程序的开始地址都被放在系统中特定位置的一个表格中。表格里的中断处理程序地址在以前的系统中也被称为中断向量。这个表格也被称为中断向量表。在现代操作系统中,记录类似信息的表格通常被称为中断描述符表。

当发现有中断事件发生时,CPU 就要处理这个中断,即进入中断响应过程。为此,CPU 首先必须放下手头的任务。但是处理完中断以后,CPU 还要回来继续完成现在的任务。为了以后能够从中断的地方继续执行,操作系统必须保存要执行指令的地址以及当前的环境。这与进程切换时做的保存上下文工作类似。所谓环境主要指与 CPU 执行有关的一些寄存器(如状态寄存器和程序计数器)的值。为此,中断响应过程的第一项工作就是保护被中断进程的现场。做好这个工作后,接下来就要分析中断产生的原因,然后根据原因转入相应的中断处理程序。只要将中断处理程序的开始地址送入程序计数器,并根据要求设置状态寄存器,便转入了中断处理程序。中断处理程序执行完毕,操作系统会再恢复被中断进程的现场,继续执行原来被中断的进程。

如果进程不希望被中断打断,那么它可以告诉 CPU 不要理会中断。这样 CPU 就不再检查中断标志位了。怎样告诉呢?支持中断的操作系统通常在 CPU 的状态寄存器中提供另一个标志位,称为中断禁止标志位。如果这一标志位被置位,那么 CPU 就不会检查中断标志位了。通常中断处理程序的执行不希望被其他的中断信号打断,因而在中断处理程序的开始都会设置中断禁止标志位。

　　中断是指 CPU 在执行过程中,由于某些事件的出现,中止当前进程的运行,转而处理出现的事件,待处理完毕后返回原来被中断处继续执行当前进程或调度其他进程执行的过程。
　　引起中断的事件称为中断源。
　　外设向 CPU 发出请求中断处理信号称为中断请求。
　　当 CPU 发现有中断请求信号时,中止当前程序的执行,并自动进入相应的中断处理程序的过程称为中断响应。

　　如果外设通过中断方式与主机进行信息传递,那么外设的驱动程序就要被分成两部分。一部分用来进行外设操作的初始化;另一部分则是中断处理程序,负责处理操作完成后的事情。

　　这里以"读"函数的实现说明采用中断方式通信的驱动程序的大致实现流程。当一个应用进程要从外设读取信息时,系统把这个请求传达给外设的驱动程序的第一部分。这部分的工作过程一般如下:

　　(1) 查询外设接口的状态寄存器,确定外设是否空闲。

　　(2) 如果外设忙,则等待,直到它变为空闲为止。

　　(3) 把输入命令放入接口的命令寄存器中,从而启动外设。

　　(4) 睡眠。

　　这时驱动程序的第一部分就完成任务了,请求读外设的进程就进入阻塞状态,因而操作系统会调度其他进程执行。当外设完成操作,即已经把用户要求的数据准备好以后,会发出一个中断信号。CPU 发现这个中断后暂停当前进程的执行,运行中断处理程序。中断处理程序确定是由哪个外设引起的中断后执行该外设对应的设备处理程序。这个设备处理程序可以看作驱动程序的第二部分。它接下来做的工作包括如下内容:

　　(1) 把外设接口的数据寄存器中的内容复制到用户进程空间。

　　(2) 唤醒睡眠的进程。

　　这时原来因为执行驱动程序处于等待状态的进程就被唤醒,转入就绪状态,因而被放入就绪队列中排队。当它再次被调度程序选中执行时,就可以获得要读取的数据,继续向后执行了。

　　每个中断都对应一个中断处理程序。
　　中断处理程序的开始地址被存放在系统中特定的地方。
　　当中断发生时,操作系统根据发生的中断号调用相应的中断处理程序。
　　采用中断方式通信的驱动程序被分割成两部分:一部分负责外设操作的初始化;另一部分是中断处理程序,负责在外设完成操作后将结果和控制权返还给执行外设操作的用户进程。

4.4.5　缓冲技术

　　缓冲技术是设备管理子系统用来提高进程"感受到的"外设访问速度的一个手段。因为外设的速度相对于 CPU 来说慢几个数量级,如果不采取措施,CPU 启动一个 I/O 操作引起的等待时间相当于执行成千上万条非 I/O 操作的时间,从而造成 CPU 能力的浪费。为此,一些操作系统专门在内存中留出一些空间作为缓冲区。在进程并不需要 I/O 操作时,设备管理子系统还是让外设工作,因为进程还没有请求数据,所以操作系统先把这些数据放到输入缓冲区中。这样可以使得外设与 CPU 操作交叠执行。当进程需要数据时,可以立即获得数据。同样,当进程向外设输出数据时,操作系统先将信息保存在主存中的输出缓冲区中,然后在进程继续执行的同时将信息写入外设。也就是说,外设本身并没有变快,通过设置缓冲区,对于向外设写数据的情形,进程不用等待外设完成操作就可以继续下面的计算;对于从外设读数据的情形,外设将数据提前写进缓冲区,从而使进程感到它能从外设读得很快,其实是从缓冲区中读的。

下面来看一个具体的例子。假定字符设备控制器用一字节容量的数据寄存器保存提供给驱动程序的字符。当应用程序开始一个读操作时,驱动程序把读命令传送给命令寄存器。设备控制器根据命令指示外设输入一字节到数据寄存器中。需要这一字节的调用进程等待外设输入操作结束后从数据寄存器中取走字符。这个过程看起来顺理成章,但是外设输入字符到数据寄存器的速度比起计算机的速度慢很多。如果增加一字节的数据寄存器作为硬件缓冲区,让设备控制器在进程要求取字符之前就把字符放入数据寄存器,就可以减少进程等待字符的时间了。设备控制器在进程读取字符前先把一个要读取的字符放到数据寄存器中。当进程提取已经提前读入数据寄存器中的字符时,外设填充另一个寄存器。这样,如果外设读取下一个字符的时间刚好与进程处理上一个字符到请求下一个字符的时间间隔相等,那么就可以交叠进行了。这就是缓冲区的作用。如果进程的处理速度和外设的操作速度相差太多,那么还可以通过增加缓冲区的办法缓解这个问题。这种技术也同样适用于面向块的外设,如磁盘。这种情况下,磁盘控制器中的每一个缓冲区必须大到足够存储整个块的数据,而不是一字节。其实在 2.3 节已经介绍过缓冲区了。

同样,在驱动程序中也可以增加一级缓冲区存放应用程序还没有要求的数据。这样,一旦应用程序要求这些数据,驱动程序就可以用最快的速度把它们提交给应用程序。

但不是所有情况下增加更多的缓冲区都能提高性能。有时使用缓冲区是能够解决问题的,但是有些情况下则不然。这取决于应用程序和外设的特性。例如,如果应用程序的代码很紧凑,驱动程序总是能够预测到它将要使用的数据,并把它们事先准备好,那么缓冲区的效果就很好;反之,则驱动程序每次准备的数据都不对,那么缓冲区的作用就一点儿都没起到,反而增加了很多无用功。

缓冲区可以在一定程度上缓解 CPU 与外设速度不匹配的问题,节省 CPU 的时间。

4.5　Shell 编程

Linux 操作系统的主要终端用户界面是 Shell。Shell 提供了联机命令和 Shell 脚本两种不同的计算机交互方式。本节介绍怎样通过编写 Shell 脚本对计算机中的任务进行管理。从这些实例可以体会到 Shell 脚本的独特功能,并理解使用 Shell 脚本的原因。Shell 脚本编写是系统管理员必须掌握的一门技能。本节以 Linux 上流行的 Bash Shell 为例介绍

Shell 脚本的编写。Bash Shell 是免费软件，是 GNU 操作系统上默认的 Shell，因此经常被称为 Linux Shell。

4.5.1　Shell 的启动

在用户成功登录 Linux 后，Shell 将被启动并始终作为用户与操作系统内核交互的手段，直至用户退出系统。因为有很多种不同的 Shell 可供选择，所以系统上的每个用户都可以设定一个自己喜欢的 Shell 作为默认 Shell。每个用户的默认 Shell 在系统的/etc/passwd 文件里指定。passwd 文件中包含每个用户的 id 号、用户名以及用户登录后立即执行的程序等信息。大多数情况下这个立即执行的程序都是 Shell。例如：

```
root:x:0:1:super user:/:/bin/bash
```

是/etc/passwd 文件中的一行。这一行指明 root 用户登录成功后，系统执行/bin/bash 程序，即 Bash Shell。这个 Shell 也被称为登录 Shell。

如果 passwd 文件中指明启动的不是 bash，用户又不想改变 passwd 的设置，那么可以在当前 Shell 的命令行中输入 Bash Shell 名就可以了。例如，假定用户登录后启动的是 Bourne Shell，那么只要在命令行中输入 bash，Bash Shell 就会被启动起来。

Bash Shell 启动后会查找系统文件/etc/profile 并执行其中的命令。/etc/profile 是一个系统级初始化文件，由系统管理员设置，里面是每个用户登录时需要执行的任务，如查找用户新邮件等。执行完/etc/profile 后，Bash Shell 接着会在用户的主目录（系统为每个用户创建一个主目录）下查找名为.bash_profile 的初始化文件，并执行其中的命令。如果用户没有.bash_profile 文件，那么 Bash Shell 将查找是否有.bash_login 初始化文件。如果有，则执行该文件；如果没有，就继续查找是否有.profile 文件。执行完这些初始化文件之后，命令提示符 $ 就会出现在屏幕上。/etc/profile 文件为系统的每个用户设置环境信息。当用户第一次登录时，该文件被执行。.bash_profile 里面有每个用户自己专用的 Shell 设置信息。默认情况下，.bash_profile 设置一些环境变量，通常还会执行用户目录下的.bash_rc 文件，该文件里面是一些在 X-Window 中启动 Bash Shell 时进行的一些初始化设置。但是，这些初始化设置在用户登录后启动 Shell 时也要进行，因此，通常.bash_profile 中就不再填写这些内容，而是直接调用.bash_rc。用户可以根据需要更改这些初始化文件。不过，通常这些文件在目录下都是隐藏保存的。

　Shell 有两种启动方式：一是用户登录后，由操作系统根据配置文件直接启动；二是用户在命令行中输入 Shell 的名字启动。
　Bash Shell 启动后，会依次执行/etc/profile、.bash_profile、.bash_rc 等初始化文件。

4.5.2　Shell 命令

Bash Shell 有很多命令。这些命令从功能上大致可以划分为以下几类：目录操作与管理、文件操作与管理、系统管理与维护、用户管理与维护、系统状态、进程管理、通信命令及其他命令。

Bash Shell 命令从实现方式上可以分为内置命令和外部命令两种。内置命令是 Shell 内部源码的一部分。外部命令是与 Shell 身份等同的、经过编译的二进制程序，它们被存储在磁盘上。Shell 执行内置命令的开销很小。对于外部命令的执行，因为要从磁盘上把命令对应的程序读取出来，因而速度远不及内置命令。可以用 type 命令查看命令是内置的还是外部的。例如，在命令提示符后输入

```
type echo
```

会显示

```
echo is a shell builtin
```

表示 echo 是一个内置命令。如果输入

```
type useradd
```

会显示

```
useradd is /usr/sbin/useradd
```

表示该命令实际上是/usr/sbin/目录下的 useradd 程序。

Shell 命令的一般格式为

```
命令名 选项 参数
```

命令名和命令参数之间用一个或几个空格分开。选项也称开关，用来扩展命令的特性或者功能，一般以连字符开始。用户根据需要可以使用两个以上的选项。一行可以写多条命令，命令之间用分号隔开。

在用户输入命令之后，Bash Shell 首先检查命令是否是内置命令。如果不是，则检查是否是一个应用程序。这里的应用程序可以是 Linux 本身的实用程序，如 ls 和 rm，也可以是用户购买的商业程序或公用软件，如 gostview。然后 Bash Shell 试着在搜索路径中寻找这些应用程序。搜索路径即第 1 章中提到的 PATH 变量的内容，是一个能找到可执行程序的目录列表。如果输入的不是一个内置命令、并且在路径里没有找到这个可执行文件，那么 Bash Shell 将会显示一条错误信息。如果命令被找到，则 Bash Shell 内置命令或应用程序将被分解为系统调用传给 Linux 内核。

Bash Shell 在执行应用程序时将创建一个新进程。子进程和父进程拥有一样的环境，唯一的区别只有进程号。因为内置命令包含在 Bash Shell 自身中，所以 Bash Shell 执行内置命令不需要创建新的进程。

Bash Shell 支持命令和文件名补全机制。在 Bash Shell 命令提示符后输入命令的一部分，然后按 Tab 键就可以把命令补全。例如，假定当前的工作目录包含一个名为 woshiyigechangmulu 的子目录。当要进入这个子目录时，一般要输入以下命令：

```
cd woshiyigechangmulu
```

实际上,可以不用输入这么长的文件名或目录名,只要输入前面的一个或者几个字母即可。例如:

```
cd w
```

然后按 Tab 键。如果当前目录下只有这一个以 w 开头的子目录,那么 Bash Shell 就会把子目录名补全。如果当前目录下存在多个以 w 开头的文件或子目录,那么 Bash Shell 不会补全命令,而是给出一个喇叭声提示。这时,如果再按一次 Tab 键,所有以 w 开头的文件和子目录都会被列出来。然后,可以继续在 w 后面添加字母并按 Tab 键,一直到 Bash Shell 能够确定用户要输入的名字,它就会补全这个名字。不只是文件或目录名,命令名也可以使用上述补全规则。

在 Bash Shell 中,有一些字符具有特殊意义,它们表示字符本身之外的内容。这些字符称为元字符,也称通配符,如表 4-1 所示。

表 4-1　Bash Shell 常用元字符

元　字　符	含　　义
*	代表任意字符串,包括空字符串
?	代表任意单个字符
[… , -, !]	按照某种形式代表指定的字符,"..."给出列表,"-"给出范围,"!"表示不匹配
.	当前目录
..	上一级目录
\	转义符,消除紧跟在后面的单个字符的特殊含义
' '	消除单引号中的所有特殊字符的含义
" "	消除双引号中大部分特殊字符的含义,但不消除 $ 、'、"、\这 4 个字符的特殊含义
&.	在后台运行
		管道符,|前面的命令的标准输出作为其后面的命令的输入
<和>	重定向操作符,分别表示输入和输出的转向,即输入和输出不再来自标准设备(键盘或者显示器),而是将跟在<后面的文件的内容作为输入,输出到跟在>后面的文件中
(命令)	在子 Shell 中执行命令

例如:

[a-d,x,y]　　　代表字符 a、b、c、d、x、y。

z*　　　　　　代表以字符 z 开始的任何字符串,如 zhangli。

x?y　　　　　代表以 x 开始、以 y 结束、中间为任意单个字符的字符串,如 xay、xdy。

[!Z]　　　　　代表不是 Z 的单个字符,如 a 或者 L 等。

如果在 Bash Shell 命令提示符后输入命令

```
ls [a-d]*.*
```

则 Bash Shell 会列出所有以字符 a、b、c、或 d 开头且带有以句点隔开的后缀的文件名,如 all.jpg、b.cfg 等。

下面是一些常见命令的用法和功能。

- echo "some text":将文字内容 some text 打印在屏幕上。
- ls:显示文件列表。
- cp sourcefile destfile:将文件 sourcefile 复制为 destfile。
- mv oldname newname:重命名文件或移动文件,即将文件 oldname 改为 newname。
- rm file:删除文件 file。
- cat file.txt:把文件 file.txt 的内容输出到标准输出设备(屏幕)上。
- file somefile:得到文件类型。
- sort file.txt:对 file.txt 文件中的行进行排序。
- uniq:删除排好序的文件中重复出现的行,如 sort file.txt | uniq。
- expr:进行数学运算,如 expr 2＋3。
- find:搜索文件,如根据文件名搜索的命令为 find . -name filename -print。
- dirname file:返回文件所在路径,如 dirname /bin/tux 返回 /bin。
- head file:打印文件 file 的开头几行。
- tail file:打印文件 file 的末尾几行。

可以根据需要在 Linux 的帮助中查找适合的命令。命令的功能和具体语法可以通过帮助命令 man 和 info 查看。例如,输入 man ls 或者 info ls 就可以查看 ls 命令的用途和用法。

4.5.3 编写 Shell 脚本

1. 一个简单的示例

在 Linux 中,Shell 脚本(以下简称脚本)的使用非常广泛,在很多目录下都可以看到脚本。现在就来看看怎样写脚本。图 4-29 是一个简单的脚本,它的功能是在屏幕上输出"hello world"。

首先要用编辑器建立这个脚本文件。假设用 vi 编辑器(它是 Linux 中常见的编辑器程序)将这段内容输入一个名为 hello 的文件中。现在就有了一个脚本文件,可以在 Bash Shell 中执行它。不过,这个文件必须具有可执行的属性才行。所以,在执行之前,用命令 chmod 使其具有可执行属性,具体的命令为

```
#!/bin/sh
#对变量赋值:
a="hello world"
# 现在打印变量 a 的内容:
echo "A is:"
echo $a
```

图 4-29 脚本的内容

```
chmod +x hello
```

然后,就可以在 Bash Shell 的命令提示符后输入

```
./hello
```

执行这个脚本文件。图 4-30 显示了刚刚描述的过程。

```
[zl@zhanglivmware book]$ vi hello
[zl@zhanglivmware book]$ chmod +x hello
[zl@zhanglivmware book]$ ./hello
A is :
hello world
[zl@zhanglivmware book]$
```

图 4-30　脚本的编写和执行过程

可以使用任意一种文字编辑器(如 gedit、kedit、emacs、vi 等)编写脚本。

现在对这个简单的脚本进行解释。程序的第一行为

```
#!/bin/sh
```

符号"♯!"用来告诉系统该用哪个程序解释脚本中的行。在这个例子中,使用/bin/sh 解释执行这个脚本。♯! 这一行必须是脚本的第一行。

脚本的第二行是

```
#对变量赋值:
```

它是一个注释行。在脚本中以符号♯开头的句子表示注释。注释的内容直到这一行的结束。注释可以让别人很容易看懂自己的程序,也能够让自己在很长时间没有使用这个脚本之后,仍然可以很快想起当初写这个脚本的目的。

接下来的一行是

```
a="hello world"
```

根据上一行的注释,显然这一行的功能是对变量赋值。这里 a 是一个变量,等号表示对变量赋值,赋值的内容是"hello world"。与其他程序设计语言一样,在脚本中同样用变量表示存放信息的单元。每个变量由一个名字标识。不同的是,在脚本中,所有的变量都是字符串类型,因此并不需要对变量的类型进行声明。变量的赋值方式为

```
变量名=值
```

注意等号两边不能有空格。写脚本最麻烦的就是格式,尤其是空格的使用。取变量值时,需要在变量前加一个 $ 符号:

```
$变量名
```

脚本接下来的 3 行是

```
#现在打印变量 a 的内容:
echo "A is:"
echo $a
```

同样,♯后面为注释。从这一行可以知道后面的语句是要显示变量 a 的内容。echo 是一个 Shell 命令,它的功能是显示一行文本。第一个 echo 行输出字符串"A is:"。第二个 echo 行在 a 前面多了一个 $,输出的是变量 a 的值。

2. Shell 变量

现在对脚本中的变量进行介绍。

Shell 变量的名字必须以字母或下画线开头。名字中可以包含字母、数字和下画线,除此之外的任何其他字符都会表示变量名的结束。变量名中的字母是区分大小写的。Shell 变量只能存储字符串,即 Shell 只有一种类型的变量——字符串变量。给变量赋值使用等号。例如:

```
Shuliang=10
```

等号前后不能有任何空白符。要想给变量赋空值,可以在等号后面跟一个换行符。

当引用变量的值时,需要在变量前加上一个 $ 符号。例如:

```
echo $Shuliang
```

显示结果为

```
10
```

未定义变量的隐含值为空。也就是说,如果引用一个前面没有定义和赋值的变量,那么显示的是一个空值。例如,如果没有在脚本的任何地方对变量 kong 进行赋值,那么语句

```
echo "变量 kong 的值是$kong!!!"
```

的显示结果为

```
变量 kong 的值是!!!
```

现在假定要在变量 Xianshi 中存放字符串 Xianzai de renshu shi 10,使用如下赋值和显示语句:

```
Xianshi=Xianzai de renshu shi 10\\n
echo -e $XianshiXianshi
```

赋值语句最后面的\\n 是转义序列,表示换行。echo 命令后面的-e 选项表示支持转义序列。在这里 echo 显示变量 Xianshi 时,会把\\n 显示为换行而不是字符\\n。当运行这个脚本时,会发现脚本运行到给 Xianshi 赋值的这条语句时,Bash Shell 会提示说它不认识命令 de。这是因为 Bash Shell 认为赋值在 Xianzai 后面的空格处结束了,所以 de 是一个命令的开始,可是它并不认识这个命令。为了解决这个问题,可以用单引号将这个字符串括起来:

```
Xianshi='Xianzai de renshu shi 10\\n'
```

这样 Bash Shell 就能够知道要赋给 Xianshi 的字符串是到哪里结束的,而不再用空格做标记了。用单引号括起来的字符串可以出现空格、制表符和换行符等特殊字符。不过,如果把上面的语句修改成

```
Xianshi='Xianzai de renshu shi $Shuliang\\n'
echo -e $Xianshi
```

这时显示的结果是

```
Xianzai de renshu shi $Shuliang
```

而不是

```
Xianzai de renshu shi 10
```

这是因为单引号内不支持变量替换。如果想达到变量替换的目的,必须使用双引号将值串括起来,即

```
Xianshi="Xianzai de renshu shi $Shuliang\\n"
```

用双引号括起来的字符串中可以出现空格、制表符和换行符等特殊字符,而且允许有变量替换。

现在想把显示的内容再变成"Xianzai de renshu shi 10ge",如果写成

```
Xianshi="Xianzai de renshu shi $Shuliangge\\n"
echo -e $Xianshi
```

再来运行这个脚本,发现结果并不是我们预想的,而是

```
Xianzai de renshu shi
```

这是因为 Bash Shell 把 Shuliangge 看作一个变量名。显然,这个变量并没有出现过,所以它的值是空。怎么能让 Bash Shell 把 Shuliang 看作一个变量名,并且不需要在 Shuliang 和 ge 之间加入空格呢?如果紧跟在变量名后面的字符是字母、数字或下画线,可以用花括号将变量名括起来,这样就可以使变量名称与它后面的字符分隔开。即

```
Xianshi="Xianzai de renshu shi ${Shuliang}ge\\n"
echo -e $Xianshi
```

这样就可以得到想要的结果了。

从作用范围来讲,Shell 变量可以分为局部变量和全局变量两种。局部变量是在某一局部环境下使用的变量。其作用范围仅限于定义它的 Shell。全局变量是一种特殊的变量,可以被任何运行的子 Shell 来引用。全局变量通过 export 命令定义,格式如下:

```
export variables
```

其中，variables 是要作为全局变量的变量名列表。一旦变量被定义为全局变量，对于以后的所有子 Shell 来说，它们都是全局变量。没有用 export 命令定义过的变量都是局部变量。

子 Shell 不能存取由父 Shell 设置的局部变量，也不能改变父 Shell 的局部变量值。子 Shell 中可以存取和修改父 Shell 的全局变量，但这种修改对于父 Shell 的全局变量没有任何影响。也就是说，在子 Shell 中无法改变全局变量的值。在子 Shell 中改变全局变量的值，实际上只是对全局变量在子 Shell 中的副本进行更改，不影响全局变量自身的值。子 Shell 中局部变量的使用优先于全局变量。在子 Shell 中用 export 命令定义的全局变量和对此变量的修改对父 Shell 的变量没有影响。全局变量保持它的全局性，不仅能直接传递给它的子 Shell，而且子 Shell 还能将它传递给子 Shell 的子 Shell。在对变量赋值之前和之后的任何时候都可以将变量转换成全局变量。

从存放内容上来看，Shell 变量可以被分成 4 种变量形式，分别是用户自定义变量、位置变量、环境变量以及预定义的特殊变量。

1) 用户自定义变量

用户自己定义的变量存放的内容由用户根据情况指定。用户按照规定指定变量的名字和值。前面例子中出现的变量都属于这种类型。

2) 位置变量

顾名思义，位置变量是与位置有关的变量。什么位置呢？是在命令行中输入脚本文件名执行程序时输入参数的位置。Bash Shell 将整个命令行的第一个字符串定义为位置变量 $0，后面的参数依次为位置变量 $1，$2，…，$9。例如，在 hello 脚本中加入如下语句：

```
echo "$0 $1 $2 $3 $4 $5..."
```

然后在 Shell 的命令提示符后输入

```
./hello ni hao ma?
```

运行这个脚本，则脚本运行的显示为

```
./hello ni hao ma?...
```

即 $0 为 ./hello，$1 为 ni，$2 为 hao，$3 为 ma，$4 为?，而 $5 则为空。

3) 环境变量

Shell 的执行环境由一系列环境变量组成，这些变量由 Shell 维护和管理。不过所有环境变量都可被用户重新设置。环境变量名由大写字母或数字组成。一些常见的环境变量如下：

CDPATH：执行 cd 命令时使用的搜索路径。

HOME：用户的主（home）目录。

IFS：内部的域分隔符，一般为空格符、制表符或换行符。

MAIL：指定特定文件（信箱）的路径，供邮件系统用。

PATH：寻找命令或可执行文件时的搜索路径。

PS1：主命令提示符，默认为 $。

PS2：从命令提示符，默认为＞。

TERM：使用的终端类型。

如果想设置环境变量，必须在给变量赋值之后或者设置变量时使用 export 命令。例如，在脚本中增加如下语句：

```
echo $PATH
export PATH=$PATH:/home/xiaoming:.
echo $PATH
```

则脚本的运行结果为

```
/usr/local/bin:/usr/bin:/bin:/home/zl
/usr/local/bin:/usr/bin:/bin:/home/zl:/home/xiaoming:.
```

其中，"/usr/local/bin:/usr/bin:/bin:/home/zl"为 PATH 变量原来的值，"/usr/local/bin:/usr/bin:/bin:/home/zl:/home/xiaoming:."为用 export 语句执行后 PATH 变量的值。注意，这里最后有一个句点，它不表示字符串的结束，而表示当前目录。把它加入 PATH 变量之后，以后再执行当前目录下的文件时就不用在程序名前再输入"./"表示当前目录了。Shell 会根据 PATH 变量的值查找当前目录，就能找到用户要执行的程序了。

环境变量可以用于创建它们的 Shell 及其创建的子 Shell 或者进程，因此它们经常被称为全局变量。一个 Shell 的环境变量会被传递给其启动的任意子进程。但是，子进程对环境变量的改变不会影响到原来父 Shell 的环境变量。按照惯例，环境变量的名字都是大写字母。

4) 预定义的特殊变量

在 Shell 中有一组特殊变量，其名字和值都是 Shell 预先定义好的。常见的特殊变量如表 4-2 所示。

表 4-2　常见的特殊变量

变量名	含　义
$#	传递给脚本的参数个数
$?	最近一次命令执行后的退出状态(返回码)。执行成功返回码为 0，执行失败返回码为非 0 值
$$	当前 Shell 的进程号
$!	最后一个在后台运行(使用 &)的进程的进程号
$@	代表所有位置变量，即命令行中给出所有实际参数
$*	代表所有位置变量，即命令行中给出所有实际参数

在 hello 脚本中增加如下语句：

```
gftp&
echo "Canshu geshu shi $#."
echo "Zuihou yici mingling de tuichuma wei $?."
```

```
echo "Dangqian jinchenghao wei $$."
echo "Zuihou yige houtai jinchenghao wei $!."
echo $@
echo $*
```

其中，gftp 是一个 Linux 下的 FTP 客户端图形应用程序。在脚本中启动这个程序，并在命令中用 & 符号让其在后台运行。在命令行中输入

```
./hello Ni hao ma ?
```

启动脚本程序，运行的结果为

```
Canshu geshu shi 4.
Zuihou yici mingling de tuichuma wei 0.
Dangqian jinchenghao wei 2528.
Zuihou yige houtai jinchenghao wei 2529.
Ni hao ma ?
Ni hao ma ?
```

同时，FTP 客户端图形应用程序 gftp 也在后台启动了，它的进程号是 2529。$@ 和 $* 的区别是，$@ 把参数解释成几个字符串，而 $* 则把若干参数作为一个字符串。在上例中，$@ 的内容是"Ni""hao""ma""?"4 个字符串，而 $* 是"Ni hao ma ?"一个字符串。

3. 算术运算

因为 Shell 中的变量实际上都是字符串类型，所以有必要对脚本中的算术运算做一些说明。在 Shell 中有 4 种方式可以实现算术运算。

1）使用 expr 命令

具体形式是

expr 数字 1　运算符　数字 2

例如，如果计算 4+5，那么在脚本中可以这样写：

```
r=`expr 4 + 5`
echo $r
```

注意，4、5、+ 这 3 个字符之间要有空格。而且如果要把运算结果赋值给变量，别忘了在命令前后加上反撇号。如果要计算 4*5，那么必须这样写：

```
r=`expr 4 \* 5`
echo $r
```

因为 * 在 Shell 中属于元字符，所以必须加上转义符号\取消它的特殊含义。

2）使用 $(( ))

第二种方式是使用 $(( ))。例如，前面的表达式可以写成以下形式：

```
r=$(( 4 + 5 ))
echo $r
r=$(( 4 * 5 ))
echo $r
```

同样要注意括号和数字之间的空格。

3）使用 $[ ]

第三种方式是使用 $[ ]。例如：

```
#除法
r=$[ 24 / 5 ]
echo $r
#求余数
r=$[ 100 % 5 ]
echo $r
```

4）使用 let 命令

let 命令是 Shell 的内置命令，用来执行整型算术运算和数值表达式测试。具体示例如下：

```
#加法
n=10
let n=n+1
echo $n
#结果为 11
#乘法
let m=n * 10
echo $m
#结果为 110
#除法
let r=m/10
echo $r
#结果为 11
#求余
let r=m%7
echo $r
#结果为 5
#求幂
let r=m**2
echo $r
#结果为 12100
```

这 4 种方法中，以 expr 命令方式的跨平台性最强，所以建议使用这种方式。

4. Shell 的控制结构

每种程序设计语言都提供一些控制结构，让用户可以根据情况控制程序的执行流程。Shell 也不例外。Shell 的控制结构主要有分支控制和循环控制两种。此外，还有一个重要的结构是体现模块化设计思想的函数结构。

1）分支结构

分支结构让程序执行到这里时可以根据当前的状态决定程序接下来的执行流程。Shell 支持 if 和 case 两种分支结构。因为分支结构首先要对程序执行到当前状态的某些条件进行判断，所以首先要介绍 Shell 用来测试条件的 test 命令。

（1）test 命令。

test 命令可用于对字符串、整数及文件进行各类测试。其命令格式如下：

```
test expression
```

或

```
[ expression ]
```

要注意第二种形式中[后面和]前边的空格。这里 expression 是测试的条件。如果测试结果为真，则命令的返回码为 0；否则命令的返回码为非 0 值。

test 命令可以进行字符串比较，这时 expression 是一个字符串测试表达式，其形式和含义如表 4-3 所示。

表 4-3　test 字符串测试表达式

expression	值为真的条件
string1＝string2（等号两边有空格）	string1 与 string2 相同
string1！＝string2（！＝两边有空格）	string1 与 string2 不同
String	string 不为空串
-n string	string 不为空串
-z string	string 为空串

在脚本中加入如下语句：

```
name=Xiaofang
friend=Xiaofang
neighbor=Linlin
[ $name = $friend ]
echo $?
[ $name = $neighbor ]
echo $?
```

则脚本运行的结果为

```
0
1
```

test 命令还可用于整数比较。前面说过，Shell 中的变量只有一种类型，就是字符串类型。因此，Shell 变量中存放的都是字符串，并不存在整数值。当使用整数比较操作符时，

test 命令(而不是 Shell)将存放在变量中的字符串解释成整数值。test 命令支持的整数测试表达式如表 4-4 所示。

表 4-4　test 整数测试表达式

expression	值为真的条件
int1 -eq int2	两者为数值,且 int1 等于 int2
int1 -ne int2	两者为数值,且 int1 不等于 int2
int1 -ge int2	两者为数值,且 int1 大于或等于 int2
int1 -gt int2	两者为数值,且 int1 大于 int2
int1 -le int2	两者为数值,且 int1 小于或等于 int2
int1 -lt int2	两者为数值,且 int1 小于 int2

在脚本中加入如下语句:

```
count1=100
count2=203
average=199
test $count1 -eq $count2
echo $?
[ $count1 -le $average ]
echo $?
```

则脚本运行的结果为

```
1
0
```

test 命令还支持对文件的测试。test 命令支持的文件测试表达式如表 4-5 所示。

表 4-5　test 文件测试表达式

expression	值为真的条件
-r FileName	FileName 存在,且为用户可读
-w FileName	FileName 存在,且为用户可写
-x FileName	FileName 存在,且为用户可执行
-s FileName	FileName 存在,且其长度大于 0
-d FileName	FileName 为一个目录
-f FileName	FileName 为一个普通文件
File1 -nt File2	File1 比 File2 新
File1 -ot File2	File1 比 File2 旧
File1 -ef File2	File1 和 File2 大小相等

在脚本中加入如下语句：

```
[ -r ./hello ]
echo $?
[ ./hello -nt ./result.txt ]
echo $?
[ ./hello -ot ./result.txt ]
echo $?
```

其中，result.txt 与 hello 脚本文件在同一个目录下，其修改时间早于 hello。则脚本运行的结果为

```
0
0
1
```

test 命令的这些表达式还可以通过逻辑运算符组合起来。逻辑运算符如表 4-6 所示。

表 4-6　逻辑运算符

运算符	含　　义
!	逻辑非运算符，是单目运算符，放在其他 test 表达式之前，取表达式运算结果的非值
-a	逻辑与运算符，执行两个表达式的逻辑与运算。仅当两者都为真时才返回真值
-o	逻辑或运算符，执行两个表达式的逻辑或运算。只要两者之一为真就返回真值

逻辑运算符优先级由高到低的排列顺序为逻辑非!、逻辑与-a、逻辑或-o。逻辑运算符优先级比前面提到的表达式中的字符串操作符、数字比较操作符以及文件操作符的优先级低。

在前面的脚本中增加如下语句：

```
[ $name = $friend -o $count1 -eq $count2 -a -r ./hello ]
echo $?
```

则脚本这两行运行的结果显示为

```
0
```

用逻辑运算符连接表达式时一定要注意这些运算符的优先级。

（2）if 结构。

if 结构是常见的分支结构。它的语意很清楚，如果（if）特定条件满足了，那么程序就做这些事情，否则就做另外一些事情。最简单的 if 结构格式如下：

```
if 命令 1
then
    命令 2
    命令 3
    ...
fi
```

与其他程序设计语言不同的是,Shell 的 if 结构中 if 后面不是条件表达式,而是一个或者一组命令,即上面的命令 1。命令 1 的执行结果如果为真(0),那么程序就执行 then 后面的命令 2、命令 3……直到遇到 fi;如果命令 1 的执行结果值为假(非 0),即命令 1 因为某种原因失败,那么 then 后面的语句就将被跳过。例如,在脚本中加入如下语句:

```
echo "Do you like this course? (y/n)"
read answer
if [ "$answer" = y -o "$answer" = Y ]
then
    echo "Glad to hear it."
fi
```

运行脚本,屏幕上就会出现

```
Do you like this course? (y/n)
```

如果输入 y 或者 Y,那么屏幕上就会显示出

```
Glad to hear it.
```

如果输入其他字母,那么程序不会有任何显示。

除了最简单的结构外,if 结构还有其他几种形式,其中包括 if 的完整结构,格式如下:

```
if 命令 1
then
    命令 21
    命令 22
    …
else
    命令 31
    命令 32
    …
fi
```

对于这种 if 结构,如果命令 1 执行成功,则程序进入 then 后面的区域,执行命令 21、命令 22 等;如果命令 1 执行失败,那么程序执行 else 后面的命令 31、命令 32 等。

除了完整结构外,if 结构还可以嵌套在一起,形成连用结构。具体格式如下:

```
if 命令 1
then
    命令
    …
elif 命令 2
then
    命令
    …
…
elif 命令 n
```

```
then
    命令
    ...
else
    命令
    ...
fi
```

如果 if 后面的命令 1 执行失败,则测试 elif 后面的命令是否返回 0。如果这条语句成功了,那么执行其下一行的 then 后面的语句;否则就检查下一条 elif 语句。如果所有的 elif 都不成功,则执行 else 后面的命令。else 后面的命令也称为默认操作。现在写一个如下内容的脚本程序:

```
#!/bin/bash
echo "How old are you?"
read age
if [ $age -lt 0 -o $age -gt 120 ]
then
    echo "Welcome to our planet!"
    exit 1
fi
if [ $age -ge 0 -a $age -le 12 ]
then
    echo "A child is a garden of verses"
elif [ $age -gt 12 -a $age -le 19 ]
then
    echo "Reble without a cause"
elif [ $age -gt 19 -a $age -le 29 ]
then
    echo "You got hte world by the tail!"
elif [ $age -gt 29 -a $age -le 39 ]
then
    echo "Thirty something..."
else
    echo "Sorry I asked"
fi
```

在计算机上运行该脚本,看看结果和你想的是否一致。

(3) case 结构。

case 结构可以代替前面的 if-elif-else 结构。在分支情况很多时,case 结构看起来更清晰。case 结构的格式如下:

```
case variable in
value_1)
    命令
    ...
    ;;
value_2)
```

```
        命令
        …
        ;;
…
value_n)
        命令
        …
        ;;
* )
        命令
        …
        ;;
esac
```

程序执行到 case 语句时,将把变量 variable 的值与 value_1,value_2,…,value_n 逐个比较。如果找到相同的值,那么程序就执行该值后面的命令,直到遇到双分号,然后跳到 esac 之后继续向下执行;如果没有找到相同的值,就执行 * 后面的命令。

下面编写一个如下内容的脚本程序:

```
#!/bin/bash
ftype=`file "$1"`
echo $ftype
case "$ftype" in
"$1: Zip archive" * )
    unzip "$1";;
"$1: gzip compressed" * )
    gunzip "$1";;
"$1: bzip2 compressed" * )
    bunzip2 "$1";;
* )
    echo "File $1 can not be uncompressed with smartzip";;
esac
```

在 Linux 下有很多应用程序,如 zip、bzip2、gzip 等,都可以对文件进行压缩。这些程序压缩文件的方式不同,因此,压缩文件必须用相应的程序解压缩。这个脚本的作用就是通过判断压缩文件的类型选择合适的解压缩程序。脚本中的 file 命令可以判断出文件的类型。file 命令前后的反撇号表示用命令的执行结果替换字符串。因此,变量 ftype 的值是 file "$1"的执行结果。把这个脚本文件命名为 smartzip,然后在 Shell 的命令提示符下输入如下命令执行该脚本:

```
./smartzip /usr/share/xmms/Skins/Bluecurve-xmms.zip
```

屏幕上显示的内容为

```
/usr/share/xmms/Skins/Bluecurve- xmms. zip: Zip archive data, at least v2.0
to extract
Archive:  /usr/share/xmms/Skins/Bluecurve-xmms.zip
```

```
inflating: Bluecurve/balance.bmp
inflating: Bluecurve/cbuttons.bmp
inflating: Bluecurve/eq_ex.bmp
inflating: Bluecurve/eqmain.bmp
...
```

这是 zip 程序解压缩文件/usr/share/xmms/Skins/Bluecurve-xmms.zip 过程中的显示。

2）循环结构

循环结构是程序设计语言中另一类重要的控制结构。Shell 主要提供了 3 种循环结构，分别是 for、while 以及 until 结构。

（1）for 结构。

for 循环结构用于把某些命令重复执行指定的次数。for 循环结构的格式如下：

```
for variable in arg_1 arg_2 … arg_n
do
    命令
    …
done
```

for 命令后面跟一个用户自定义的变量，然后是关键词 in 以及一个词的列表。第一次循环时，将列表中的第一个词赋给变量并从词表中删除。然后程序进入循环体，执行 do 和 done 之间的命令。下一次循环将第二个词赋给变量并从词表中删除，以此类推，直到列表的最后一个词。下面看一个例子：

```
#!/bin/bash
for name in $*
do
    echo Hi $name
done
```

假定这个脚本文件的名字称为 forloop。在 Shell 的命令提示符后输入

```
./forloop Xiaofang Lili Tom Tiantian
```

运行结果为

```
Hi Xiaofang
Hi Lili
Hi Tom
Hi Tiantian
```

for 结构只能执行指定次数的循环，如果事先不能确定循环的次数，而是要根据实际的情况决定，那么就要使用 while 或者 until 循环结构。

（2）while 结构。

while 结构用于在某种条件满足时循环执行某些命令的情况。它的格式如下：

```
while 命令
do
    命令
    ...
done
```

当 while 后面的命令执行成功(即返回值是 0)时,程序进入 do 和 done 之间的区域,执行其中的命令。程序执行到关键字 done 后,就回到 while 再次检查其后命令的返回值。这样反复,直到命令的返回值非 0 时为止。编写一个如下内容的脚本:

```
#!/bin/bash
echo "Who creats Linux?"
read answer
while [ "$answer" != "Linus" ]
do
    echo "wrong, try again"
    read answer
done
```

(3) until 结构。

until 结构与 while 结构类似,不同的是它只在 until 后面的命令失败(即命令返回值非 0)时才执行 do 和 done 之间的命令。脚本执行遇到关键字 done 后,重新回头测试 until 后面命令的返回值,如此反复,直到该命令返回值为 0 时结束循环,继续执行 done 后面的命令。until 结构的格式如下:

```
until 命令
do
    命令
    ...
done
```

until 结构不给出示例。可以自己试着写一个,或者把 while 结构的示例更改一下。

(4) 循环体中的其他命令。

在循环体中,有时候需要改变既定的循环流程。为此,Shell 提供了 break 和 continue 两个命令。

break 是 Shell 的内置命令,用于在循环体中根据命令运行的返回条件直接终止循环内命令的执行。当执行 break 命令时,控制流从循环体中转移到 done 之后的第一条命令上。

continue 是 Shell 的内置命令,用于在循环体中根据命令运行的返回条件直接进入下一次循环命令的执行。当执行 continue 命令时,控制流直接转到本循环体中的第一条命令上。

3) 函数

在 Shell 中也支持函数这种形式,以便使复杂问题的解决方案看起来清晰一些。如果在脚本中几个地方使用了相同的代码,使用函数会方便很多。函数的格式如下:

```
function functionName() {
    命令;
    …
}
```

函数名后面的圆括号可以省略。函数体开始和结束的花括号两边必须有空格。函数在当前 Shell 中执行,即 Shell 并不为函数派生子进程。函数必须先定义后使用。例如,编写如下内容的脚本文件 checker:

```
#!/bin/bash
function usage { echo "error: $ * "; exit 1; }
if [ $# != 2 ]
then
    usage "$0: requires two arguments"
fi
if [ ! \( -r $1 -a -w $1 \)]
then
    usage "$1: not readable and writable"
fi
echo The arguments are: $ *
```

在 Shell 的命令提示符后输入如下命令:

```
./checker ./t3 ./hello
```

t3 是当前目录中一个没有读写权限的文件,则显示的运行结果为

```
error: ./t3: not readable and writable
```

5. Shell 脚本的适用环境

除了 Shell 之外,还有很多种程序设计语言,如 C、Java 等。那么什么时候使用 Shell 脚本呢? 从前面的语法和命令中可以看出,Shell 可以使大量的任务自动化,特别擅长系统管理任务。因为 Shell 脚本是由 Shell 解释执行的,执行速度较慢,所以 Shell 适合那些易用性、可维护性和便携性比效率更重要的任务。具体来说,可以分为以下几种情况:

- 当一个问题的解决方法包含了许多 Linux 系统的标准命令操作时,可使用 Shell 程序设计语言。
- 如果一个问题能用在 Linux 系统中已建立的基本操作表示,则使用 Shell 程序设计语言能构成更强的功能。
- 如果处理问题的基本数据是文本行或文件,则 Shell 脚本可以描述一个很好的解决方法;如果基本数据是数字或字符,那么使用 Shell 脚本可能不是一个好办法。

总之,在 Linux 系统中,虽然有各种各样的图形化接口工具,但 Shell 仍然是一个非常灵活的工具。Shell 不仅是命令的集合,而且是一门非常好的程序设计语言。关键是如何充分发挥它的作用。

复习题

1. 什么是进程？进程与程序有什么联系和区别？

2. 请画出进程的基本状态转换图。

3. 常见的进程调度策略有哪些？分别有什么优点和缺点？怎样改进？

4. 为什么进程切换会产生系统开销？

5. 操作系统用什么方法实现进程对资源的互斥访问？

6. 操作系统用什么方法实现进程间的同步？

7. 操作系统为进程间的通信提供了哪些手段？它们各有何优缺点？适合什么样的场合？

8. 线程是什么？它与进程有什么区别和联系？为什么要使用线程？

9. 什么是固定分区法？它有什么优点？缺点是什么？

10. 什么是动态分区法？它有什么优点？存在什么问题？

11. 简述页式内存管理。

12. 页表的作用是什么？页表放在什么地方？一个系统中有多少页表？

13. 在分页机制下，逻辑地址是怎样转变为物理地址的？

14. 什么是虚拟内存技术？

15. 什么叫缺页异常？为什么要减少缺页异常发生的次数？

16. 实现虚拟内存技术，装入页的时机有哪两个？各自的优缺点是什么？怎样充分发挥这两种方式的长处？

17. 为什么要使用高速缓存存放页表项？什么叫关联存储器？

18. 常见的页淘汰算法有哪些？最常用的算法是什么？

19. 什么是文件？什么是文件系统？

20. 常见的文件物理组织结构有哪些？它们适合什么样的应用？

21. 为什么访问文件要提供文件的路径？

22. 请简述类 UNIX 操作系统在外存上定位文件的过程。

23. "当前目录"的作用是什么？

24. 操作系统通常使用什么手段保护文件？

25. 简述虚拟文件系统怎样支持异构文件系统。

26. 在 Linux 中，一个文件系统在使用前为什么必须先注册？注册过程的主要任务是什么？

27. 在 Linux 中，一个文件系统在使用前为什么必须先安装？在安装过程中，系统都做了哪些工作？

28. 设备管理子系统采用什么方式屏蔽设备的多样性？

29. 举例说明什么叫虚拟设备技术。

30. 采用中断方式同外设通信的驱动程序的工作流程框架是什么样的？

31. 为什么要使用缓冲？

32. Shell 有几种启动方式？

33. Bash Shell 启动时,要读取哪些文件? 打开你的计算机上的这些文件,看看其中的内容是什么。

34. 什么是内置命令? 如何知道一个命令是内置命令还是可执行程序?

35. 怎样改变你的登录 Shell?

36. Shell 的局部变量和全局变量有什么区别?

37. test 命令表达式中各种运算符的优先级次序是怎样的?

38. 以下 Shell 脚本中,date 命令将执行多少次?

```
for i in a b; do date; done
```

  (A) 0   (B) 1   (C) 2

39. 以下 Shell 脚本中什么条件才会回显 hello?

```
if [ -d newitem ]; then echo hello; fi
```

  (A) 如果 newitem 是一个目录

  (B) 总是回显

  (C) 从不,因为 newitem 是非空字串

40. 当在 Shell 脚本中使用 while 循环时,continue 语句的作用是什么?

  (A) 暂停一秒,然后继续执行

  (B) 结束本次循环, 跳至 while 重新判断条件

  (C) 跳至 done 语句后继续执行

41. 哪些情况适合使用 Shell 脚本?

练习题

1. 查看你的计算机 CMOS 中的启动顺序,并将第一启动顺序更改为 CD-ROM。

2. 进入 BIOS 设置,为你的计算机增加启动口令。

3. 练习使用 5.4.2 节中的 Shell 命令。如果有问题,用 man 查看命令帮助。

4. 写一个命令列出所有名字中只包含两个字母的文件。

5. 写一个脚本,它能够将 1～100 的奇数输出到一个文件中,每个数一行。

6. 写一个脚本,它能够将当前目录下以数字开头的文件打包。

7. 写一个脚本,它能够将当前目录下名为 test.txt 的文件中的内容除最后 10 行外全部清空。

8. 写一个脚本,它能够检查另一个特定进程是否在运行,如果该进程没有运行,则启动该进程。

9. 写一个脚本,它能够实现简单计算器的功能。它提供以下菜单:

```
[a] Add
[s] Subtract
[m] Multiply
[d] Divide
[r] Remainder
```

具体功能如下：读取用户从菜单中选择的字母；提示用户输入 0～100 的两个整数；如果数字超出范围，输出错误信息并退出，否则按要求对两个数字进行运算；显示结果。

讨论

1. 查阅相关资料，了解什么是位图，总结使用位图管理空闲页框与使用空闲链表相比有何优势和不足。

2. Windows 支持线程级的 CPU 分配，Linux 只支持进程，二者有何区别？这两种不同的任务管理方式对于系统性能有何影响？查阅相关资料，解释实际情况是怎样的。

第 5 章　应用软件开发平台

有了操作系统这个软件运行协同用户操作平台,人们就可以使用计算机了。终端用户可以在上面运行应用程序,例如用文字处理软件编写文档、用播放器软件看电影、用电子表格软件管理自己的信息等。程序员可以利用其提供的系统调用接口编写应用程序,获得操作系统平台提供的服务。但是,对于程序员来说,仅有操作系统提供的系统调用接口是不行的,他们需要有一个能够编辑程序代码的软件组织源程序,需要有编译软件将用高级语言编写的程序转换成机器指令,以便其能被计算机执行,还需要有帮助他们发现和纠正程序中的逻辑错误的调试工具。除了编辑器、编译器、调试器这些基本工具之外,现代应用程序开发常常是基于某种共性软件设施进行的。那些软件设施为复杂应用系统的开发和运行提供了极大的便利,它们的表现形式一般为某种 API(Application Program Interface,应用程序接口),即从应用程序中可以直接调用的函数库,Java 中的各种框架就可以看成这样的设施。这些实际上是支持代码重用的软件设施,加上各种工具就形成了应用软件开发平台。这个平台就好像是布满各种原材料和零配件的生产车间或装配场地,加上钳子、锤子等各种必需的工具就能形成一套完备的系统。

应用软件开发平台本身也是软件,其作用就是帮助应用软件设计人员更有效地开发出应用软件,它本身并没有直接的最终应用目的。有些开发平台是通用的,例如 CORBA;而有些是与特定领域相关的,例如 SAP,它能够有效地支持企业管理类软件的开发。本章介绍程序员开发应用软件时所用的应用软件开发平台。特别值得指出的是,随着开发平台的发展,人们将相关工具和可重用的代码统一组织起来,形成了集成开发环境,程序员在其中工作能够更自如地进行软件开发,大大提高了工作效率。

本章首先从程序设计语言说起,因为这是程序开发的基础,也是应用软件开发平台的功能得以体现的对象;然后简要介绍开发工具和集成开发环境中的一些基本概念,旨在让读者对应用软件开发平台形成一个总体轮廓。至于各种开发工具和集成开发环境的具体使用,则不属于本书的内容。

5.1　高级程序设计语言

现在人们多采用高级程序设计语言编写应用软件。不过,计算机世界中有几千种不同的高级语言。这些高级语言在语义、语法以及功能上都有着很大不同,因而它们也都有着各自不同的编译器。与之对应的就是程序员看到的不同的应用软件开发平台。因此,本章对应用软件开发平台的介绍首先从高级语言入手。

计算机世界中的高级语言非常多,这些语言产生的时间、背景不同,设计的目标也不同。程序员会根据所做项目的情况,有时还会根据自己的开发背景选择程序设计语言。经典的程序设计语言有 FORTRAN、Pascal、BASIC、C、COBOL、Ada、C++、Java、Delphi、Python等。在这些语言中,早期较重要的有 FORTRAN、Pascal、BASIC 以及 C 语言。而现在最常用的是 Python、Java、C++ 以及 C。FORTRAN 是最早产生的高级程序设计语言,它是为工程计算而设计的,因而它非常适合处理公式以及进行各种数值计算。BASIC 是一种非常容易学的语言,它现在仍然在被使用,只不过用的是它的高级后代 Visual Basic。而 Pascal 是一门系统地体现结构化程序设计思想的高级语言。因此,它曾经作为各个大学计算机系必修课程的教学语言。后来的 Delphi 就是由 Pascal 语言发展而来的。C 语言是为了编写 UNIX 而设计的一种语言。因为是用来写操作系统的语言,所以它具有低级语言的一些特征,能够像汇编语言一样对硬件进行操作。但同时它也具有高级语言的特性,具有结构语句,也比较接近人的语言。因为这些特点,C 语言现在仍然是比较常用的一种程序设计语言。现在的操作系统(如 UNIX、Linux)就是用 C 语言编写的。现在 C 语言更多地被用在嵌入式程序设计等与底层硬件比较接近的应用软件的开发中。

C 语言属于结构化程序设计语言。人们把程序的任务分解为一个一个功能,分别加以实现,称之为函数,程序的主流程就是调用这些功能函数完成任务。这种程序设计模式也被称为面向过程的程序设计,因为程序的主体是一个求解任务的过程。但是,随着程序设计规模的扩大以及软件业的发展,人们的思想发生了变化。人们发现,如果把设计应用软件的事情看作在创造一个个对象或者说物体,那么就可以更好地模拟现实世界。程序设计就是设计一个个具有属性和行为的对象。应用软件因此不再是函数的集合体或者解题过程的描述,而是变成了对象的集合体。程序员在程序中定义对象以及对象的属性和行为,然后通过对象之间相互作用产生需要的结果。在这种思想指导下,产生了两个非常流行的程序设计语言——C++ 和 Java。

从名字上看就知道 C++ 和 C 是有关系的,而且好像应该是 C 语言的超级加强版,因为它有两个加号。事实也是这样的。C++ 保留了 C 语言的语法和语句。C 语言的程序在 C++ 环境中可以继续运行,这是因为在设计 C++ 时 C 语言已经非常流行,有不计其数的程序是用 C 语言开发的。C++ 比 C 语言要丰富很多,它增加了面向对象的一系列支持,如类、模板、名字空间、异常等概念,以及运算符重载、引用,还有在任何地方声明变量的能力等。因此,C++ 的功能更强大。

Java 是目前主流的开发语言之一,它也是一个面向对象的程序设计语言。不过,另一个追求目标使它与 C++ 有很大的不同。这个目标就是跨平台。我们知道,有很多种不同的操作系统平台,不同的操作系统提供的终端用户接口、程序员级接口以及底层的运行机制都是不一样的。因而在不同操作系统上运行的应用软件也是不同的,它们必须适应自己底层的平台环境。这些编译后的应用软件,甚至在源程序中,都带有与操作系统相关的元素,如对特定系统接口的调用。所以,通常在一个操作系统上设计开发的应用软件是不能在另一个操作系统上运行的。例如,Linux 操作系统的应用软件就不能在 Windows 操作系统平台中运行,反之亦然。而 Java 的跨平台目标就是要让应用软件可以在任意操作平台上运行。

Java 并没有采用像 C++ 那样的传统程序设计思路,即把高级语言源程序编译成可执行的机器指令代码文件,然后再执行。因为这样编译的结果是针对编译器所在的具体操作系统平台的,可执行文件也就被限制在特定的平台上了。为了实现跨平台的目标,Java 语言的源程序写完之后,会被转换成一种 Java 定义的中间状态的字节码形式。同时,Java 语言的设计人员还设计了一个在操作系统之上的称为 Java 虚拟机(Java Virtual Machine,JVM)的平台层。Java 虚拟机实际上也是一个程序,它运行在操作系统平台之上,其作用就是把

Java 字节码翻译成程序当时所在运行平台的机器指令形式并执行。因此，Java 程序必须在 Java 虚拟机上才能运行。也就是说，Java 字节码到不同运行平台的映射是由 Java 虚拟机完成的。Java 虚拟机屏蔽了不同运行平台的差异，让 Java 程序有一个统一的运行平台。可以看出，运行 Java 程序时，每条指令都是经过 Java 虚拟机的转换之后再执行的，这被称为解释执行。而 C++ 等语言编写的应用程序被编译后生成的可执行文件的代码都是机器指令，所以执行程序时，CPU 可以直接逐条完成指令。因此，Java 程序的执行要比其他编译后执行的程序慢，这是 Java 为跨平台付出的代价。

最后要特别说一下最近超级流行的一个"古老的"语言——Python。Python 是由 Guido Van Rossum 于 20 世纪年代末在荷兰国家数学和计算机科学研究所设计的。Python 是一种动态的、面向对象的脚本语言，是一门解释性高级编程语言。它最初被设计用于编写自动化脚本，就是 Shell 脚本。但随着版本的更新和语言新功能的添加，它被越来越多地用于独立项目和大型项目的开发。Python 源代码遵循 GPL 协议，由一个核心开发团队维护。Python 的优点是非常容易上手，关键字少，语法结构简单，但同时却有非常广泛的标准类库支持。尤其是随着人工智能研究的兴起，Python 对大多数模型都提供了非常好的支持。因此，最近几年 Python 已经上升为第一位的程序设计语言。

Python 也是跨平台的，这一点和 Java 一样。因此 Python 在 Linux、UNIX、Windows、嵌入式系统中都有很好的应用。Python 也可以嵌入 C\C++ 程序中作为脚本使用。

目前常用的高级程序设计语言有 Python、Java、C++ 、C 等。
C 语言是面向结构的程序设计语言。
C++ 和 Java 都是面向对象的程序设计语言。
Java 有跨平台的特性。
Python 对大多数人工智能模型都提供了非常好的支持。

5.2　开发工具和集成开发环境

5.2.1　单独的开发工具

由于编写程序的需要，在程序设计的历史进程中，逐渐形成了各种供程序员使用的工具。这些工具中最主要的有 3 类，即用来编辑源程序的编辑软件、把高级语言编译成机器语言的编译软件以及调试程序的调试软件。这些工具构成了应用软件开发平台的基本元素。

不过，刚开始时应用软件开发平台中的这些软件工具都是独立的，它们之间并没有必然的联系。程序员需要自己决定使用哪个工具完成某个阶段的工作。某个阶段候选的工具也不只有一个。例如，编辑程序时，程序员可以选择 emacs，也可以选择 vi。实际上，有很多编辑软件都可以用来编辑程序。在这些编辑器中，有些是专门为编写程序而设计的。它们会对程序设计有特殊的支持，如用特殊的颜色显示程序设计语言中的特殊保留字。但有些编辑软件就是普通的编辑器，它们的目标就是帮助用户写一般的文档，就像 Windows 中的记事本软件一样。但是，只要程序员愿意，他们同样可以用这些编辑器输入程序。采用单独的开发工具，在程序员编辑完源程序后，他们需要把代码以某种扩展名的文件形式保存起来。

特殊的扩展名用来表明该源程序是用什么语言写的,例如.c 表示是 C 语言的源程序,这样做通常是后面要用到的编译程序的要求。接下来,程序员需要用其所在平台上的编译软件编译源程序。每种语言在支持的平台上都会有对应的编译器。例如,在 Linux 平台上,C 语言的编译器称为 gcc。程序编译成功后,并不意味着程序的运行结果是正确的。因为程序中可能存在逻辑性错误。为此,当程序并没有产生预期的结果时,程序员需要调试程序以确定到底哪里有问题。这时程序员会选择调试工具帮助他们解决问题。例如,如果在 Linux 系统上,程序员通常会选择一个称为 gdb 的调试器调试程序。尽管程序员在开发应用软件的过程中,每个阶段都有相应的工具可以使用,但是这些工具并没有被关联在一起。程序员必须知道他要用什么工具做下一步的工作。这就好像生产车间里放着很多可用的工具,但是,操作员必须自己决定接下来用什么来做事。使用单独的开发工具,程序员有很大的自由度,如果他们不喜欢某个调试器,那么完全可以换一个更好的。

因为单独的开发工具基本上都是早期出现的,所以多是基于文本命令界面的。这里要说的是,尽管这些工具出现得很早,但是,它们的功能一点儿也不差,而且这些工具仍处于不断发展进步之中,所以现在仍然有很多程序员喜欢使用这些工具。下面通过几个典型的工具体验一下这些单独的开发工具的特点以及在文本界面下开发应用软件的过程。

首先是编辑器,这里以 vi 为例。在 Linux 的 Shell 提示符后输入 vi,就进入了 vi 编辑器,如图 5-1 所示。vi 就是 visual,意思是马上就可以看到编辑的结果,这是相对于以前一些不能够马上见到编辑结果的编辑器来说的,当然现在绝大多数编辑器都支持所见即所得了。不过,在 vi 出现时这个特性还是比较先进的。

vi 支持用不同的颜色表示程序中不同的内容,例如关键字 include 和其他语句的颜色就不同。函数 printf( )的参数是一个用双引号括起来的字符串"hello, world",这个字符串也用另一个颜色显示。这样程序员就可以看出双引号中间的字符串是什么,可以防止程序员忘记了写后

```
#include <stdio.h>

greeting()
{
        printf("Hello, world");
}

main()
{
        greeting();
}
```

图 5-1　vi 编辑器

面的双引号,造成程序的编译错误或者运行中的逻辑错误。vi 不支持鼠标,也没有命令菜单。它的命令和需要编辑的内容全是通过键盘输入的。为了区分键盘输入的内容是编辑命令还是被编辑的内容,vi 设置了命令和编辑两个模式。按 Esc 键即进入命令模式。在命令模式下,键盘的输入被解释成命令。例如,输入

```
:q
```

表示退出 vi,输入

```
:w
```

表示存盘。而按字母键 a 表示在当前光标后输入内容,输入这个命令后,vi 即进入编辑模式,如图 5-2 所示。这时屏幕下方的"－－插入－－"也提示了这时可以往文本中添加内容。例如,从键盘输入":q",这两个字符就会出现在编辑内容中,如图 5-2 所示。这时按 Enter 键,光标会移到下一行。接下来如果按 Esc 键再输入":q",就会看到这两个字符出现在屏

幕的下方,如图 5-3 所示,表明现在处于命令模式,输入了退出命令。如果接下来按 Enter
键,那么 vi 就会结束并退出。

```
#include <stdio.h>

greeting()
{
        printf("Hello, world");
}

main()
{
        greeting();
}
:q
~
~
~
~
~
~
-- 插入 --
```

图 5-2 vi 的编辑模式

```
#include <stdio.h>

greeting()
{
        printf("Hello, world");
}

main()
{
        greeting();
}
:q
~
~
~
~
~
:q
```

图 5-3 vi 的命令模式

　　vi 设置了很多命令。例如,在命令模式下,按 x 键会删除光标处的字符,输入 dd 会删除
光标所在的行,输入 s 会删除光标处的字符并进入输入模式,输入 S 会删除光标所在的行并
进入输入模式。在命令模式下,按 y 键(yank,复制)就可以复制光标所在行;移动光标,然后
再按 p 键(put,放置),就可以把这一行粘贴到光标所在位置。按斜杠(/)键,就可以在后面
输入要查找的内容。例如,在图 5-4 中,在/后输入 printf 然后按 Enter 键,就可以看到如
图 5-5 所示的查找结果。vi 还有很多命令,这里不一一介绍,可以在网上找到很多它的详细
用法介绍,使用时可以查看。

```
#include <stdio.h>

greeting()
{
        printf("Hello, world");
}

main()
{
        greeting();
        printf("Hello, world");
}
~
~
~
~
~
~
/printf
```

图 5-4 vi 的查找命令

```
#include <stdio.h>

greeting()
{
        printf("Hello, world");
}

main()
{
        greeting();

        printf("Hello, world");
}
~
~
~
~
已查找到文件结尾;再从开头继续查找
```

图 5-5 vi 的查找结果

　　vi 的不支持鼠标、通过键盘输入命令这两个特性让初次接触它的用户感觉很不方便。
在某种程度上可以说 vi 的界面并不友好。这是因为它是特定条件下的产物,受制于当时的
条件。不过,时至今日,vi 仍然没有退出舞台,那是因为键盘输入命令实际上也有它的优
势,那就是程序员的手不用在鼠标和键盘之间切换。对于熟悉命令的人来说,这样确实很省
力、方便,速度非常快。因而,现在仍然有很多程序员喜欢 vi,仍在使用它。

　　源程序编辑完毕之后,要想让它能在计算机上运行,必须转换成机器指令。在 Linux 的
命令行界面上,最常用的编译器是 gcc。gcc 是 GNU Compiler Collection 的简称。假定前

面的文件被保存为 hello.c,如果要编译前面编辑的文件,那么可以输入以下命令:

```
gcc hello.c -o hello
```

命令中的-o 是 gcc 的选项,选项后的参数 hello 表示生成的可执行文件的名字为 hello,否则 gcc 会产生默认的文件 a.out。图 5-6 显示出一个错误提示,指出文件 hello.c 的 12 行有错误。这是因为前面在文件的末尾输入了“:q”。去掉这一行,重新编译,即成功地生成可执行文件 hello。运行 hello,屏幕上显示出“Hello,world”,如图 5-7 所示。这正是该程序的正确输出。

```
[root@zhanglivmware platform]# gcc hello.c -o hello
hello.c:12: parse error before ':' token
[root@zhanglivmware platform]#
```

图 5-6　gcc 编译文件 hello.c

```
[root@zhanglivmware platform]# gcc hello.c -o hello
hello.c:12: parse error before ':' token
[root@zhanglivmware platform]# vi hello.c
[root@zhanglivmware platform]# gcc hello.c -o hello
[root@zhanglivmware platform]# ./hello
Hello, world
[root@zhanglivmware platform]#
```

图 5-7　成功编译文件 hello.c 并运行

除了-o 之外,gcc 还有很多选项供程序员使用。在 Shell 的命令提示符后输入

```
gcc -help
```

可以看到这些选项,如图 5-8 所示。程序员可以按照自己的需要选择这些选项,让 gcc 完成不同的工作。例如,在前面的编译过程中,gcc 实际上按顺序完成了预处理、编译、汇编、连接等几个工作。可以用选项把前面 gcc 一次完成的 4 个步骤分开来做。首先进行预处理。预处理过程主要处理源文件中的♯ifdef、♯include 和♯define 等命令。预处理使用的选项

```
[root@zhanglivmware platform]# gcc --help
Usage: gcc [options] file...
Options:
  -pass-exit-codes         Exit with highest error code from a phase
  --help                   Display this information
  --target-help            Display target specific command line options
  (Use '-v --help' to display command line options of sub-processes)
  -dumpspecs               Display all of the built in spec strings
  -dumpversion             Display the version of the compiler
  -dumpmachine             Display the compiler's target processor
  -print-search-dirs       Display the directories in the compiler's search path
  -print-libgcc-file-name  Display the name of the compiler's companion library
  -print-file-name=<lib>   Display the full path to library <lib>
  -print-prog-name=<prog>  Display the full path to compiler component <prog>
  -print-multi-directory   Display the root directory for versions of libgcc
  -print-multi-lib         Display the mapping between command line options and
                           multiple library search directories
  -print-multi-os-directory Display the relative path to OS libraries
  -Wa,<options>            Pass comma-separated <options> on to the assembler
  -Wp,<options>            Pass comma-separated <options> on to the preprocessor
  -Wl,<options>            Pass comma-separated <options> on to the linker
  -Xlinker <arg>           Pass <arg> on to the linker
  -save-temps              Do not delete intermediate files
  -pipe                    Use pipes rather than intermediate files
  -time                    Time the execution of each subprocess
  -specs=<file>            Override built-in specs with the contents of <file>
  -std=<standard>          Assume that the input sources are for <standard>
  -B<directory>            Add <directory> to the compiler's search paths
  -b <machine>             Run gcc for target <machine>, if installed
  -V <version>             Run gcc version number <version>, if installed
  -v                       Display the programs invoked by the compiler
  -###                     Like -v but options quoted and commands not executed
  -E                       Preprocess only; do not compile, assemble or link
  -S                       Compile only; do not assemble or link
  -c                       Compile and assemble, but do not link
  -o <file>                Place the output into <file>
  -x <language>            Specify the language of the following input files
```

图 5-8　gcc 的选项

是-E,表示只进行预处理,不做编译、汇编和连接。预处理过程输入的文件是 C 语言源文件。预处理过程会产生一个中间结果,用-o 选项指定存放预处理结果的文件名为 hello.i。这样预处理 hello.c 的具体命令即为

```
gcc -E hello.c -o hello.i
```

接下来对预处理的结果进行编译。编译过程的输入就是预处理产生的中间文件 hello.i。编译后生成汇编语言文件,所以文件的扩展名应该是.s。这时用 gcc 的选项-S,意思是只做编译,不做汇编和连接,命令如下:

```
gcc -S hello.i -o hello.s
```

下面对编译后的文件进行汇编,将其转换成机器指令文件。在 Linux 下机器语言文件的扩展名为.o。使用如下命令:

```
gcc -c hello.s -o hello.o
```

这时生成的文件就是机器指令文件了,但是它仍然不能够执行,因为其中有一些对库函数的调用需要进行连接。最后,用下面的命令将机器指令文件 hello.o 与其他机器指令文件或库文件连接成一个可执行的二进制代码文件:

```
gcc hello.o -o hello
```

上述整个过程如图 5-9 所示。

如果程序中存在问题,那么程序执行的结果就可能不像程序员期望的那样。这时程序员需要把问题找出来,调试工具会帮助程序员完成这件事。例如,如果在前面的 hello.c 文件中增加一段代码,希望能够输出 1~5 这几个数字的和,如图 5-10 所示。但是编译后程序的执行并没有输出预想的结果,如图 5-11 所示。

图 5-9　用 gcc 进行预处理、编译、汇编和连接

图 5-10　更改后的 hello.c

图 5-11　hello.c 编译后运行的结果

　　检查程序好像也没有问题。这时,程序员就可以让调试器帮忙了。在 Linux 命令行界面中常用的调试器是 gdb。要想使用 gdb,必须在编译源程序时使用-g 选项,这样编译过程中就会为调试产生必需的辅助信息。用-g 选项重新编译程序之后,就可以运行 gdb 对生成的可执行文件进行调试了,如图 5-12 所示。在图 5-12 中,运行 gdb 之后,在 gdb 的提示符(gdb)后输入 gdb 的调试命令 break,即

```
break 12
```

break 命令的作用是在程序中设置断点。上面这条命令的意思就是在 hello 程序的第 12 行设置断点。第 12 行就是 for 循环语句的那行。

　　接下来,用 gdb 命令 run 执行 hello 程序,如图 5-13 所示。程序将执行到第 12 行的断点处。这时输入 gdb 命令 next,让程序向下执行这条语句,即 for 语句,如图 5-14 所示。再用 gdb 命令 print 查看变量 i 的值,从图 5-14 中可以看到变量 i 的值是 1,这是一个正确的值。

```
[root@zhanglivmware platform]# gcc hello.c -o hello
[root@zhanglivmware platform]# ./hello
Hello, world
The sum of 1 to 5 is 1073828719.
[root@zhanglivmware platform]# gcc -g hello.c -o hello
[root@zhanglivmware platform]# gdb hello
GNU gdb Red Hat Linux (5.3post-0.20021129.18rh)
Copyright 2003 Free Software Foundation, Inc.
GDB is free software, covered by the GNU General Public License, and you are
welcome to change it and/or distribute copies of it under certain conditions.
Type "show copying" to see the conditions.
There is absolutely no warranty for GDB.  Type "show warranty" for details.
This GDB was configured as "i386-redhat-linux-gnu"...
(gdb) break 12
Breakpoint 1 at 0x8048355: file hello.c, line 12.
(gdb)
```

图 5-12　运行 gdb 调试 hello

```
[root@zhanglivmware platform]# gcc hello.c -o hello
[root@zhanglivmware platform]# ./hello
Hello, world
The sum of 1 to 5 is 1073828719.
[root@zhanglivmware platform]# gcc -g hello.c -o hello
[root@zhanglivmware platform]# gdb hello
GNU gdb Red Hat Linux (5.3post-0.20021129.18rh)
Copyright 2003 Free Software Foundation, Inc.
GDB is free software, covered by the GNU General Public License, and you are
welcome to change it and/or distribute copies of it under certain conditions.
Type "show copying" to see the conditions.
There is absolutely no warranty for GDB.  Type "show warranty" for details.
This GDB was configured as "i386-redhat-linux-gnu"...
(gdb) break 12
Breakpoint 1 at 0x8048355: file hello.c, line 12.
(gdb) run
Starting program: /root/platform/hello
Hello, world

Breakpoint 1, main () at hello.c:12
12              for(i=1;i<=5;i++){
(gdb)
```

图 5-13　执行 gdb 命令 run

　　接着再输出变量 sum 的值,如图 5-15 所示。可以看到,变量 sum 的值是一个很大的数,即 1 073 828 704。现在可以初步判断是变量 sum 的初值出了问题。

　　输入调试命令 next,让程序继续执行下一条指令,即 sum＝sum＋i。然后再输出变量 i 和 sum 的值,发现 i 变为 2,sum 的值被加了 1,如图 5-16 所示。这说明程序到这里的逻辑

```
(gdb) break 12
Breakpoint 1 at 0x8048355: file hello.c, line 12.
(gdb) run
Starting program: /root/platform/hello
Hello, world

Breakpoint 1, main () at hello.c:12
12              for(i=1;i<=5;i++){
(gdb) next
13                      sum = sum +i;
(gdb) print i
$1 = 1
(gdb)
```

图 5-14　执行 gdb 命令 next 和 print

```
(gdb) break 12
Breakpoint 1 at 0x8048355: file hello.c, line 12.
(gdb) run
Starting program: /root/platform/hello
Hello, world

Breakpoint 1, main () at hello.c:12
12              for(i=1;i<=5;i++){
(gdb) next
13                      sum = sum +i;
(gdb) print i
$1 = 1
(gdb) print sum
$2 = 1073828704
(gdb)
```

图 5-15　查看变量 sum 的值

是正确的。用 gdb 命令 quit 结束调试过程。重新用 vi 打开 hello.c 源程序,发现变量 sum
没有赋初值就使用了。因此,在 for 循环之前增加给 sum 赋初值 0 的语句,如图 5-17 所示。
然后再编译、执行,发现程序的执行结果就是正确的了,如图 5-18 所示。其实,这个例子如
果不用 gdb 帮忙,程序员也可能会找出问题,这里只是为了说明 gdb 的功能。对于复杂的
程序,程序员没有 gdb 的帮助就会很难或者花费很多时间才能找到问题的所在。

```
12              for(i=1;i<=5;i++){
(gdb) next
13                      sum = sum +i;
(gdb) print i
$1 = 1
(gdb) print sum
$2 = 1073828704
(gdb) next
12              for(i=1;i<=5;i++){
(gdb) print i
$3 = 1
(gdb) next
13                      sum = sum +i;
(gdb) print i
$4 = 2
(gdb) print sum
$5 = 1073828705
(gdb)
```

图 5-16　执行下一条指令

```
int sum,i;
greeting();

sum=0;
for(i=1;i<=5;i++){
        sum = sum +i;
}
printf("The sum of 1 to 5 is %d.\n",sum);
```

图 5-17　修改 hello.c 源程序

```
(gdb) next
13                      sum = sum +i;
(gdb) print i
$4 = 2
(gdb) print sum
$5 = 1073828705
(gdb) q
The program is running.  Exit anyway? (y or n) y
[root@zhanglivmware platform]# vi hello.c
[root@zhanglivmware platform]# gcc -g hello.c -o hello
[root@zhanglivmware platform]# ./hello
Hello, world
The sum of 1 to 5 is 15.
[root@zhanglivmware platform]#
```

图 5-18　重新编译、执行 hello 程序

　　单独的开发工具赋予了程序员很大的灵活性,他们可以按照自己的喜好选择工具完成应用软件的开发。不过,这些单独的开发工具一般都是在文本命令行界面下的。因此,一般经验比较丰富、接触计算机较早的程序员采用这些工具的比较多,因为他们开始接触计算机时,计算机以文本命令行界面为主,因而他们比较习惯这种界面。而对于新生代的程序员来说,他们更喜欢图形界面的操作平台。让他们自己选择工具,一些人会不知所措。

重·点·提·示

　　编辑、编译、调试工具是应用软件开发平台的基本元素。
　　单独的开发工具可以让程序员更自由地选择自己喜欢的工具。
　　单独的开发工具多是基于操作系统的文本命令界面的。
　　Linux 上最常见的编辑、编译、调试工具分别是 vi、gcc 和 gdb。

5.2.2　集成开发环境

　　为了克服单独的开发工具的缺点,不再让程序员自己寻找和组合开发工具,人们把软件开发过程中必需的工具整合在一起,形成了集成开发环境。这样,程序员只要启动一个集成环境软件就可以在其中完成全部的程序开发步骤了。这就好像把生产车间里面零乱的工具组装成一个机床。在程序设计的历史中出现了很多集成开发环境。这是因为有很多种不同的程序设计语言,而一般针对某一种语言,在每个操作系统平台上都会有一个或者几个集成开发环境。例如,在 Windows 操作系统上,C++ 的集成开发环境有 Visual C++、Turbo C/C++、C++ Builder、Visual Studio Code、Visual Studio、Qt Creator、CodeBlocks、Dev C++ 等,Java 的集成开发环境有 JDK、Eclipse、JBuilder、WebSphere Studio、NetBeans、JDeveloper、IntelliJ IDEA、Java Workshop、Sun Java Studio 等。其中一些开发平台可以支持多种语言,如 Eclipse、Qt Creator 等。

　　这些集成开发环境的一些早期版本也是在文本命令行界面的操作平台上出现的,如 Turbo C。后来随着图形界面的普及,这些集成开发环境就多是图形界面的了。这些集成开发环境在界面和用法上有一些不同,但是主要界面框架和基本功能是一致的。它们都支持编辑、编译、调试、运行等基本功能,这些功能的用法也基本类似。这就好像各种汽车的样子和功能会有一些不同,但是,基本的组成都是车体和车轮,主要功能都是能在路上行驶。车的驾驶方式也不相同,不过,总的来说,都是通过控制方向盘、离合、刹车等装置实现驾驶。集成开发环境与此非常类似。因此,只要熟悉了一种集成开发环境,就很容易快速掌握另一种。

　　图 5-19 是集成开发环境 Qt Creator 的界面。Qt Creator 是一个跨平台的集成开发环境,可在 Windows、Linux 和 macOS 桌面操作系统上运行。在 Qt Creator 高级代码编辑器上可以用 C++、QML、JavaScript、Python 和其他语言编写代码。

　　图 5-19 反映出目前多数集成开发环境的面貌。界面中间的窗口是程序的编辑窗口,程序员可以在其中输入代码。左侧的窗口会显示出当前项目(或解决方案)涉及的各种文件。除此之外,左侧窗口中通常还有一些标签窗口,用于显示项目中包含的类以及类的属性等内容。界面下方是输出窗口,这里可以输出程序编译和连接的结果、程序调试的中间结果等。界面上方是菜单栏和工具栏。菜单栏和工具栏反映了开发环境的主要功能,例如从菜单栏

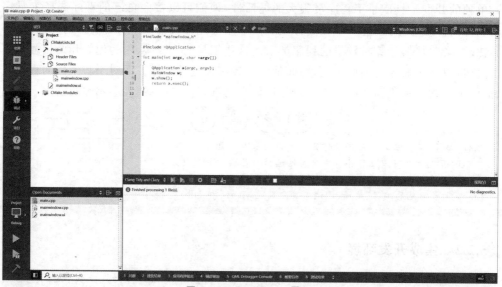

图 5-19　Qt Creator 界面

上可以看到"编辑""调试""工具"等主要菜单项。

在调试工具栏中可以看到开始调试、中断、继续、单步跳过、单步进入等按钮。Qt Creator 支持可视化界面设计,如图 5-20 所示,程序员可以直接摆放一些要在屏幕上显示的元素(在 Qt Creator 中这些元素被称为控件)。在进行可视化界面设计时,界面的右侧通常会有一些属性栏或者工具箱等,供程序员创建控件类以及设置或查看一些控件类的属性时使用。目前的集成开发环境大都支持可视化界面设计。不同集成开发环境在细节上有所不同,但是总体上与 Qt Creator 大同小异。

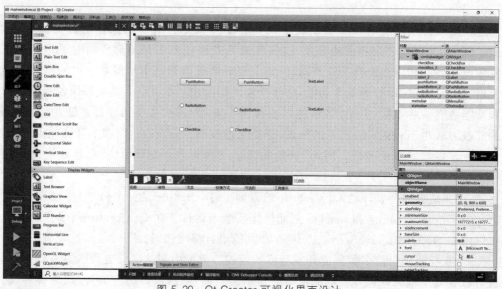

图 5-20　Qt Creator 可视化界面设计

集成开发环境给程序员带来了极大的便利。这是一个复杂而且功能强大的"机床"。程序员可以在上面完成所有开发应用软件所需的任务。例如,由于现在的应用软件通常都不再由一个文件构成,所以集成开发环境会帮助程序员把这些文件组织在一起,通常称为一个项目。程序员在开发应用软件时可以先创建一个项目,然后向其中添加相关的文件。图 5-21 是 Qt Creator 的新建项目窗口。而且,集成开发环境还为常见的项目类型设计了模板。在图 5-21 中可以看到,Qt Creator 默认提供了 Application 项目、Library 项目、子目录项目等项目模板,程序员可以根据自己的需要选择合适的模板,这样集成开发环境就会自动生成该类型项目所必需的一些文件和程序框架。然后程序员可以在这些项目文件中添加自己的代码,或者向项目中添加新的文件。这些文件会以项目为单位管理,它们将作为一个整体被存储到特定的地方。程序员可以对整个项目相关的文件进行编译和连接。

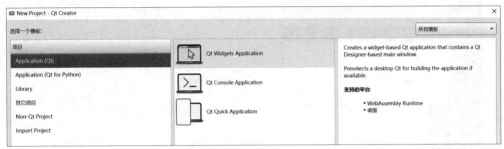

图 5-21　Qt Creator 的新建项目窗口

在集成开发环境中编辑工作也变得更加轻松。程序员可以在图 5-19 中左侧的窗体中双击需要编辑的源程序文件,这时屏幕中间的编辑窗口中就会显示该文件的内容,程序员就可以在其中进行编辑。图 5-19 的编辑窗口中显示的是 main.cpp 的文件内容,程序中不同属性的文本以不同的颜色标识,如关键字 int、return 等都用绿色表示,而类名则用紫色表示。从图 5-19 还可以看到,mainwindow.ui 文件是用户创建窗口应用工程项目之后 Qt Creator 自动为项目生成的。Qt Creator 会自动为项目生成一个窗体,并生成窗体对应的可编辑的可视化界面设计文件 mainwindow.ui 以及窗口界面对应的头文件 mainwindow.h。mainwindow.h 中自动包含了必需的程序结构,主要是实现 MainWindow 类的定义。集成开发环境中除了可以使用常用的快捷方式进行文本的剪切、复制和粘贴之外,还提供了另外一些很方便的编辑功能。例如,图 5-22 是 Qt Creator "编辑"菜单的选项,从中可以看到 Qt Creator 提供的编辑功能,包括粘贴、查找/替换、转到行、大小写选择以及增减字号等。其中,查找功能可以在全部项目的文件中查找需要的内容,转到行功能可以帮助程序员直接跳转到某行。又如,在图 5-23 中,当在源程序中输入 Appl 之后,Qt Creator 会给出一个提示框,里面显示出 QApplication 这个类的属性和方法,即可以放在 Appl 之后的内容。程序员可以在其中选择所需内容,这样就不必把这些内容记得很确切了。如果在编辑窗口中把鼠标指针移动到某个字符单元上并右击,就会看到一个快捷菜单。例如,图 5-24 就是在函数 main()上右击后弹出的快捷菜单。从这些功能可以体会到集成开发环境为程序员提供的便利。

在集成开发环境下,调试程序也变得非常简单。例如,从图 5-25 中可以看到 Qt Creator "调试"菜单的选项,通过这些选项程序员可以在程序中进行设置断点、单步跳过、单步进入、执行到行等调试操作。程序员直接用鼠标在编辑窗口左侧相应的语句行旁边单击,就可以设置断点,如图 5-26 所示。这时选择"开始调试"命令,Qt Creator 就会让程序运行到断点

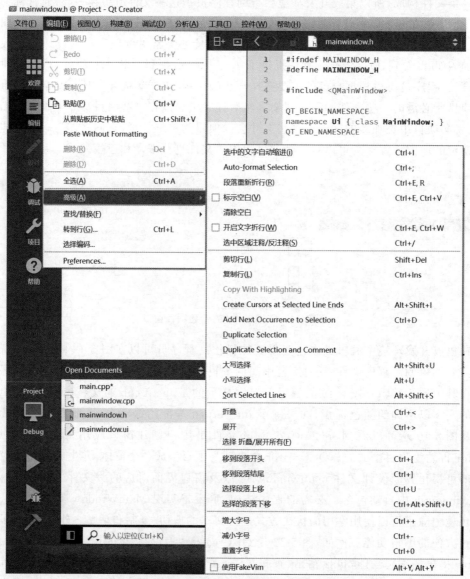

图 5-22 Qt Creator "编辑" 菜单的选项

处。工具栏上要显示哪些按钮,同其他应用软件一样,由用户通过"视图"菜单中的"视图"命令选定。

　　集成开发环境的功能非常多。Qt Creator 除了提供基本的编辑、编译、调试功能外,还有非常多的辅助功能。例如,选择 Import Project 模板,可以导入由版本控制软件管控的项目工程或者保存在本地磁盘上的工程,如图 5-27 所示。Qt Creator 的功能还有很多,这里不再一一介绍。

　　随着功能的不断增强,集成开发环境有时复杂得需要程序员专门花一些时间学习怎样使用它,这就像一个功能强大的机床需要操作员经过特定的培训一样。

　　其实,集成开发环境提供的很多功能,程序员都可以找到单独的工具实现,例如,用 make、gcc 实现编译,用 tag 工具可以使 vi 能够定位到函数的定义,等等。不过,那样需要程

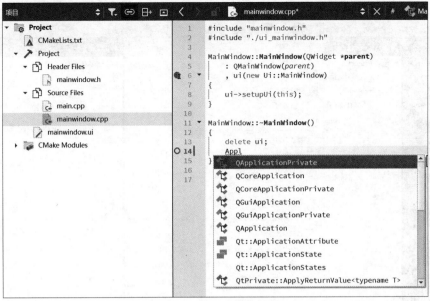

图 5-23 Qt Creator 的编辑提示框

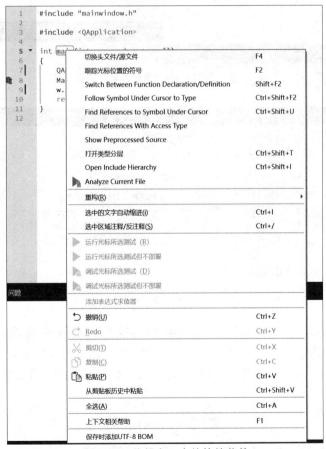

图 5-24 编辑窗口中的快捷菜单

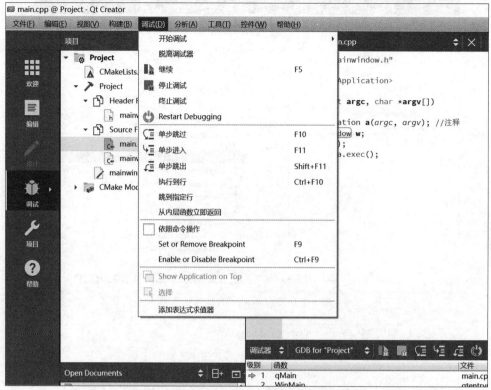

图 5-25　Qt Creator "调试"菜单的选项

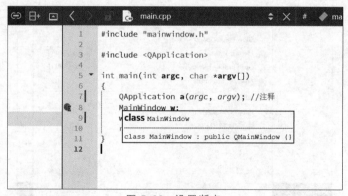

图 5-26　设置断点

序员对工具非常了解,而且这些工具多数用键盘控制,不像鼠标操作那么直观。

从前面介绍的内容可以体会到,集成开发环境,尤其是可视化集成开发环境,为程序员开发应用软件提供了非常大的便利。因此,现在大多数程序员都工作在各种集成开发环境平台上。

人们把开发应用软件所需的工具集成在一起,形成了应用软件集成开发环境。
集成开发环境为应用软件的开发提供了很大的便利,使程序员的开发过程更轻松、快捷。

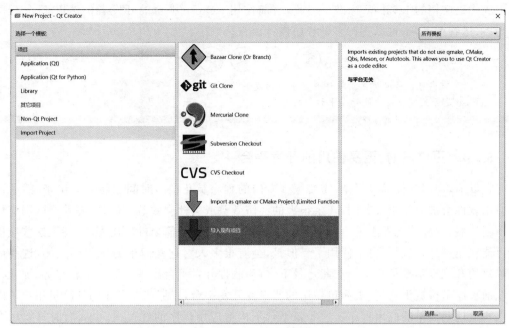

图 5-27　导入现有项目

5.2.3　可构建的集成开发环境

前面介绍的集成开发环境把用户需要的工具都集合在一个软件环境中提供给用户,一些集成开发环境甚至支持多种语言和多种工具供用户选择,但用户并不能选择集成开发环境之外的其他工具。如果一个开发平台可以让用户添加自己喜欢的工具,甚至能让用户设计实现自己的工具,那么这样的开发平台会具有更强的可扩展性和适应性。实际上,现在的开发平台也正在朝着这个方向发展。这种可构建的开发平台的一个典型代表就是 Eclipse。下面就通过 Eclipse 了解这种开放式开发平台的理念以及模式。

Eclipse 是一个基于 Java 的可扩展开发平台。实际上,它只是一个框架和一组服务。Eclipse 提供了一个插件机制。除了开发平台的核心基础外,Eclipse 平台上的所有其他元素都是通过插件构建的。也就是说,差不多 Eclipse 的每样东西都是插件。

Eclipse 的标准扩展中带有一个插件开发环境(Plug-in Development Environment,PDE)。希望扩展 Eclipse 的软件开发人员可以在 PDE 中构建与 Eclipse 环境无缝集成的工具。由于这种开放机制,Eclipse 可以扩展支持各种语言的应用程序开发,如 C、C++、C♯、PL/1、COBOL 等。目前支持 C/C++、COBOL 等编程语言的插件都已经存在。

除了用于编辑、编译和调试应用程序的插件外,从建模、生成自动化、单元测试、性能测试、版本控制直到配置管理的完整开发过程的插件也都已经被开发出来,如 CVS、Rational ClearCase、Rational XDE(代替 Rose)等。Eclipse 甚至可以被扩展为图片绘制的工具,因为只要把工具做成符合 Eclipse 规范的插件就可以集成进来。当然,普通开发人员并不会开发工具插件,通常是由工具开发商组织人来做这些事情。普通开发人员可以利用开发商提供的插件构建自己的 Eclipse 开发平台。Eclipse 是基于 Java 开发的,因此,它附带的标准插件集中包括了 Java 开发工具(Java Development Tools,JDT),它支持 Sun 公司的 JDK 和用于生成代码文档的 JavaDoc 标准。因此，目前使用 Eclipse 平台的开发者仍然以 Java 程序员为多，尽管 Eclipse 可以支持多种程序设计语言。

开放、具有高可扩展性是应用软件开发平台的发展趋势。
Eclipse 是开放性应用软件开发平台的典型代表。

5.2.4　更广泛的、更易使用的开发平台

在以前，应用软件都很复杂，需要很多专门的程序员花很多时间才能编写出来，然后这些应用软件会被使用很长时间，产生很大的经济效益或者社会效益。但是，随着互联网应用的不断发展，这种情况发生了一些变化。人们常常会有一些简单的应用需求，甚至这些应用很可能只用一次，以后就再不使用了。但是，会有很多人对这些简单的应用感兴趣，这些应用程序的开发也不是很复杂。在此背景下，应用软件开发平台出现了另一个新趋势，那就是专业的程序员构造更通用、更简单易用的非专业开发平台，让那些非专业的计算机用户可以自己构造这些简单的应用程序。这些新平台下构造应用程序的过程很简单，有时只要用户做一些简单的配置，有时可能需要他们写一些简单的脚本。这样的应用及开发平台现在已经发展出很多，例如网上的个人空间、博客以及 RSS feeds 等。

5.3　开发平台中的可重用代码

应用软件开发平台实际上不只有开发工具。它们通常还配备了丰富的可重用代码供程序员在写程序时使用，这样可以节省程序员的大量时间，而且能够增强程序的质量。这就好像生产车间中除了为操作员准备了必要的工具、机床外，还提供了一些可以直接使用的零件以及可以被组合的独立部件。这样，当程序中需要某种功能时，程序员就不用逐行写代码了，直接引用相应的代码段或者软件构件就行了。这些可重用的代码段或者软件构件有多种不同的形式，对应不同的目的和效率。常见的几种可重用代码形式是函数、类、组件以及框架。

5.3.1　函数

在使用面向过程的语言编写程序时，人们把常用的一些功能代码段写成函数形式，供程序员在写程序时重用。例如，把求余弦三角函数值的过程写成一个函数，命名为 cos()。当程序中需要求一个角度的余弦三角函数值时，就可以直接调用这个函数，而不用再写求解余弦三角函数值的代码了。人们把功能相似的函数放到一个文件中。例如，把求正弦三角函数值的函数 sin()同函数 cos()放在一个文件中，而把负责输出的函数 printf()和负责输入的函数 scanf()放在一个文件中。这些文件被人们称为函数库。通常每个语言都有相应的函数库。例如，Turbo C 的数学库中有与数学运算相关的函数，而它的标准输入输出库中有向屏幕显示以及从键盘读入的函数。

函数库中的函数已经被编译成可执行的机器指令。程序员在程序中通过函数接口调用

库函数,提供需要函数处理的数据。程序员写完的源程序编译后通常还必须有一个连接过程才能最终变成可执行的程序。这个连接过程负责把程序中对库函数的调用与函数库中函数的具体实现挂上钩。

因为函数库是以编译好的二进制代码方式提供给程序员的,因此程序员不能对其做任何修改。函数库提供的接口一般是与语言相关的,因此必须在对应语言的源程序中才能重用。

5.3.2　类

采用面向对象的程序设计模式后,人们把程序设计过程变成了定义对象类别以及生产这些类别的对象实例的过程。不过,重用代码的思想仍然被延续下来。这时人们重用的不再是过程,而是定义好的对象。在面向对象的程序设计过程中人们把对象的类别定义称为类。这些类的定义就好像是物体的设计说明。例如,名字为"门"的类就定义了一类物体"门",定义中包括门的属性和行为,如形状是矩形的,材质可以是木头的、铁的,它可以绕着一个轴转动,等等。又如,人们在程序中会通过文件获取或者保存信息,因此定义一个"文件"类,这个类的属性有文件内容、是否可读、是否可执行等,它的行为有打开、读取、写入等。当人们在程序中需要这些对象时,就会实例化这些类。也就是让系统按照这些类的定义,即物体的说明书,生产一个物体,如按照"门"的定义生产一扇门。很多程序有相同的一些类的需求,如很多应用软件都会需要"文件"这样的对象获取或保存信息。因此,人们把一些可能重用的类的定义放在一些文件中,这样程序员再需要类似的类时,就不需要重新定义了。这些文件被称为类库。

类定义的是一类事物,而不是一个解题过程,这是类与函数的区别。此外,类可以被继承、派生,也就是人们可以在原来类的基础上进行新的加工。打一个比方,当某个人建一座房子需要一扇门时,他从类库中取出"门"类的定义。但是,他对这个门的设计并不满意,因此他在这个类的基础上重新设计了一个新的门,如把门的形状从矩形改成圆形,也就是更改了原来类的属性。

同样,针对每种面向对象的程序设计语言,人们都设计和开发了很多的类库。例如,Java 的类库就有实用工具类库、语言类库、输入输出类库、网络类库、数学类库、文本类库、安全类库等涉及各个方面的支持,而且类库的数量还在不断地增加。每个类库中都定义了很多的类。例如,实用工具类库中定义的类有日期类、日历类、产生各种类型随机数的随机数类以及堆栈、向量、哈希表等。其他语言的类库也与此类似。

重　点　提　示

函数描述了一个个解题过程,以可执行代码形式存在。

应用程序中可以直接调用函数,编译或连接程序将函数调用连接到可执行代码。

面向对象的程序中以类的形式重用代码。

应用程序可以直接生成现有类的实例,也可以对类进行扩充和修改,创建新的类。

5.3.3　组件

除了函数库和类库之外,人们还设计了一种软件重用的方式,称为组件。人们希望能够用一些小程序搭建成更大的应用软件,这些可以被搭建组装在一起的程序就是组件。一个组件通常能够完成某个特定的功能。组件可以在称为容器的环境中被组装起来。这样,构建应用软件的过程就和搭积木差不多了。不同于函数,组件在特定的环境下能够运行,也就是说,它是在某种环境下可以运行的独立程序。显然组件不能是普通的程序,它们必须具有能够被装配到一起的一些特性。例如,它们至少要具有能够和容器通信的机制。

实现组件的技术有很多,因而组件的表现形式也有很多。它可能是一个特殊的类、一些类的组合、一个包、一个可执行文件甚至一个图像文件。常见的支持组件的技术有 COM、COM+、JavaBean、EJB 以及 CORBA 等。

人们采用这些组件技术编写各种组件,然后把它发布出去,供其他程序员使用。集成开发环境加入这些制作组件的技术,并提供在程序中装配组件的手段。这样,程序员就可以直接使用这些组件构建应用程序了。

组件是在某种环境下运行的独立程序,它可以在容器中组装以构建应用软件。

支持组件的技术有很多,如 COM、JavaBean 等。

5.3.4 框架

从功能重用的需求出发,人们发明了函数、类以及组件等代码重用方式。人们慢慢发现,在程序设计开发中其实还有一类内容可以重用,那就是应用程序的架构。很多应用程序在架构上是相似的甚至是一样的。例如,各种 Web 程序除了基本业务逻辑上的区别外,它们其实在架构上非常相似。为此,人们对应用程序的架构进行研究,抽象出一些高效的架构提供给程序员在设计应用程序时使用。这些架构被称为框架。框架定义了某一类应用程序应该以怎样的层次构成、大概有哪些组件以及组件之间应该怎样协同等。这些可重用的框架也通过开发环境提供给程序员。这就好像生产车间不但有工具、机床、零部件以及组件,又增加了一些产品的框架。应用软件开发者选择合适的框架,然后在里面添加需要的组件,另外完成自己特定的业务逻辑,可能还需要增加一些语句作为黏合剂,就可以快速地搭建/生产出需要的软件产品了。

构建 Web 应用程序时常用的一个应用框架称为 Spring。它是一个开放源代码的轻量级 Java 开发框架,是一个设计层面的框架。Spring 是为了应对企业应用开发的复杂性而创建的。Spring 框架由 7 个定义明确的模块组成,如图 5-28 所示。这些模块提供了开发企业应用所需的内容。但用户可以挑选适合其应用的模块而忽略其余的模块。

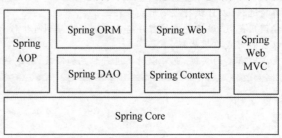

图 5-28 Spring 框架模块组成

Spring Boot 是为了简化新 Spring 应用的初始搭建以及开发过程而设计的基于 Spring Web MVC 的框架,是目前最流行的 Web 后端开发框架。

除了 Spring 外,还有很多应用程序框架,如 Hibernate、MyBatis(这些是数据持久化的框架,提供数据库的读写接口)等。这些框架都是开源的、免费的,人们可以免费得到和使用这些框架的工具集,把它们加入到自己的应用软件开发环境中,用它们来构造自己的应用软件。

框架是应用程序的软件架构。

Spring Boot、Hibernate、MyBatis 是目前常见的一些开源框架。

复习题

1. 程序员对于应用软件开发平台有哪些需求?

2. C、C++、Java、Python 语言各有什么特点? 分别适用于开发什么样的应用软件?

3. Linux 操作系统上适合编辑 C 语言程序和 Java 程序的编辑器以及编译这两类源程序的编译器有哪些?

4. C++ 常见的集成开发环境有哪些? Java 呢?

5. Eclipse 采用怎样的机制实现可扩展性?

6. 什么是函数?

7. 什么是类? 重用类与重用函数相比有什么好处?

8. 什么是组件? 常见的组件技术有哪些?

9. 什么是框架? 目前常见的框架有哪些?

讨论

单独的开发工具和集成开发环境各有什么优缺点?

实验

1. 试着用 Qt Creator 编写一个简单的 C++ 程序和一个 Python 程序。

2. 询问有经验的程序员或者上网查询,考察程序员目前正在使用的应用软件开发平台。调查这些平台各有什么特点以及程序员为什么选择这样的开发平台。

第4篇 计算机网络平台

现在的计算机几乎都连接到网络上,很少能看到游离在网络之外的系统了,除非是特殊的安全要求。网络使单个系统之间互通有无,使每个系统的能力得以增强。因此,联网已经作为计算机的基本功能被内置在系统中。对用户来说,计算机系统已经成为一个带有网络的平台。只要打开计算机,用户就可以轻松进入网络世界。本篇就来看看带有网络的计算机系统可以为我们做什么,我们要怎样才能使用它。关于计算机网络,还有很多知识,如网络是怎样搭建的、信息是怎样在网络中传递的等,这些内容会在单独的课程中讲授。计算机网络已经是一门涉及面很广、内容很多的学问。本篇只从用户的平台角度了解计算机网络。

第 6 章　网络平台的服务

计算机具有联网功能,人们因此可以多做很多事情。加入了网络平台的计算机系统为人们开辟了通向世界的道路。例如,我们可以给朋友或者老师发送电子邮件通知事情或者请教问题。电子邮件比起传统的邮件真是又快又省钱。我们可以通过像微信这样的软件和朋友聊天,甚至可以与不认识的远在千万里之外的陌生人讨论早上吃点儿什么这样简单的问题。我们可以上万维网看看今天全世界都发生了什么重大事情,也可以了解像一户人家的小狗生了几个小狗宝宝这样的小事情,还可以通过软件找到并下载喜欢的歌曲或者电影看看,当然也可以在线看电影或者电视剧。我们还可以在网上发表自己关于某件事情的看法,讨论的事情可能是社区该不该在大门口设置一个垃圾箱,也可能是为什么现在的原油价格涨得如此厉害。我们还可以在网上买书或者预定今天的午餐。总之,网络极大地拓宽了人们的视野,使人们真正地做到足不出户,尽知天下事;网络也极大地方便了人们的生活;并为人们的生活增添了无数的色彩和内容。

其实网络带给人们的还不止这些。网络可以让管理机构共享信息,这给管理与服务的深刻变革提供了支持。例如,全国的公安局可以共享身份证信息,这就为户籍改革提供了很大的便利条件,而且需要验证身份的组织和个人都可以通过网络到公安局的系统上核实某个人的身份。网络还可以让工厂和公司迅速地交流供求信息。这大大地提高了生产率。网络还可以让程序员及时沟通、交流开发中的问题和进度。网络使技术支持人员不用再到现场,通过远程登录就能把客户的问题解决了。网络带给人们的变化数不胜数。可以说,网络带给人们的变革就像电和计算机的出现曾经和正在带给人们的一样深刻和深远。

6.1　网络应用程序体系结构

在计算机通过网络互联起来之后,计算机也发生了一些变化。用户的计算机上都增加了获取前面提到的这些网络功能的能力(软件)。另外,一些计算机分化出来,它们被放置在网络中,专门为网络中的用户的计算机提供服务。有一些计算机专门负责为其他的计算机转发数据,如将北京小明的计算机发出的问候转交给上海小芳的计算机。这些计算机被称为网络设备(往往不称为计算机)。它们常见的名字有路由器、交换机、网桥、网关等(这些设备的有关知识将在后面章节以及计算机网络课程中介绍)。另外,还有一些计算机专门负责为用户的计算机提供信息服务,如提供天气预报、新闻等信息让人们浏览,或者提供歌曲、电子图书让人们下载。这些计算机被称为服务器。其实服务器原是指这些计算机上运行的提供服务的软件。但是,装有这些软件的计算机通常也不用于别的目的,而且硬件配置也比较高,要能同时应付很多人的访问,因此后来这类计算机也常被人们称为服务器。

要想从服务器上获得信息,用户计算机必须与提供信息的服务器交流。因此,用户计算机必须有专门能和服务器交流的软件,通常被称为客户端。例如,浏览器就是这类软件中的一个。客户端和服务器要能够交流,必须事先有些约定。例如,客户端给服务器发送消息

hello,服务器必须明白这是客户端要建立会话。因此,客户端和服务器都必须由同一个人或组织开发。如果不是这样,至少要合作开发才行。客户端和服务器交流的有关约定被称为协议。为了解除客户端和服务器必须捆绑设计开发的限制,人们把一些常见服务的协议标准化,这样客户端和服务器都可以单独开发了,只要它们遵循相同的协议就能够交流。例如,Web 服务的客户端和服务器之间使用的协议就被标准化了,称为 HTTP(Hypertext Transfer Protocol,超文本传输协议)。Web 服务器的客户端软件就是浏览器。目前有很多种浏览器软件,如 360 浏览器、腾讯浏览器、谷歌浏览器等。而 Web 服务器也有很多种,例如 Windows 上的 IIS 和 Linux 系统中常用的 Apache。这些浏览器和 Web 服务器相互都能交流,因为它们都使用 HTTP。

实际上服务器这个词的确切定义并不是指提供信息的软件,而是另一个概念。在网络中,如果一个进程想与另一台计算机上的某个进程通信,那么对方进程必须存在才行,即对方的程序必须在另一台计算机上运行起来。可是两台计算机上的程序怎么知道应该什么时候运行呢?这就像一个约会。小明到小芳家,发现她没在家,小明就离开了。当小芳到小明家去找他时,发现小明也没有在家,然后小芳也回来了。如果两个人总是这样,那么他们就很难碰面。要想解决这个问题,最简单的办法就是一个人不动,始终在家等着,这样,第二个人来的时候就能够见面了。网络上需要通信的程序也一样。如果一个程序启动起来就一直保持运行、等待其他进程与其联系,而不是只要不存在与其通信的进程就退出,那么通信就没有问题了。因此,在进行网络程序设计时通常采用这样的模式:通信双方程序总是有一方先运行,等待另一方的联系,通常是无限期地等待。而另一方的程序则可以在需要通信或服务时才启动。等待的一方就被称为服务器,而通信时才启动的一端则被称为客户端。这种网络应用软件的体系结构被称为客户/服务器(Client/Server)结构,也就是人们常说的

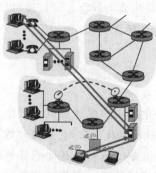

图 6-1　客户/服务器结构

C/S 结构,如图 6-1 所示,它是网络应用最基本的概念。通常等待的一方都是提供信息的软件,所以人们才会有服务器就是提供服务的软件的印象。但是,有时候等待的一方也可能是获取信息的软件,在软件结构的概念中,它仍然是服务器。在 C/S 结构中,服务器运行在总是打开的主机上,该主机有永久的 IP 地址,在必要的时候可能需要扩展到多台主机构成服务器池提供服务。而客户端可以间歇地连接服务器,即在需要时才运行并与服务器通信。因此,客户端可以有动态的 IP 地址,也就是它的 IP 地址可以变化。但服务器的 IP 地址不能总变,否则客户端就因为不知道 IP 地址找不到服务器了。客户端之间一般彼此不直接通信。

在设计网络应用程序时,还经常用到 B/S 结构和 P2P 结构。这是网络应用程序的另外两种体系结构,不过它们可以看成是 C/S 结构的变形。

所谓 B/S 结构,即浏览器/服务器(Browser/Server)结构,如图 6-2 所示。这种结构的网络应用软件通常不用编写客户端,而只编写服务器的业务逻辑实现。它的客户端软件直接使用浏览器,但浏览器只能通过 HTTP 与 Web 服务器通信,因此 B/S 结构应用软件的服务器必须通过 HTTP 与客户端的浏览器通信。由此可见,B/S 结构实际上还是有客户端和服务器,只不过客户端以及通信协议被固定下来了。

图 6-3 是 P2P 结构,在该结构中,参与应用活动的计算机本身没有服务器和客户端之分,因此所有计算机看起来都是平等的。在实现上,每台计算机实际上都运行相同的两部分软件,一部分就相当于服务器软件,另一部分是客户端软件。当两台计算机之间发生具体的活动(例如下载文件)时,也是一台作为服务器,另一台作为客户端。只不过当计算机 A 在为计算机 B 提供文件服务的同时,也可能通过客户端软件正从计算机 C 获得文件服务。这样,从宏观上看,所有计算机都是对等的(Peer-to-Peer),这就是 P2P 的含义。

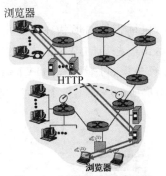
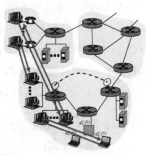

图 6-2 浏览器/服务器结构　　　　图 6-3 P2P 结构

（重）（点）（提）（示）

网络应用通过在多台计算机上运行的一组程序提供服务。

客户/服务器结构是网络应用程序常见的体系结构。一直运行、被动等待的一方被称为服务器,在需要时才主动发起通信的一方被称为客户端。

常见的网络应用程序体系结构还有浏览器/服务器结构和 P2P 结构。严格地说,它们都是客户/服务器模式的特殊形式。

6.2 Web 服务

6.2.1 万维网概述

1. 万维网

Web 是 Internet 上最常用的一种服务。可以说它对 Internet 的普及起了非常大的推动作用。正是 Web 提供的丰富多彩的内容,让越来越多的人成为 Internet 的用户。

Web 是万维网(World Wide Web,WWW)的简称。万维网这个网络和人们平时说的Internet 这个网络的概念是不同的。Internet 是一个由主机、传输线路、网络设备构成的物理网络。Internet 在物理上为通信铺平了道路,同时在软件上也达成了信息传递的通路。在 Internet 这个平台上,各种各样的应用都可以运行起来。Internet 这个网络在一套协议的控制下运行。而万维网是在 Internet 这个物理网络上由一组分布式软件提供的关于内容的服务。这些位于不同计算机上的内容相互链接,构成了一个内容的网络。万维网提供的内容包括文字、图像、音频、视频等各种形式的信息。

接下来看看 Web 服务到底是什么。要得到 Web 服务,必须运行一个称为浏览器的软件。浏览器运行起来之后,就可以在其界面上一个称为地址栏的文本框中输入一串称为网页地址的字符,如 http://www.bjut.edu.cn,按 Enter 键之后,稍等片刻,就能够在浏览器的窗口中看到一些信息,它们可能是图片、文字,也可能是视频或者别的什么。用户看到的这些内容并不是在他们自己的计算机上,而是浏览器从称为 Web 服务器的计算机上取回来的。每个想把信息发布给别人看的用户都可以在自己的计算机上运行一个 Web 服务器软件,然后把信息通过 Web 服务器发布出来。浏览器就是和这些 Web 服务器联系获得网页的。而用户在浏览器的地址栏中输入的字符串就是这些 Web 服务器所在的主机名称以及这些内容在该主机上的位置和名称。

当用户在浏览器显示的内容上移动鼠标指针时,鼠标指针的形状在某些位置会发生变化。在这些位置单击鼠标后,浏览器就会为用户显示出一些新的内容。这些位置被称为超链接。实际上超链接指向的内容可能位于另一台计算机上,可能距离用户千山万水。全世界的内容就通过这样的相互链接联系在一起的,在用户面前展现出一个由各种内容构成的、联系错综复杂的网络,这就是万维网,如图 6-4 所示。

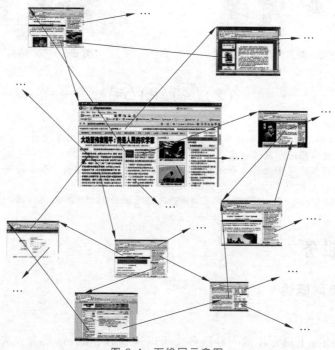

图 6-4　万维网示意图

万维网并不是研究计算机的人想出来的。它是物理学家 Tim Berners-Lee 提出的构想。这件事情还要从欧洲原子能研究中心说起。这个中心有几台加速器。很多国家的科学研究机构的科学家利用这些加速器进行粒子物理的研究。这些科学家非常希望能够通过共享彼此不断更新的报告、计划等文档以加深合作。于是 Tim Berners-Lee 借用了当时已经出现的“超文本”的概念,提出了链接文档网的想法。他建议每个人负责维护自己的文档,然后专门设置一台服务器,在服务器上维护一个目录,这个目录通过链接指向每个人的文档。这样大家就可以连接服务器,然后通过服务器的目录链接到每个人的文档了。而每个文档的主人负责保证给别人呈现的都是最新的文档。后来链接文档的能力范围被进一步扩大。不但服务器上的目录能够指向其他计算机上的文档,而且文档中的某些文字也可以含有指向其他文档的链接。这样,位于不同计算机上的各种各样的文档就被关联起来,构成了一个错综复杂、相互关联的文档(内容)的网络。

在 Web 服务中,浏览器从 Web 服务器获得并显示出来的内容被称为 Web page,即网页。这些网页中能够链接到其他网页的文字被称为超链接。这些文字在网页上的显示有与众不同的标记,如有下画线或者不同的颜色。通常,当把鼠标指针移动到这些超链接上时,鼠标指针的形状就会发生改变。这些超链接可以将用户引到另一个网页上。

2. 统一资源定位符

这里我们发现第一个问题。既然是引向另一个网页,万维网上有那么多的网页,怎么标识和区分它们呢? 只有把它们区分开,才能有办法指出需要的是此网页而非彼网页。也就是说,必须有个统一的命名规则,这样才能在成千上万数不清的网页中定位某个网页。除了要考虑区分功能外,命名规则还要能够对定位网页有所帮助。不然,在浩如烟海的网页中按照某个名字一个一个去查找也太麻烦了。虽然说起来有点儿复杂,但实际做起来并不复杂。人们用了一个很简单的办法就把这个问题解决了。因为每个网页是作为文件存放在主机上的,主机上的文件系统通过目录和文件名机制保证能够在这台主机上唯一定位到某个 Web 页;而在 Internet 中,每台主机都有一个独一无二的主机名。把这两项结合起来,实际上就可以在网络中唯一标识一个网页了,并且还能给出网页的位置。因此,Web 中使用如下格式的字符串唯一地标识一个网页:

```
http://www.pku.edu.cn/index.html
```

这种格式的字符串被称为统一资源定位符(Uniform Resource Locator,URL)。在这个字符串中,除了含有前面提到的主机名和目录/文件名外,还多了一部分内容,即开头部分(http://),它表示浏览器从服务器上获得网页时要使用的协议。实际上,我们应该都见过 URL,只不过通常把它称为网址。每个 URL 由 3 部分构成。第一部分,如 http://,表示使用的协议,即获得本 URL 指向的资源需要采用的协议。浏览器和 Web 服务器通信时使用 HTTP。除了 http://外,有时候我们还会看到 file://、ftp://等。中间部分,如 www.pku.edu.cn,表示资源/网页所在主机的名字,也可以是 IP 地址(每台主机在 Internet 中独一无二的标号)。最后一部分,如 index.html,表示资源在主机上的位置和名字,即网页文件在 Web 服务器根目录下的路径和文件名。有了 URL,浏览器就可以很容易地找到网页了。它通过 URL 中的主机名先找到服务器,然后再通过 URL 中指定的协议与服务器通信。联系上服务器之后,浏览器就把 URL 中的最后一部分交给它,指出需要的网页在服务器上的路径和名称。

> 万维网是一个由各种网页相互链接而成的内容网络。
> 网页中能够链接到其他网页的文字称为超链接。
> 万维网用统一资源定位符标识和定位网页。

3. HTML

解决了网页的标识和定位问题,接下来还有一个问题。既然网页中的某些文字是可以链接到其他网页的,那么怎样表示某些文字是超链接,而别的不是呢？而且怎样把这些文字和一个 URL 关联起来呢？这个任务就交给了超文本标记语言(Hypertext Markup Language, HTML)。

HTML 是一种由各种标记符号构成的语言。它是一种人类可阅读的语言。人们把要在网页中显示的内容存放 HTML 文件中。在这个文件中,除了正常要显示的文字内容之外,还在文字的周围增加了一些 HTML 定义的标记,以表示它们的显示格式或者其他要求等,就像在要出版的书稿上用一些特殊的符号标记某部分应该用粗体、某部分应该用 5 号字一样。

图 6-5 是一个简单的 HTML 文件的内容。图 6-6 是这个 HTML 文件所表示的网页在浏览器中显示的结果。图 6-5 中的

```
<p><font face="隶书">你好!</font></p>
```

定义了"你好!"这句话的显示格式。标记<p>和</p>规定中间的内容(即"你好!")应该是一个段落,标记<font face="隶书">和</font>则规定这段内容显示时使用的字体是隶书。

```
<!DOCTYPE HTML PUBLIC"-//W3C//DTD HTML 4.01 Transitional//EN">
<html>
<head>
<title>示例</tiele>
<meta http-equiv="Content-Type" content="text/html;charset=gb2312">
</head>

<body>
<h1><strong>这是一个新网页。</strong></h1>
<p><font face="隶书">你好! </font></p>
<p><font face="楷体__GB2312">点击<a href="http://www.bjut.edu.cn">这里</a>
可以看到北京工业大学的主页。<font> </p>
</body>
</html>
```

图 6-5　HTML 文件示例

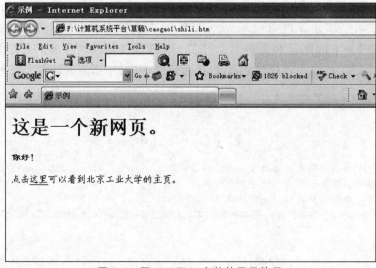

图 6-6　图 6-5HTML 文件的显示效果

除了格式外,HTML 中还有用来标记超链接的符号。例如:

```
<a href="http://www.bjut.edu.cn">这里</a>
```

里面的标记<a>和</a>表示中间的文本(即"这里")是一个超链接。href="http://www.bjut.edu.cn"表示这个超链接指向的网页的 URL。这个 URL 中主机域名后面没有具体的文件名,通常表示默认的文件 index.html。这一行会使网页上显示带有下画线的"这里"两个字。当把鼠标指针移动到这两个字上并点击时,浏览器上就会显示出 http://www.bjut.edu.cn/index.html(实际上是 index.jsp,后面再介绍 JSP 文件是什么)网页的内容。

图 6-5 中的标记<html>和</html>定义了这是一个 HTML 文档。网页中所有使用 HTML 标记的内容都在这两个标记之间。

从这里可以看出,在 HTML 中,每个要求都有一个开始标记和一个结束标记。通常它们用同一个字符串表示,并且用尖括号括起来,只是结束标记中字符串前面多一个斜杠。不同的字符串表示不同的规则,例如 font 表示对字体的规定,a 表示对超链接的规定。在 HTML 中并不区分大小写,因此,font 和 FONT 是一样的。这样一对一对的标记在 HTML 中被称为标签,也称为格式化命令。有些标签带有参数,这些参数被称为属性,如<FONT>中的 face。这些标签都被标准化了,因此,任何人和浏览器看到这些标签都会给出相同的解释。关于 HTML 的内容还有很多。如果感兴趣,可以阅读相关的图书。

HTML 一直在发展,中间遇到过一些波折,一度差点儿被放弃,但最终还是通过革新成功地走到今天。在 HTML 3.0 中加入了表格等功能,可以给服务器提交更多的信息。HTML 4.0 则支持把所有的格式化信息从 HTML 文件中剥离,植入一个独立的样式表,还支持脚本语言以支持显示动态内容。在此基础上,2014 年推出的 HTML5 对音频、视频、图像、动画以及与设备的交互都进行了规范,使其成为一个一直使用到现在的版本。

HTML5 的主要特色之一就是支持音频和视频,它增加了<audio>、<video>两个标签实现对多媒体中的音频、视频的支持。只要在网页中嵌入这两个标签,而无须使用第三方插件(如 Flash)就可以实现音频和视频的播放功能。HTML5 对音频和视频文件的支持使得浏览器摆脱了对插件的依赖,加快了网页的加载速度,扩展了互联网多媒体技术的发展空间。HTML5 还实现了画布功能,让网页的设计者结合使用脚本语言在网页上绘制图形和进行处理,实现了绘制几何图形、用样式和颜色填充区域、书写样式化文本以及添加图像的方法。HTML5 使得浏览器不需要 Flash 或 SilverLight 等插件就能直接显示图形或动画。HTML5 可以通过 GPS 或网络信息实现用户定位功能。用户除了可以定位自己的位置外,还可以在他人开放信息的情况下获得他人的定位信息。此外 HTML5 还可以实现多线程操作。

4. CSS 样式

从 HTML 4.0 开始支持把格式化信息从 HTML 文件中剥离,放到一个独立的样式表中。这样做的好处是,HTML 文件中更多的是内容,而不是插满冗长的字体和颜色信息等格式定义而难于分辨的文件了。这样非常有利于 Web 开发人员清晰地开展工作,或者专注于内容,或者专注于页面表现的设计,也有利于在网站的多个网页之间共享相同的页面表现风格。

从 HTML 页面中删除的格式定义被放到一个称为样式表的 CSS 文件中，通常以.css 为文件扩展名。CSS 全称为 Cascading Style Sheets，中文翻译为层叠样式表。

例如，在图 6-5 的示例中，如果想把段落显示格式统一起来，那么可以创建一个称为 example.css 的文件。在这个文件中填加以下格式定义：

```
p{
  color: blue;
  font-size: 20px
}
```

然后在 HTML 文件中的<head></head>标签里使用链接式将样式导入：

```
<head>
<title></title>
<link rel="stylesheet" type="text/css" href=" example.css"/>
</head>
```

这样，在该页面文件中，所有段落的显示格式就都按照 CSS 文件中定义的颜色和字体大小处理了，如果想更改显示格式，就直接修改这个 CSS 文件即可。

CSS 样式也保留了在 HTML 文件里定义格式的方式，称为内部样式和行内样式。内部样式一般是在当前页面的 head 标签中添加 style 标签，在 style 标签中编写 CSS 样式代码，内部样式仅对当前页面生效。还有只定义一行格式的行内样式，就是在要设置样式的标签中添加 style 属性，编写 CSS 样式，行内样式仅对当前标签生效。这两种方式已经没有前面提到的样式表的优势了，适合比较简单的页面。

5. 浏览器

Web 网页以 HTML 文件的形式存储在网络中的各个 Web 服务器上。当用户想要看某个网页时，需要使用 Web 服务的客户端——浏览器。浏览器和 Web 服务器联系，取回用户需要的网页并把它显示出来。HTTP 定义了浏览器和 Web 服务器之间的通信规则，例如，浏览器应该怎样与 Web 服务器建立联系，浏览器需要某个网页时应该发送什么样的消息，当 Web 服务器收到某种格式的消息时应该做什么样的应答，等等。

HTTP 定义了两种格式的报文，即浏览器发送给 Web 服务器的请求报文和 Web 服务器发回来的响应报文。HTTP 报文都以 ASCII 字符的形式表现，因此可以直接看懂 HTTP 报文中的内容。图 6-7 是一个 HTTP 的请求报文。通常浏览器发送给 Web 服务器的报文都是类似形式。这个报文的第一行称为请求行。请求行中按照要求应该按顺序给出 HTTP 命令、URL 以及 HTTP 的版本号。图 6-7 中的 GET 就是 HTTP 命令，它表示向 Web 服务器请求获取资源。HTTP

```
GET /somedir/page.html HTTP/1.1
Host: www.someschool.edu
User-agent: Mozilla/4.0
Connection: close
Accept-language:fr
…
```

图 6-7　HTTP 请求报文

还定义了一些其他命令，如 POST。HTTP 最初的版本是 1.0，后来又出现了 1.1。对于这两个版本有什么区别，读者可以自己查资料。在请求行后，是一些被称为头部的字段。每个头部字段有自己的名字以及值。头部字段的名字和值由 HTTP 定义，两者由冒号分开。这些头部字段用来在浏览器和 Web 服务器之间交换一些信息。例如,图 6-7 中的 Accept-language 即是一个头部字段名,在该行冒号后面的 fr 是该头部字段的值,浏览器通过这个头部字段告诉 Web 服务器自己可以接受的语言是法语。这样,如果浏览器请求的网页有多种语言版本,那么 Web 服务器可以选择把法语版的网页发送给浏览器。请求报文通常只有请求行和头部字段两部分内容,不过有时也会带有少量的数据,如用户在网页上输入的要求查询的关键字。

响应报文和请求报文类似。同样含有各种头部字段。不同的是,响应报文的第一行称为状态行。它表明 Web 服务器对浏览器发来的请求的处理结果,如没找到网页或者网页已经移动等。响应报文中多会带上浏览器索要的数据,如网页的 HTML 文件等。

除了能够按照 HTTP 与 Web 服务器联系之外,浏览器另一个重要的功能就是看懂 HTML。当它从 Web 服务器取得一个网页的 HTML 文件后,它就要在自己的窗口上显示这个网页。例如,当看到文件中的

```
<a href="http://www.bjut.edu.cn">这里</a>
```

时,浏览器要在自己的窗口显示带有下画线的"这里"两个字,并且当用户的鼠标点击这两个字时,浏览器要使用 HTTP 联系主机 www.bjut.edu.cn 上的 Web 服务器,并请求取回 index.html 文件,取回文件后再按照文件中的内容和 HTML 格式化命令显示出来。所以说,浏览器是一个 HTML 解释器。

（重）（点）（提）（示）

> HTML 是一种标记语言,描述如何格式化文档。
> Web 页用 HTML 描述,浏览器是一个 HTML 解释器。
> 浏览器和 Web 服务器使用 HTTP 进行通信。

实际上,浏览器的功能远不止这些。每个网页上除了文本内容之外,还会有图片、视频以及各种不同格式的文档,如 PDF、Word 格式的文档等。浏览器能够根据这些文档格式调用相应的外部辅助程序,如 Adobe Reader、Word,显示这些文档。对于某些格式,浏览器还会使用一些专门为它们设计的插件实现显示。

插件与辅助程序不同。插件是一个代码模块,在使用之前必须安装。安装之后,它成为浏览器的扩展模块。当浏览器需要用到某个插件时,它从磁盘的特定目录读出模块并执行。插件的模块是在浏览器内部运行的。执行完毕,当浏览器从当前页面转入其他页面后,将插件模块从内存中删除。如果下次再用到这个插件,就再重新加载。

而辅助程序则是独立于浏览器的程序。它作为独立进程运行。有时候这些程序会为浏览器提供调用它们的插件。一般浏览器只是启动这些外部程序,并把需要它们处理的临时文件名交给它们。辅助程序通常要做的事情是按照这些临时文件的格式显示它们的内容。

可是,当浏览器遇到网页中一个不能直接处理的对象(网页上的内容)时,怎么知道应该去调用哪个插件或者启动哪个辅助程序呢?浏览器能够做好这件事情,主要依赖两方面的帮助。第一,在浏览器通过 HTTP 从 Web 服务器获得要显示的对象时,HTTP 规定在消息

头中可以给出消息体中所带对象的类型。第二,浏览器有一张注册表,其中记录着各种类型的对象及其相应的查看器。注册表在插件以及辅助程序安装时填写。这样,当浏览器获得一个自己并不支持的类型对象时,它便去查看注册表,然后调用相应的插件或者启动辅助程序。通过这种方式,浏览器可以很容易地被扩展以支持越来越多的对象类型。

除了根据对象的类型启动相应的插件或者辅助程序外,浏览器还可以运行网页中的一些代码完成一些操作。这需要在 HTML 文件中嵌入一些脚本。最常见的脚本是用 JavaScript 脚本语言编写的。JavaScript 是 Netscape 公司引进了 Sun 公司有关 Java 的程序概念,改造了自己原来的一种称为 LiveScript 的脚本语言形成的。JavaScript 脚本可以嵌入 HTML 文件,主要用来实现与用户的交互,例如显示一个计算年龄的网页。用 JavaScript 脚本可以在网页上生成一个要求用户输入生日的文本框。当用户输入生日之后,JavaScript 脚本会计算出用户的年龄并显示出来。

这里要强调的是,JavaScript 脚本是写在网页的 HTML 文件中的,是浏览器从 Web 服务器上获得的,由浏览器在用户的计算机上执行。HTML5 增加了多线程的支持,这样需要耗费较长时间的 JavaScript 脚本可以在多个后台线程中运行,因而可以不影响用户界面和响应速度,而且这些处理还不会因用户交互而中断运行。前面还提到 HTML5 的画布功能让网页的设计者可以使用脚本语言在网页上绘制图形,这个脚本也可以是 JavaScript 脚本。

除了 JavaScript 外,能嵌入 HTML 文件在浏览器端运行的脚本语言还有 VBScript 以及一种能够跨平台的方式,称为 Applet(小程序)。Applet 是用 Java 语言编写的,被编译成 Java 语言的中间代码,用＜applet＞＜/applet＞标签嵌入 HTML 页面,浏览器需要借助本机上的 Java 虚拟机运行。微软公司也有一种称为 ActiveX 控件的方式能够在浏览器上完成类似 Applet 的功能。ActiveX 控件是一种被编译成 x86 机器指令的程序,可以直接在硬件上执行,不像 Applet 那样需要虚拟机。所以,ActiveX 控件更灵活,能实现的功能更多,但是对安全性的威胁也更大。

通常 JavaScript 脚本比较容易编写,Applet 执行得更快一些,执行最快的是 ActiveX。Applet 比 JavaScript 移植性好,因为 JavaScript 的版本太多了。

浏览器通过调用插件或者外部辅助程序支持各种不同格式的对象。

插件是代码模块,使用之前必须安装,成为浏览器的扩展模块,在浏览器内部运行。

辅助程序独立于浏览器,作为独立进程运行。浏览器在需要时启动辅助程序,并把要处理的临时文件名交给它们。

浏览器通过注册表了解文件格式及其处理程序的对应关系。

JavaScript 脚本嵌入 HTML 文件,在用户端由浏览器执行。

6. AJAX

前面介绍的技术以及后面还要介绍的一些技术给予了浏览器更好的交互响应能力,让其拥有更新颖的展示方式,而且效率还很高,使浏览器能够又快又好地实现大部分服务要求的展现和交互功能,所以,越来越多的服务以 Web 应用的形式提供,浏览器已经成了很多服务默认的客户端。这些技术组合在一起被称为异步 JavaScript 和 XML(Asynchronous JavaScript And XML),简称 AJAX。AJAX 技术最显著的特点是浏览器可以在不需要重新加载整个页面的情况下更新部分网页,即实现网页异步更新。而在此之前的网页如果需要更新内容,必须重载整个网页。因此,AJAX 技术使浏览器能够快速地将增量式更新呈现在用户界面上,这使得程序能够更快地回应用户的操作。

　　AJAX 是一种使用现有技术集合的新方法,这些技术包括 HTML(或 XHTML)、CSS、JavaScript、DOM、XML、XSLT 以及 XMLHttpRequest。这些技术中 HTML、CSS、JavaScript 前面都介绍过了,下面介绍 DOM、XML、XSLT 和 XMLHttpRequest。

　　DOM 是文档对象模型(Document Object Model)的缩写,是以面向对象的方式描述的文档模型。DOM 定义了表示和修改文档所需的对象及其行为和属性以及这些对象之间的关系。DOM 是文档对象模型,同时也是编程接口,通过 DOM 可以操作页面中的元素,修改DOM 结构、特定元素或节点。

　　DOM 标准分为 3 部分:

　　(1) 核心 DOM,针对任何结构化文档的标准模型。

　　(2) XML DOM,针对 XML 文档的标准模型。

　　(3) HTML DOM,针对 HTML 文档的标准模型。

　　其中,HTML DOM 定义了用于 HTML 的一系列标准的对象,以及访问和处理 HTML文档的标准方法。通过 DOM 可以访问所有的 HTML 元素,连同其包含的文本和属性。可以对其中的内容进行修改和删除,也可以创建新的元素。HTML DOM 独立于平台和编程语言,可被任何编程语言(如 Java、JavaScript 和 VBScript)使用。DOM 在所有浏览器上提供了一种通过代码访问 HTML 的结构和内容的一致的方式。

　　DOM 把文档表示为一棵树,当 HTML 页面被加载时,浏览器会创建一个 DOM,通过调用 DOM 的方法改变 DOM 的状态,也就是改变 HTML 页面。脚本修改 DOM 时,浏览器会随之动态更新 HTML 页面。

　　XML(EXtensible Markup Language,可扩展标记语言)是一种类似 HTML 的标记语言。两者的不同是:XML 的设计目的是传输数据和存储数据,重点是数据内容的表述,更关注结构;而 HTML 的设计目的是显示数据,更关注描述数据的外观。XML 也使用类似于 HTML 的标签描述数据。不同的是 XML 没有预定义标签,所有标签都是用户自己定义的。

　　XML 既可单独作为 XML 文档存在,也可内嵌于网页,还可以作为一个外部文件插入网页中。XML 只描述内容,所以它通常还需要有一个描述显示格式的样式文件。XML 文档的扩展名为 xml。

　　下面是一个简单的 XML 文件,假设文件名为 hello.xml。

```
<?xml version = "1.0" standalone="yes"?>
<?xml-stylesheet type="text/css" href="/hello.css"?>
<SAYING>
    Hello World!
</SAYING>
```

不同于 HTML,这里的标签<SAYING>与</SAYING>不是保留字,而是用户自定义的标记。下面再定义一个样式文件 hello.css 文件说明<SAYING>的格式。它的内容如下:

```
SAYING {
    color: red;
    font-size: 36pt;
    font-weight: bold
}
```

XML 并没有定义数据文件中数据的具体规范,只是在数据中附加一个标记表达数据的逻辑结构和含义。每一个标记表示的意义由对应的 DTD(Document Type Definition,文档类型定义)文件或 XSL(Extensible Style Language,可扩展样式语言)文件等形式规定,因此 XML 可通过 DTD 或 XSL 等文件定义自己的标记,从而扩展自己。许多常用的格式被制订为标准协议,如 CML(化学标记语言)、MML(数学标记语言)等。

XSL 和 XML 的关系类似于 CSS 和 HTML 的关系。XSL 是一种用于以可读格式呈现 XML 数据的语言。XSL 实际上包含两部分:

(1) XSLT,用于转换 XML 文档的语言。

(2) XPath,用于在 XML 文档中导航的语言。

XSLT 是指 XSL 转换(XSL Transformation),是 XSL 最重要的部分。XSLT 可以将 XML 文档转换为其他 XML 文档、XHTML 输出或简单的文本,这通常是通过将每个 XML 元素转换为 HTML 元素来完成的。由于 XML 标签是用户定义的,浏览器不知道如何解释或呈现每个标签,因此必须使用 XSL。XSLT 是一种基于模式匹配的语言,它会查找匹配特定条件的节点,然后应用相应的规则。XSLT 可以对 XML 树进行元素和属性添加或删除、对元素进行重新排列或排序、隐藏或显示某些元素等操作。

XMLHttpRequest(简称 XHR)是一个 API 对象,其中的方法可以用来在浏览器和服务器之间传输数据。这个对象是浏览器的 JavaScript 环境提供的。通过 XMLHttpRequest 可以在不刷新页面的情况下请求特定 URL,获取数据。这使 Web 应用能在不影响用户操作的情况下更新页面的局部内容。XMLHttpRequest 在 AJAX 编程中被大量使用。XMLHttpRequest 可以用于获取任何类型的数据,例如 JSON、HTML 或者纯文本。它支持 HTTP,但也支持包括 file://和 FTP 等在内的其他协议。

7. 动态网页

开始时,Web 的主要功能只是信息共享。因此,共享的信息以文件的形式存放在 Web 服务器上。当用户需要时,浏览器就把它取来并显示。Web 的普及使人们对它的期望值越来越高,人们希望它能够完成更多的任务。因而,Web 只提供给浏览器那些事先准备好的、存放在磁盘上的文件,已经不能满足要求了。例如,现在人们使用最多的搜索引擎就是以 Web 页面的形式提供给用户的。用户在搜索引擎(如 www.baidu.com)Web 页上的文本框中输入要查询的信息,那么浏览器从 Web 服务器获得的网页内容应该是搜索引擎根据用户输入的关键词找到的相关网页的信息。关键词不同,显示的内容也不同。也就是说,网页的内容不再是静止不变的,而是根据具体情况动态生成的。因此,这种网页被称为动态网页。与之相对,那些以文件形式存放在 Web 服务器上的网页则被称为静态网页。

对于动态网页,当 Web 服务器收到浏览器请求网页的报文时,就不能像静态网页一样到磁盘上把文件取出,发送给浏览器就算完成任务,而必须想办法根据浏览器传送过来的条件生成相应的网页。通常 Web 服务器要运行一些小程序完成这个任务。这些小程序包括

CGI 脚本、内嵌在 HTML 中的 PHP 脚本、ASP 脚本以及 JSP 脚本等。这些名词会在下面逐个解释。

CGI(Common Gateway Interface,公共网关接口)是一个标准化的接口,它定义了 Web 服务器与后端程序或者脚本通信的规则。这些后端程序或脚本从 Web 服务器获得浏览器传送过来的信息(通常是用户输入的信息),然后根据这些信息生成 HTML 页面返回给 Web 服务器。一般这些后端程序或脚本会访问一个后台数据库以形成网页中的信息。这种通过 CGI 运行的脚本可以是任何程序设计语言写的,常见的一种是 Perl,它的特点是对字符串有很强的处理能力。这些脚本存放在作为 Web 服务器的主机的一个特殊目录下,通常是 cgi-bin。调用脚本生成网页的 URL 格式通常如下:

```
<A HREF="http://www.xyz.com/cgi-bin/sum.perl"></A>
```

这种 URL 中含有 cgi-bin 目录。这样的 URL 被浏览器提交给 Web 服务器后,Web 服务器就会到 cgi-bin 目录下寻找并执行脚本 sum.perl。sum.perl 再根据传给它的参数形成 HTML 页面返回给 Web 服务器。这个脚本的作用可能是根据用户选择的商品生成用户的账单或者别的什么事儿。CGI 脚本是在 Web 服务器之外运行的,它通常是 Web 服务器与后台数据库之间的桥梁。

PHP(Hypertext Preprocessor,超文本预处理器)也是一种脚本语言,与通过 CGI 访问的脚本不同的是,这种脚本的代码内嵌在 HTML 文件中,由 Web 服务器执行。嵌入 PHP 脚本的 HTML 文件的扩展名变为 php。PHP 实际上是面向 Web 和服务器数据库交互过程的一种程序设计语言。显然,Web 服务器必须能够理解 PHP,就像浏览器要能够理解 HTML 一样。

JSP 代表 Java 服务器页面(JavaServer Pages)。它是由 Sun Microsystems 公司倡导、许多公司参与一起建立的一种动态网页技术标准。它与 PHP 类似,只不过网页中的动态部分是用 Java 而不是 PHP 编写的。含有这种脚本的网页文件的扩展名为 jsp。

ASP(Active Server Page,活动服务器页面)是一种包含了使用微软公司私有的 VBScript 或 JScript 脚本程序代码的网页。ASP 网页文件名的后缀是 asp。

通过上述内容,现在应该知道为什么访问网页时在浏览器的地址栏中或者超链接的属性中 URL 的末尾不是 html,而是 asp、jsp 或者 php。

由服务器根据具体情况动态生成内容的网页被称为动态网页。
生成动态网页的方法有使用 CGI 脚本、PHP 脚本、JSP 脚本以及 ASP 脚本。

最后用图 6-8 把上面关于万维网涉及的元素及技术的内容整合在一起,以说明它们的关系。

6.2.2　Web 服务器的性能提升

Web 服务器现在绝对是最繁忙的服务器之一了,它要时刻准备为来自四面八方的网络用户服务,每台 Web 服务器必须有足够强的能力才能应付得过来。随着用户的增多,人们

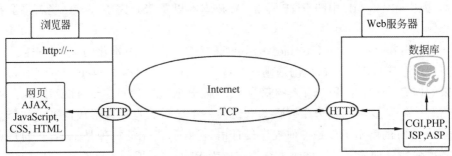

图 6-8　万维网涉及的元素及技术

发现访问一些网页的速度已经慢得超出了耐心的极限。因此,Web 服务的提供者不得不想一些办法解决或者缓解这个问题。不过,单靠一台服务器硬件性能的提升是怎样也不能赶上万维网用户的增长速度的。为此,人们必须想出一些能在目前的硬件条件下缓解问题的办法。下面介绍目前常见的一些提升 Web 服务器能力的手段。

1. 并发处理

要提升 Web 服务器的性能,首先想到的就是提高每台 Web 服务器的工作效率,也就是减少它应答每个请求的时间。在某个时刻,可能会有很多用户同时访问同一个 Web 服务器。如果 Web 服务器每次只能处理一个用户请求,而让其他的请求等待,显然是不合适的,用户对这种响应速度不可能满意。所以,Web 服务器必须能够同时为多个用户服务,也就是提供并发服务。每当 Web 服务器收到一个用户请求时,就创建一个新的进程/线程完成为该用户服务的工作。这样,Web 服务器就可以同时响应很多用户的请求了。在只有一个 CPU 的情况下,这些进程/线程分时使用 CPU;在有多个 CPU 时,这些线程/进程就可以在不同的 CPU 上真正地同时执行了。使用并发技术可以提高 Web 服务器 CPU 的利用率。CPU 可以在为某个用户服务的空当再为其他用户服务,而用户则感觉 Web 服务器好像只为自己服务。现在所有的 Web 服务器都是并发处理用户请求的。

2. 缓存技术

要想提高整个系统的服务效率,还必须减少 Web 服务器处理每个用户请求的时间。怎样加快处理速度呢?还要从 Web 服务器处理请求的过程入手。Web 服务器所做的主要事情是按照用户的请求到磁盘上把文件取出来,通过网络交给用户。对于动态网页,则需要执行/启动相应的脚本生成网页。访问磁盘的速度是比较慢的,所以如果 Web 服务器把从磁盘取出的网页文件发给用户之后,并不把它从内存删除,等再有新的请求也需要这个网页时,Web 服务器就不用访问硬盘了,这样响应的速度就加快了,效率也就提高了。可能读者已经看出来了,这实际上就是缓存技术。当然,缓存的网页只能是静态网页,动态生成的网页是不能采用这种技术的。

3. 服务器园

依靠缓存可以缓解一些 Web 服务器的压力。不过,能作为缓存的内存大小毕竟有限,单台计算机的处理能力也有限。随着访问量的持续增长,一台 Web 服务器的处理能力已经远远不能满足要求了。所以还必须想出新的办法。既然一台 Web 服务器忙不过来,那就增加一些 Web 服务器,让这些 Web 服务器提供相同的服务。不过客户的请求应该由哪个 Web 服务器响应呢?这就必须由另一个服务器解决这个问题。为此,需要另外增加一台计算机作为前端服务器,由它接收并把用户的请求分发给这些 Web 服务器。这些相同的一组 Web 服务器被称为服务器园(farm)。只增加服务器数量还不行,要发挥好这些服务器的作用,一些细节问题必须考虑到。例如,前端服务器在分发任务时,如果每次都把对相同页面的请求分发给同一 Web 服务器,那么这个 Web 服务器就可以使用缓存提高响应速度了。此外,每个用户的请求通过前端服务器到达最终提供服务的 Web 服务器,按照网络中的正常规则,Web 服务器返回的网页文件也要通过前端服务器传给用户。但是,这样做不但加大了前端服务器的负担,而且也让回复的数据包多走了一段路。因此,需要想办法让回复的数据不再经过前端服务器,直接按照合理的路径到达用户主机。

4. 镜像服务器

上面已经提出了几个办法。可是,对于 Web 服务器的用户量来说还是不够多。采用服务器园的办法使总体服务能力大大提高,但是,所有的请求和应答仍然都要通过服务器园周围的网络传输。持续增长的用户访问流量很快就使这些网络不堪重负。怎么解决这个问题呢?说来也很容易。把这些提供相同服务的 Web 服务器不放在一起,而是放在网络中的各个不同地点,这样流量不就不那么集中了吗? 这些分散在各地的 Web 服务器被称为镜像服务器。不过,现在就不能再使用前端服务器分配任务了。通常在网站添加一些链接指向这些镜像服务器。用户通过这些链接到达镜像服务器,以后的访问就都针对这些镜像服务器了,这样就把流量分散开了。通常镜像服务器上都是一些静态信息。如果信息经常更新,那么就必须想办法保持这些镜像服务器之间的信息同步。如果信息时刻在更新,那么同步信息将是一件既不容易也很麻烦的事情。

现在还有一种流行的网络技术,称为内容分发网络。这种技术能够把不同用户请求时用到的 Web 服务器的主机名解释成不同位置的 Web 服务器,这样用户请求就会被网络传递给不同的 Web 服务器了。在选择解释成哪个 Web 服务器时,会考虑用户与 Web 服务器的距离以及服务器当前的负载等信息。

5. 代理服务器

除了镜像服务器,人们还使用了另一种缓存办法提升 Web 服务器的能力。不过这次不是在服务器的内存中,而是在网络中的某台计算机上缓存网页。在这台计算机上有一个进程,它会缓存经它传递的网页。这台计算机(其实是计算机上的进程)被称为代理服务器。一般代理服务器被放在公司或者运营商网络的出口位置上。这些代理服务器会像 Web 服务器一样响应用户的网页获取请求。如果代理服务器上没有用户需要的网页,那么它会像客户端一样到真正的 Web 服务器上取回网页,然后交给向其请求的用户,同时把网页缓存下来。当下次再有用户需要这个网页时,它就直接从自己的缓存中取出,传递给客户。为了使用代理服务器,用户需要在自己的浏览器中进行相应的设置,让所有的网页请求发送给代理服务器,而不是真正的 Web 服务器。

因为代理服务器离用户比较近,所以它不但可以减轻 Web 服务器的工作负担,而且能够加快响应的速度。代理服务器还能够减少 Web 服务器周围网络的流量,也减少了用户网络的出入流量。这对于按照流量向上一级网络商付费的运营商来说是一个额外的收获。

你现在可能想到一个问题。代理服务器要把一个网页缓存多长时间呢?如果 Web 服务器上的网页变化了,代理服务器仍然用旧的缓存网页就不好了。为此,代理服务器需要确定网页的缓存时间。每个网页更新的速度是不一样的。例如,一个介绍经典名著的网页可能很久也不会更新；但是一个播放天气预报的网页则会每天或者每小时更新；如果是股票的网站，那么则要时刻更新，但等到当天股市收盘后，网页的信息就会保持不变，直到第二天开盘。因此，如果只泛泛地为所有网页设置相同的有效时间显然不合适。代理服务器要想工作得好，必须有一个很好的技巧处理缓存网页的有效时间。例如，它可以根据网页上次修改时间距现在的时间差推测网页可能再次被修改的时间。

当代理服务器觉得一个网页已经过期时应该怎么办呢？最简单的办法就是直接从缓存中清除网页，等到有用户需要时，再到 Web 服务器上取回并缓存。可是，如果网页并没有被更新过，那就白白多了一次对 Web 服务器的访问。为此，人们就在 HTTP 中增加了一个头部字段——If-modified-since。这个头部字段向 Web 服务器询问网页在某个时间之后是否被修改了。如果修改了，Web 服务器就会返回修改后的网页；如果没有改动，那么它就在应答报文中说明网页没有改动，也不再附上网页的内容。尽管这样代理服务器和 Web 服务器之间收发了两条报文，但是流量还是减少了很多，服务器的处理时间也会减少很多。

现在可以得出一个代理服务器的工作思路了。它接收用户的网页请求。如果自己缓存了用户需要的网页，就用缓存的网页应答；否则就到 Web 服务器上取，取回来之后缓存，同时应答用户。代理服务器缓存网页时要计算每个网页的缓存有效时间。当缓存时间超过有效时间时，代理服务器会向 Web 服务器发送对该网页的请求，里面带有一个询问网页在其缓存时间之后是否修改过的头部字段。Web 服务器收到请求后，对于已经修改的网页发回带有新网页的应答。代理服务器缓存新网页并把它交给用户；如果网页没有被修改，则 Web 服务器直接发送一个"未修改"的应答。代理服务器收到应答后，更改网页的有效时间，然后用缓存的网页应答用户。

显然，使用代理服务器是有一些风险的，如果网页有效时间设置不当，会使用户得到过期的网页。同样，对于动态网页是没有缓存的必要的。

重 点 提 示

> 提升 Web 服务器性能的方法有进行并发处理、采用缓存技术、使用服务器园、使用镜像服务器、设置代理服务器等。

6.3 电子邮件服务

电子邮件服务是互联网上最早提供的服务之一。它对人们接受互联网起到了重要的作用。电子邮件的实现说起来比较容易。寄件人把要讲的事情写出来，然后通过网络发送给收件人就行了。这个简单的操作中存在几个必须解决的问题。首先，收发双方必须有一定的收发规则，也就是协议，包括用什么方式建立联系、收发邮件之前应该发送什么样的信息、邮件的格式应该是什么样的，收发双方还要对邮件地址的表示和使用达成一致。其次，如果发件人的主机直接把邮件发送给收件人的主机，那么在发件人发送邮件时，收件人的主机必须开机，而且准备好接收邮件。通常终端用户的主机都不是 24 小时运行的，这就给邮件的发送带来了困难。而电子邮件和电话相比，一个优势就是收件人可以在他有时间的时候处理邮件，即接收者具有主动权；而电话的接收者则比较被动，呼叫方拨打电话时，接收方并不一定很愿意处理这件事情。为了保持电子邮件的这个特点，同时又保证邮件发送成功，人们在网络中设置了 24 小时不间断运行的服务器代替用户接收和发送邮件，这就是电子邮件服务器，就好像日常生活中的邮局。正是由于上述原因，电子邮件系统呈现出如图 6-9 所示的结构。

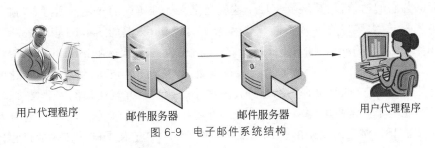

图 6-9 电子邮件系统结构

1. 邮件地址

为了发送电子邮件，用户首先需要在网络中的某个邮件服务器上注册并获得一个邮箱。邮箱由邮件地址标识，如 xiaofang@youju.com。邮件地址由两部分构成，在符号@后面的是邮件服务器所在域的名字，而前面则是用户在该域邮件服务器上的账号。邮件服务器会为每个注册的账号开辟一个邮箱，用来存放该账号用户发送和接收的邮件。邮箱实际上就是文件系统中的一个目录。

2. 用户代理程序

要发送邮件，寄件人必须先把邮件写好。这时用户需要借助用户代理程序，也叫电子邮件客户端。用户代理程序有很多，如 Foxmail、Outlook 等。人们可以按照自己的喜好选择某个用户代理程序。这些用户代理程序的主要功能都是一样的，即为用户提供编写邮件的界面，代替用户发送邮件，以及从邮件服务器上取回并显示接收的邮件。不同的用户代理程序只是在具体实现细节上有些不同，如不同的界面风格和不同的个性化服务等。

用户写好邮件之后，就可以告诉用户代理程序发送邮件了。一般这只需单击用户代理程序界面上提供的"发送"按钮。接到发送命令之后，用户代理程序就要和一个邮件服务器建立联系，把邮件交给它，让它帮忙发送给收件人的邮件服务器。这时，用户代理程序和邮件服务器之间的通信模式是典型的客户/服务器模式。用户代理程序是邮件服务器的客户端。它主动和邮件服务器联系，建立连接；而邮件服务器则始终在运行，等待用户代理程序的连接。

至于与哪一个邮件服务器联系，一般用户代理程序是依据用户设置的"发送邮件服务器"这个选项中的内容决定的。在用户初次使用用户代理程序或者用户在代理程序中建立一个新账号时，用户代理程序都会要求用户设置发送邮件服务器或者 SMTP 服务器，这个服务器通常是用户自己邮箱所在的服务器，例如 smtp.bjut.edu.cn。

> 邮件地址由用户在邮件服务器上的账号以及邮件服务器所在域的域名构成。
> 用户代理程序为用户提供编写邮件的界面，代替用户发送邮件，从邮件服务器上取回并显示接收的邮件。

3. SMTP

为什么发送邮件服务器有时候也称为 SMTP 服务器呢？那是因为用户代理程序和邮

件服务器之间使用 SMTP 进行通信。SMTP,即简单邮件传输协议(Simple Mail Transfer Protocol),是专门为发送电子邮件设计的。它是一个标准协议。因此,我们才能有各种风格的、不同厂家/组织实现的、但都能与邮件服务器建立联系、发送邮件的用户代理程序。这些用户代理程序在与邮件服务器通信时都使用标准的 SMTP。所以,理解 SMTP 的邮件服务器都能够与它们通信,从其接收邮件。这就是定义标准协议的作用。实际上,邮件服务器也有很多厂家/组织实现的各种不同软件和版本,如 Linux 上的 Sendmail、Qmail、Postfix、exim、Zmailer 以及 Windows 的 Microsoft Exchange Server 等。在 Internet 中,SMTP 应该算是一个"古老"的协议(Internet 的历史实在太短了,只有几十年),在它被标准化的几十年后人们仍然在使用它(同时也在不断地进行一些小的改进),并且使用的人非常多。

SMTP 是一个非常简单的协议。但对于传输邮件已经足够了。也许正是因为这个原因使它战胜了 ISO 制定的复杂的邮件标准 X.400。SMTP 定义了邮件传输的过程以及在此过程中使用的命令和状态码、传送的邮件报文的格式。与 HTTP 一样,SMTP 定义的交互命令和状态码都是 ASCII 码字符,因此人们可以直接读懂这些消息。例如,命令 mail from 指明邮件的发件人,后面要跟发件人的邮件地址。

SMTP 规定收发邮件的双方必须先打招呼。为此,它定义了 hello 命令。该命令后面带一个域名,指明打招呼的客户端的名字。互相打完招呼之后,双方就可以进行邮件报文的传输了。最后互相说再见,结束通信。当收到发件人传递过来的命令时,邮件服务器要发送相应的状态码以及解释作为应答。例如,当客户端发出 hello 打招呼时,邮件服务器发回250 作为应答。250 就是 SMTP 定义的状态码,它表示请求的动作没有问题,已经完成,这里表示它接受客户端的问候。

邮件报文中包括一些定义好的头部字段以及用户的邮件内容。头部字段中记录着邮件的发件人、收件人以及邮件经由的路径等。如果发件人希望收件人回复的邮件寄往另一个信箱,那么也在头部中用一个特定的字段表示(该头部字段名为 reply-to)。SMTP 采用 7 位的 ASCII 码传送全部信息,包括邮件的内容。关于 SMTP 的细节可以阅读相关的图书或者资料。

下面继续介绍邮件的发送过程。当用户主机上的用户代理程序使用 SMTP 联系邮件服务器并把邮件发送给它之后,用户代理程序的发送任务就结束了。通常每个邮件服务器都是 24 小时不间断运行的,所以在用户代理程序与发送邮件服务器建立联系时一般都会成功。如果发送邮件服务器出问题了,那么用户代理程序会向用户显示一个发送失败的通知。

邮件服务器收到要发送的邮件之后,把它放到自己的输出队列中。邮件服务器接下来的任务就是把这个邮件投递给收件人所在的邮件服务器。因此,发送邮件服务器需要和收件人的邮件服务器建立联系。收件人的电子邮件地址中符号@后面是邮件服务器所在域的名字。为此,发送邮件服务器需要先找到收件人邮件服务器的名字。这要借助于网络中另一个称为 DNS 的服务器的帮助。在 DNS 的数据库中,存有各个域的邮件服务器的名字。发送邮件服务器通过 DNS 系统和收件人地址中的域名找到邮件服务器的名字,然后再通过DNS 找到这个邮件服务器名字对应的 IP 地址,就可以和收件人的邮件服务器联系了。有时候一个域中会设有多个邮件服务器,那么在 DNS 记录中会给出这些邮件服务器的优先级。发送邮件服务器会根据优先级顺序试着向这些服务器投递邮件,直到邮件投递成功。发送邮件服务器和收件人的邮件服务器之间仍然采用 SMTP 进行通信。这时发送邮件服务器变成了客户端,而收件人的邮件服务器是服务器端。

收件人的邮件服务器收到邮件后,就会把邮件放入收件人的信箱,等待收件人阅读。虽然邮件服务器都是始终运行的,但是如果碰巧收件人的邮件服务器出了问题,那么发送邮件服务器会把邮件保持在自己的发送队列中,过一段时间再试着发送,直到成功或者尝试了规定的时间和次数。如果最终没有成功,发送邮件服务器会给发送者发送一个邮件,告知发送失败以及原因。

4. 邮件访问协议

到这里,邮件已经到达了收件人的邮件服务器,任务的大部分已经完成了。只剩下收件人的用户代理程序把邮件取出并显示给用户看了。可是,这时候出现了一个问题。用户代理程序不能用SMTP从邮件服务器上取回邮件。因为SMTP只规定了发送邮件的命令,而没有接收的命令。按照SMTP的机制,用户代理程序要获得邮件,就必须作为服务器端,等待邮件服务器与其建立联系,并把邮件投递给它。但是,用户代理程序是在用户主机上运行的程序,通常是不能24小时运行的。在网络刚刚组建时普通用户非常少,网络上的主机都是研究网络的那些研究机构的主机,这些计算机都是24小时开机的,所以当时设计出来的SMTP就成了这个样子。可是前面也说过,正是因为现在用户的主机不是24小时运行的,所以才采用了邮件服务器,而不是把邮件直接投递到收件人的主机。所以,要想把邮件取到用户的主机,必须定义新的协议,这个协议要以拉取的方式获得邮件。也就是说,用户代理可以作为客户端通过协议与邮件服务器建立联系,它可以主动向邮件服务器查询是否有邮件并请求从邮件服务器获得邮件,邮件服务器能通过这个协议把邮件传送给用户代理程序。这样的协议被称为邮件访问协议。

邮件访问协议也有很多种,邮局协议(Post Office Protocol,POP)就是其中一种。其他常用的邮件访问协议还有因特网消息访问协议(Internet Message Access Protocol,IMAP)。在我们使用用户代理程序配置发送服务器的同时,通常都要配置接收服务器的地址,也就是用户代理程序接收邮件时要联系的邮件服务器。有时候这一项写的是配置POP3服务器,就是因为收取邮件时使用的协议是POP3。

有了这些邮件访问协议,收件人就可以命令用户代理程序(如单击"接收"按钮)从邮箱中取回并显示邮件了。这时用户代理程序会与用户指定的接收服务器建立联系,然后通过邮件访问协议把邮件取到本地并显示给用户。

现在从发件人开始撰写邮件到收件人看到邮件的整个过程终于完成了。图6-10对电子邮件系统做了总结。

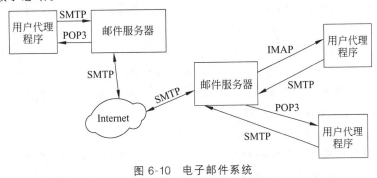

图 6-10　电子邮件系统

　　仔细回想上述过程,可以发现其中还是存在一个问题。前面说过 SMTP 是按照 7 位的 ASCII 码传输邮件的,这意味着邮件中只能是 ASCII 码支持的 128 个字符的 7 位编码,这个限制可太大了！可是,用户在使用电子邮件时并没有感觉到这个限制,几乎可以传送任意格式的文件,如视频、带有各种字符的 Word 文档以及一些可执行文件等。这些内容中每个字节的最高位不可能都是 0,都是有意义的。这是怎么回事呢？这又是怎样实现的呢？

重 点 提 示

　　用户代理程序和邮件服务器之间、发送邮件服务器和接收邮件服务器之间都使用 SMTP 进行通信。

　　发送邮件服务器通过 DNS 系统获得接收邮件地址中域名所指的域的邮件服务器地址。

　　用户代理程序通过邮件访问协议(如 POP、IMAP)从邮件服务器取回邮件。

5. MIME 及 Base64 编码

　　在早期,因为邮件的作用主要是互相通信——传递一些话语,而且当时的用户都使用英文,所以 SMTP 传递 ASCII 码已经足够了。可是后来人们希望能够在邮件中传递更多的信息,如歌曲、可执行文件等,而这些文件中的内容是不能用 ASCII 码表示的。即使是简单的邮件内容,如果不是用英文写的(例如中文),ASCII 码也表示不了。为此,人们提出了一种称为多用途 Internet 邮件扩展(Multipurpose Internet Mail Extensions)的解决方案,简称为 MIME。这种方案不更改 SMTP 传输 7 位 ASCII 码的规则,但是可以在邮件中传送音频、视频、图像等多种不同类型的邮件内容。这些不同类型的文件中每字节的 8 位都是有效数位。为了能够用 7 位 ASCII 码传送这些文件,需要对这些文件中的二进制串进行重新编码,使每字节看起来都是 ASCII 码,以满足 SMTP 的要求。打个比方来说明这个解决方案。有一辆运输车,车上每只箱子只能装 7 个物品(就是 7 位 ASCII 码)。但是物品是按照 8 个一组打包的(一字节)。因此必须重新把这些物品按照 7 个一组打包,以适应运输车上箱子的大小,这被称为编码。在把物品从运输车中取出后,需要再把它们重新按 8 个一组打包,这被称为解码。MIME 就是采用这种编码和解码的办法把各种文件的内容通过 SMTP 发送出去的。

　　MIME 支持两种编码方式。这里只简单介绍其中一种——Base64 编码。另一种编码方式称为 QP,可以自己查阅资料。Base64 的编码表把 0～63 这 64 个数对应于 64 个字符的 ASCII 码作为编码表。这些字符是 A～Z、a～z、0～9、+、/。Base64 编码的时候,每次从要编码的文件中取出 3 字节(共 24 位)数据,这 24 位数据然后被分成 6 位一组,这样一共是 4 组,每组被看作一个二进制数,6 位二进制数对应的十进制数范围正好是 0～63。根据每组 6 位二进制数对应的十进制数,Base64 按照编码表把它编码为对应字符的 ASCII 码。例如:

$$10101010\ 00110101\ 10001011$$

这 3 字节按照 6 位一组重新分组后为

$$101010\ 100011\ 010110\ 001011$$

它们对应的十进制数为 42、35、22、11。因此,它们的 Base64 编码为这些数字对应的字符的 ASCII 码,即字母 q、j、W 和 L 的 ASCII 码:

$$01110001\ 01101010\ 01010111\ 01001100$$

　　这种方式就是把原来 3 包中的物品装在 4 个包中。如果最后剩余的数据不足 3 字节,即剩下一字节(8 位)或者两字节(16 位),则用 0 填补。最后计算出来的是 0,对应的 ASCII

码字符应该是 A,但是因为填补的 0 不是有效数据,所以 Base64 会用等号字符的 ASCII 码代替 A。

现在邮件的内容已经被改造成 SMTP 能够接受的形式了。但是,发件人必须通知接收方,让其按照同样的规则解释这些内容,否则收件人仍然按照 ASCII 码解释,就是乱码。为此,MIME 在邮件报文头中增加了一些头部字段向收件人描述这些信息。这些头部字段表明邮件的内容使用了哪个版本的 MIME 以及采用的是什么编码方式。头部字段还表明邮件内容是什么类型的文件,如 video/mpeg。这样接收方在解码之后,就知道用什么软件解释邮件的内容了。通过这种方式,SMTP 就可以发送各种类型的文件了。

6. 邮件转发

按照上述过程,因为用户代理程序并不是始终运行的,所以需要借助于一个发送邮件服务器和一个接收邮件服务器完成邮件的发送和接收。除此之外,邮件不需要经过其他任何邮件服务器。但是,由于早期的一些技术原因,某些邮件服务器之间并不能直接通信,邮件要通过中间若干邮件服务器的中继才能到达收件人的信箱,所以 SMTP 允许邮件服务器中继转发与自己无关的邮件。随着环境的变化和技术的提高,这个功能现在已经没有多少实际意义了。但是,它却被发送垃圾邮件的人看中,这些人利用这个功能掩饰垃圾邮件的来源。为此,较新版本的邮件服务器都自动关闭了中继功能。但是,一些老版本的邮件服务器默认仍然支持中继功能。这就需要管理员自己检查,把中继功能关闭,或者有选择地中继转发某些域的邮件。

7. WebMail

最后简要介绍 WebMail。除了使用 Foxmail、Outlook 等用户代理程序收发邮件之外,很多人也使用浏览器收发邮件。用户可以在任意地方通过浏览器访问邮件服务器,而不用进行任何设置。这对于在外出差,没有固定计算机的用户来说非常方便。在用户看来,使用浏览器和用户代理程序没有太大的区别。不过,在技术上它们是有很大不同的。浏览器是使用 HTTP 与服务器打交道的。既然用浏览器访问邮件服务器,那么这个客户端就不会按照 SMTP 或者 POP3 发送信息,而只能发送 HTTP 消息包。为此,在实现 WebMail 时,一般在邮件服务器端会增加一些特殊的程序以接收和应答用户通过浏览器发送过来的邮件请求。有时候,这些程序需要再使用 SMTP 或者 POP3 与 SMTP 邮件服务器或者 POP3 邮件服务器交互。目前 WebMail 的实现并没有统一的标准,人们可以使用各种策略支持通过浏览器收发邮件的功能。

人们通过编码让只能发送 7 位 ASCII 码的 SMTP 传输各种类型的文件。
WebMail 通过浏览器收发邮件。客户端和服务器端使用 HTTP 通信。

6.4　FTP 服务

FTP 服务确切地说是文件传输服务。它可以让用户把文件放到服务器上,同时可以从服务器下载所需要的文件。这种服务由用户计算机上的客户端软件和服务器上的服务器端软件协同提供。服务器端软件和客户端软件通信时遵循文件传输协议（File Transfer Protocol）。

FTP 是网络中出现最早的应用协议之一。最早的电子邮件就是采用 FTP 实现的。后来 FTP 才逐步分离出来，形成独立的协议。

FTP 系统结构如图 6-11 所示。在用户主机上运行的客户端程序主要有 3 个功能。首先，它为用户提供一个访问 FTP 服务器的界面，如显示本地和远端文件及目录、提供按钮让用户能够发布文件上载或者下传的命令。其次，它与本地文件系统打交道，以便把本地文件上传给服务器，或者把从服务器获取的文件存放在本地。最后，它与 FTP 服务器建立联系，进行文件传输。因为 FTP 已经被标准化，所以只要依据这个协议开发的客户端和服务器端程序就能够顺利通信。现在有很多不同的 FTP 服务器客户端软件，如 CuteFtp、LeapFtp，以及服务器端软件，如 Linux 下的 VSFtp、Windows 下的服务器套件中的 FTP 服务器以及 Serv-U 等。

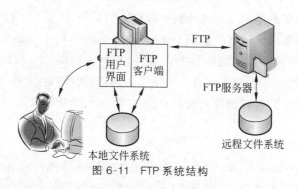

图 6-11　FTP 系统结构

默认情况下，FTP 服务器在 21 号端口等待客户端的连接。客户端在与服务器连接成功后，服务器会对用户进行鉴别。这主要通过要求用户输入用户名和密码完成。通过鉴别之后，用户就可以使用 FTP 定义的命令查看服务器上的文件、下载或者上传文件了。

FTP 定义了用户可以使用的命令以及服务器返回的状态码。与 SMTP 一样，这些命令都是以 ASCII 码方式传输的，因此都是能够看得懂的。现在的 FTP 客户端软件多数是图形界面，它们以各种按钮/鼠标按键响应的形式封装了 FTP 的文本命令。用户可以使用文本行访问 FTP 服务器，这样就可以看到这些 FTP 命令了。例如在图 6-12 中，用命令 ftp 启动了 FTP 客户端。这时可以使用帮助命令 "?" 显示出全部可以使用的命令。其中，open 命令用来连接一个 FTP 服务器。从图 6-12 中可以看到，当用 open 命令成功地与 FTP 服务器 ftp.pku.edu.cn 建立联系之后，屏幕上显示出以数字 220 开始的一行文字。这里 220 是 FTP 协议定义的状态码之一，表示成功。然后屏幕上显示出 User 这一行，要求输入用户名提交给服务器进行鉴别。这些命令的功能可以自己查阅手册。

FTP 服务有一点特别的地方是，当用户发布上传或者下载某个文件的命令后，客户端和服务器并不通过刚刚创建的这个连接传输数据，而是再创建一个新的数据连接传输数据，原来的连接则继续用来传输其他控制命令（因此它被称为控制连接）。当创建的数据连接完成数据传输任务后就会被关闭。如果需要传输新的文件，就要再创建新的数据连接，即每个数据连接只用来传输一个文件。

因为服务器总是运行的，而客户端只在需要时才运行，所以，在创建控制连接时，必须是

图 6-12　文本界面的 FTP 客户端

客户端主动与服务器建立连接。可是,创建数据连接时,一定是在控制连接建立之后,这意味着通信双方的软件都在运行。那么,无论谁主动发起建立数据连接的请求,都可以准确地找到对方。也就是说,在传输文件时,通信双方谁作为客户端进程、谁作为服务器端进程都是可行的。因此,FTP 的数据连接有两种创建方式:一种是由 FTP 服务器端主动发起连接请求创建的;另一种则仍然是由客户端软件发起创建的。前者称为主动模式,后者称为被动模式。可以看出,这种命名法是从服务器的角度出发的(通常用户所在网络的防火墙会禁止 FTP 的主动模式,因此只能选择被动模式)。

重 点 提 示

文件传输服务的服务器和客户端通过 FTP 进行通信。
FTP 使用控制连接传送命令,使用独立的数据连接传输文件。
数据连接的建立分为主动和被动两种模式,这种命名法是从服务器的角度出发的。

复习题

1. 什么是客户/服务器模式? 为什么说它是网络应用程序体系结构的基础?
2. 常见的网络应用程序体系结构有哪些?
3. 万维网是指什么?
4. 什么是 URL?
5. Web 服务器的客户端软件叫什么? 它们之间通过什么协议通信?
6. HTML 是做什么用的? 为什么说浏览器是 HTML 解释器?
7. 什么是动态网页? 什么是静态网页?
8. CSS 是什么? 它和 HTML 是什么关系?
9. AJAX 是什么技术?
10. 能嵌入 HTML 文件,在浏览器端运行的脚本语言有哪些?
11. 实现动态网页的技术有哪些?
12. 有哪些技术可以提升 Web 服务器的性能?

13. 邮件地址由什么构成？

14. 简述邮件从编写到被收件人看到所经历的过程。

15. 为什么要使用邮件访问协议？

16. 怎样能让只会传送 ASCII 码的 SMTP 可以支持多种类型的文件传输？

17. 在 FTP 服务中，主动模式指的是什么？

讨论

1. 你认为计算机网络为人们的生活带来了什么变革。

2. 提升 Web 服务器性能的技术是否可以应用到其他服务器（如 FTP 服务器、邮件服务器）上？为什么？

3. 你认为设计并提供一个网络服务应该注意哪些问题？

4. 如果让你为现有的邮件服务器增加通过 Web 访问的支持，你能想出应该怎样实现吗？

实验

查找相关资料，配置一个 Web 服务器，发布你的个人主页。

第 7 章　网络平台基础知识

　　带有网络功能的计算机能够为人们做更多的事情。不过,计算机要想连接到网络中,是需要用户做一些工作的。尽管计算机的基本联网功能已经内置在操作系统中,但是带有这些功能的程序在运行时还需要用户提供一些基本的信息,通常是做一些必要的设置。尽管这些工作越来越少,越来越容易做,但还是需要用户参与。本章先说说为什么要做这些事,即介绍计算机网络相关的一些基本知识和技术,然后介绍实现网络通信要做哪些事情以及怎样做,最后介绍 DHCP 和 DNS 两个服务。这两个服务与第 6 章所介绍的服务有所不同。它们并不直接满足用户网络共享资源的需求,而是为方便用户使用网络而提供的支持性服务,所以把它们放在本章中介绍。

7.1　计算机网络的层次结构

　　前面讲过,计算机系统因为太复杂而被分解成不同的层次。这样可以使问题的解决变得简单一些。同样道理,要想实现两台计算机的通信,也有很多事情要做,为此,计算机网络的通信任务也被分解成不同的小问题,由不同的专家或者组织有针对性地解决。其中一部分问题的解决依赖于另外一些解决方案提供的服务。这样,整个网络系统就形成一种层次结构,即人们常说的计算机网络层次结构。

7.1.1　分层动机

　　计算机网络平台要完成通信到底要做多少事情？真的需要分层吗？为了回答这两个问题,现在看看位于不同计算机上的两个进程相互通信大致上必须做的事情。假定现在没有微信、QQ 等任何聊天软件工具。小明有的只是一台计算机,它被用双绞线连接到小芳的计算机上(最简单的一个网络连接)。为了能够通过计算机与小芳联系,小明要自己写一个聊天程序。现在看看小明的程序代码要完成哪些任务。

　　首先,小明向小芳表达的意思必须传达给计算机,因此,程序需要提供一个人机界面。程序可以在开始运行时出现一个"语音"按钮,单击它之后,小明就可以对着麦克风讲话,然后这些语音以数字形式存储下来。为了实现这个功能,小明的程序需要产生一个按钮;在判断按钮被单击之后,要通过麦克风的接口采集声音,然后把声音以某种形式记录在计算机中。处理声音还是比较麻烦。所以,小明考虑先用最简单的方式,通过键盘把要说的话用文字表达出来。这只需编写一个有窗口的界面,能够让小明输入文字,窗口下面有一个"发送"按钮。小明输入文字之后,程序需要把这些文字以计算机中的某种二进制形式暂存下来。单击"发送"按钮时,程序就把暂存的信息转换成电信号放到双绞线上发送出去。因为是双向通信,小明的程序不能只有发送信息的功能,还要有接收信息的功能。当小明这台计算机上的信息发送出去之后。同样的程序也要在小芳计算机上运行以接收信息。它首先需要从双绞线上接收电信号,然后把电信号转换成计算机的信息表示格式,最后把信息翻译成字符,在屏幕上显示出来。整个事情也就做完了。当小芳回复时,程序所做的事情也就是反过来重复上述过程。事情现在看起来挺简单的,好像还用不着大动干戈——把它层次化。

事情确实是这样吗?在开始动手写程序之前,需要把事情再想得周全一些。首先,字符在计算机中用什么表示比较好,是用 ASCII 码还是用 Unicode 呢?选择什么编码有很大影响吗?另外,信号发送出去后,如果在线路上受到干扰,接收方怎么判断出信号是否完好无缺呢?例如,如果发送的"我今天没有课"到了另一方变成了"我今天有课",接收方程序怎么能判断出对错呢?如果知道发送的信号出问题了,那么应该怎么改正或者补救呢?如果两台计算机分别放在北京和上海,那应该怎么办呢?不可能用一根线直接把这么远的两台计算机连接起来,是不是这么远的计算机就不能通信了?是不是可以通过其他计算机或者网络设备转接?如果可以,那么小明发送的数据包怎样才能够越过这些中间的计算机或网络设备找到小芳的计算机呢?怎么才能让中间的计算机或网络设备为小明转发数据包呢?这些中间的计算机或网络设备怎么知道数据包要发送给小芳而不是别人呢?如果有很多网络设备可以转发数据包,有很多条路可以到达小芳的计算机,那么走哪条路更好呢?当从双绞线上接收电信号时,怎样判断哪些信号是有效信号,哪些是线路上的噪音,即有用信息从哪里开始,又到哪里结束呢?在双绞线上用什么样的信号表示信息,即用什么表示二进制数码1 和 0?如果发送方发送的速度太快,接收方的计算机处理不过来怎么办?如果途中的链路有些不是双绞线,而是光纤(电信号是不能通过光纤的),那怎么办呢?我们就先想到这里吧。可以看出,如果只有物理上的网络连接,没有任何其他软件上的服务支持,要想写一个能够运转的网络通信程序,需要做的事情非常多,尤其是要进行远距离的通信。实际上,前面虽然考虑了很多,但是仍然有很多细节没有涉及。由此得出的结论是一个人或者几个人是不可能完成网络通信这个任务的。为此,网络系统中也借鉴了社会分工的思想,将这个庞大的任务分割成不同的小任务,每个小任务由不同的人或组织完成,最终一个网络通信程序依靠其他程序(可能在不同的设备上)提供的服务完成通信目标。在网络系统中这种分工具有服务与被服务的关系,形成的是层次结构,所以被称为分层。

7.1.2　分层与参考模型

既然我们已经知道小明要写的这个网络聊天程序要分工完成,现在就来分一下。首先,可以把程序中与硬件打交道的部分分离出来,由熟悉通信电路和硬件的人来写(因为小明对硬件实在是了解得太少了)。这部分程序完成低级通信,把交给它的0/1串传递给网络上相邻的计算机,同时能够把相邻的计算机传递过来的信号转换成0/1串。当然,这段程序必须在通信双方的计算机上都运行,才能实现一个合理的双向通信。假定这段程序在两台通信的主机上表现为两个进程,分别称为低级通信进程 A 和 B,如图 7-1 所示。从实现上来说,这段程序要判断链路是双绞线还是光纤或者别的什么,然后根据情况将0/1串转换成相应的电信号或者光信号发送出去。这些功能在实际的网络中大部分是由硬件直接完成的,而且不同传输介质的实现硬件也不同。这里把它说成一段程序,只是为了理解上的简单。接收信号时,要能够判断出链路上何处是有效信号,要能够根据发送时采用的信号转换规则把信号翻译出来。这两个通信进程需要事先进行一些约定,如使用什么频段的信号,用什么样的信号表示有效信息的开始以及结束等。只有这样,两个进程才能正确地把对方发过来的信号解释成原来的0/1串。

有了低级通信程序,如果小明再想写一个聊天程序,现在他可以把注意力集中在界面设计以及字符的表示上了。假定小明写的聊天程序名为 MQ。MQ 的功能是把用户输入的字符传递给另一台计算机,还能够把另一台计算机传递过来的字符显示出来。当然,MQ 程序应该是收发方同体,需要同时在两台计算机上运行。我们把 MQ 在两台计算机上的运行分别称为应用进程 A 和 B,如图 7-1 所示。同样,这两个应用进程之间也需要有一些约定,例如,一方的计算机空闲就发送♯♯♯信号通知对方,用 ASCII 码表示字符等,这样接收方才能正确解释发送方的意思。现在 MQ 把收发信息的事情完全交给低级通信程序处理:在发送方,MQ 只要把输入的字符转换成 0/1 串,然后交给低级通信进程;在接收方,MQ 再把低级通信进程收到的 0/1 串转换成字符显示出来。这样,小明就可以不用了解硬件知识了。他不用知道什么是频率、相变、折射率、光电转换,甚至不用知道两台计算机是通过什么物理线路连接在一起的。

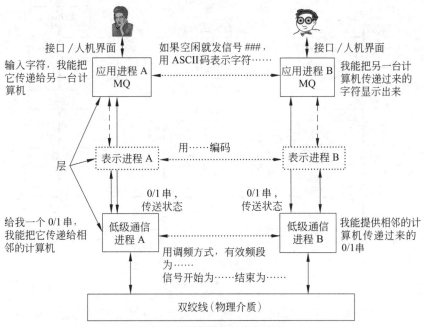

图 7-1 网络聊天程序的分层

还可以把任务进一步细分。例如,把数据表示这一块也从小明的程序中提取出来,由熟悉各种数据格式以及编码的人去做。图 7-1 中的表示进程就是完成这部分功能的程序的运行体。这样,小明连编码都不用考虑了。他只要专心设计一个用户喜欢的界面。多出来的时间他就可以想想怎样提供语音聊天了。当然,如果距离很远的两台计算机想要通信,那么还必须有人编程解决数据包怎样跨越千万台网络设备到达目标主机的问题。

这样,一个大的任务就被分解成若干不同的子任务。每个子任务可以分别由相应的专家完成。这些子任务之间形成一种服务与被服务的层次关系。因此,划分网络通信任务的这个过程被称为分层,每层的功能称为服务。例如,在图 7-1 中,低级通信进程提供的服务就是:把 0/1 串通过某种形式传递给相邻计算机,并且把相邻计算机传递过来的信号转换成 0/1 串。低级通信进程是为表示进程提供服务的。而表示进程是为应用进程提供服务的。把每个子任务称为一层。例如,在图 7-1 中网络通信任务被分为 3 层。

现在我们已经达成共识：网络通信的功能很复杂，必须分层实现它。但是，整个网络系统应该分成几层？每层的功能应该是什么？人们对此形成了不同的看法。下面介绍的两个参考模型就是两种不同的分层方法。

在刚刚开始建设网络时，人们就意识到网络分层的问题，并开始讨论网络到底应该怎样分层。最终人们设计了一个分层的参考模型，这就是 1978 年国际标准化组织定义的开放系统互连参考模型（Open System Interconnection Reference Model，OSI/RM），简称 OSI 参考模型。顾名思义，它是供实现网络的人参考的。

OSI 参考模型把网络分成 7 层，从上到下依次是应用层、表示层、会话层、传输层、网络层、数据链路层以及物理层。图 7-2 是 OSI 参考模型的示意图。

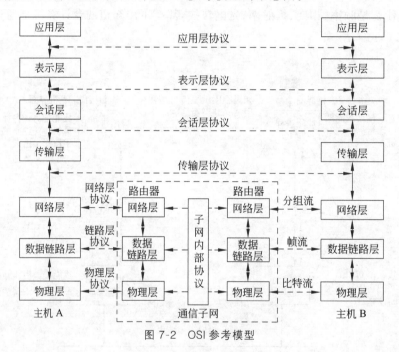

图 7-2　OSI 参考模型

OSI 参考模型中的物理层负责将 0、1 这样的数字表示成物理信号通过传输媒质发送出去或者接收相应的物理信号转换成 0、1。在物理层看到的信息就是连续的 0/1 串，它是没有任何结构的信息，因此物理层的作用是比特的发送和接收。这一层负责定义传输介质的机械、电气的过程、功能及规格，例如线缆是什么材料的，一共用几根，0 用什么电/光信号表示，网络连接器有多少针等。

物理层能把信息通过传输介质（如线缆）传送出去。但是如果传输介质是共享的，它只能把数据交给连接在传输介质上的所有计算机，为此，物理层上面的数据链路层在发送的信息中加上了发送者和接收者的标识，称为地址。这样，收到信息的计算机能够以此判断是不是发送给自己的数据，如果不是发送给自己的就丢弃。除此之外，数据链路层还会在信息中加上冗余信息，用于确定信息在传输过程中有没有出错，这些冗余信息根据功能称为检错码、纠错码或者校验码。这样，对于数据链路层来说，发送和接收的信息就不再是一个简单的 0/1 串，而是有特定结构的信息，例如前几位是源地址、哪几位是校验码、哪几位表示数据包长度等。数据链路层这种有约定格式的数据包被称为帧。

　　数据链路层可以实现把数据从一台计算机传递到同一网络的另一台计算机。但是,如果目的主机在其他网络中,就还要有选路和转发的功能,这个任务就交给了网络层。各个网络设备上的网络层软件互相交流,形成到各个网络的路由表。当这些网络设备收到数据包时,会根据事先计算的路径将数据包转发出去。当然这些数据包需要携带目的主机的地址。这个地址并不是前面提到的数据链路层地址(这个地址只在局域网中使用),而是网络另外分配的一个标号(这个地址在整个互联网中使用)。这个标号中一部分是代表网络的号码,查路径时一般使用网络号而不是主机号,这样做是为了效率。网络层地址常见的一个实例就是 IP 地址。从这里可以知道网络层和数据链路层一样需要往数据包中添加一些管理信息,网络层的数据包一般被称为数据报。具有转发功能的网络设备都至少连接两个网络,这样它就可以通过数据链路层在一个网络中收取数据包,再把它转发到另一个网络。

　　通过网络层及其下的两层,数据包就能够从源主机到达目的主机了。每个数据包都是由主机上某个应用发出的,到达主机的数据包分发给其目的应用的工作就是传输层的任务。每个应用在进行网络通信时需要跟主机上的某个特定号码绑定,这个号被称为端口号。每个数据包中都带有发送方应用使用的源端口号和接收方应用使用的目的端口号。这样,接收到数据包的主机就可以按照目的端口号找到绑定的应用把消息给它。除了这个端到端传输的任务外,传输层还负责服务质量,解决数据包丢失、乱序等问题。

　　会话层则负责提供会话管理,如双方同步等。表示层负责对不同主机之间数据表示的转换以及数据压缩、加密等。

　　最上面一层是应用层,就是用户直接看到的各种应用,负责实现具体的业务功能,例如游戏、浏览器等。

　　OSI 参考模型中的每一层都给上一层提供服务。数据从最上层开始一层层添加上必要的信息传递到物理层,将数据发送出去,接收时再反过来逐步把数据提取出来。前面是按照从下向上的顺序介绍 7 层的功能,后面在数据处理传输过程的介绍中再按照从上向下的顺序说明这个过程,以便读者能够更好地理解网络各层的任务和协作。

　　OSI 参考模型只给出了每层应该完成的任务,对于实现细节没有更多的描述。它也没有定义每层上具体的服务和相关协议。因为这是在网络实施之初或之前制订的计划,所以要给出实现细节很难。

　　OSI 参考模型并没有被实现,它只是一个设计方案。为此,不得不提及另一个网络分层模型——TCP/IP 模型。这个模型与 OSI 参考模型的出身正好相反。它不是设计网络时的产物,而是在网络构建起来之后根据实际的网络状况抽象出来的,这个实际的网络就是今天被广泛使用的 Internet。因为 Internet 最重要的两个协议是 TCP 和 IP,所以 Internet 使用的协议栈被称为 TCP/IP 协议栈,它的网络模型也被称为 TCP/IP 模型。因为是一个实际网络的抽象,所以 TCP/IP 模型的内容非常丰富,每一层有具体的服务,相应的协议也非常多而且具体。但是,因为是先有网络后有模型,所以 TCP/IP 模型各层之间的界限有些地方不是很清晰,存在上层使用下层数据甚至下层服务依赖于上层服务的情况。

　　在 TCP/IP 模型中,Internet 被划分成 4 层,即应用层、传输层、互联网层以及网络接入层,如图 7-3(a)所示。TCP/IP 模型的应用层、传输层、互联网层分别对应于 OSI 参考模型的应用层、传输层、网络层,对应层功能基本相似,只不过这些功能都被实现了,其中一些细节与 OSI 参考模型并不相同。因为 Internet 关注的是网络互联,互联网的含义就是把网络互相连接起来,这里的网络就是指早期根据不同技术搭建起来的小的计算机网络,可以理解为现在所说的局域网。这些网络的技术并不在互联网的关注范围内,它们是在 IEEE 标准的推动下发展起来的,TCP/IP 模型把这一层称为网络接入层,它对应于 OSI 参考模型的数据链路层和物理层。

因此目前在多数网络层次结构的介绍中,通常依据图 7-3(b)所示的 5 层模型介绍互联网。本书也采用这个模型。

| 应用层 |
| 传输层 |
| 互联网层 |
| 网络接入层 |

(a)TCP/IP模块

| 应用层 |
| 传输层 |
| 网络层 |
| 数据链路层 |
| 物理层 |

(b)本书采用的5层模型

图 7-3 TCP/IP 模型与本书
采用的 5 层模型

在 TCP/IP 模型中并没有表示层和会话层,只有一个应用层。在网络建设的初期,表示层和会话层的任务显得不是非常重要,在实际的 TCP/IP 网络中这部分功能很弱,因此并没有把它们单独抽象为一层。随着计算机网络的发展,表示层和会话层的一些任务变得越来越重要,如数据格式统一、数据加密,只不过它们目前都作为应用层的一部分实现。

重 点 提 示

常见的网络分层模型有 OSI 参考模型和 TCP/IP 模型两种。

OSI 参考模型把网络分成 7 层,从上到下依次是应用层、表示层、会话层、传输层、网络层、数据链路层以及物理层。

在 TCP/IP 模型中,Internet 被划分成 4 层,即应用层、传输层、互联网层以及网络接入层。

下面详细介绍数据包在 5 层网络结构中的处理和传输过程,以帮助读者进一步理解网络的分层和工作机理。

在如图 7-4 所示的网络中,主机 H1 和 H2 分别在不同的局域网中。假设在 H1 上有一个微信的 PC 版应用向 H2 上的微信应用发送"你好!",现在就来看看这个"你好!"怎样通过网络各层的分工协作传递到 H2 的微信应用上并显示出来。

H1 上运行的微信应用位于应用层,它负责接收用户输入,识别出该数据要发送给 H2 上的某个用户,然后它把"你好!"交给 H1 的传输层,让它发送给 H2 上的微信应用。这里它提供了 3 个信息:

(1)数据,即"你好!"。

(2)目的主机 H2,它通常用 H2 的 IP 地址指明。

(3)目的应用,这里是微信,它要通过该微信应用在 H2 上使用的端口号指明。

传输层接到这个任务,要把 H2 上的微信应用的端口号加在数据包前,就好像在信封上写上收信人名字一样。两台主机上的微信应用需要事先互相知道对方使用的端口号。这样,当数据包到达 H2 时,H2 就知道把"你好!"发给本机的微信应用。传输层同时也要把 H1 的微信应用端口号(即源端口号)也放到数据包中,就像在信封上写上发信人名字一样。传输层还要完成另外一些工作,因此还需要往数据包中添加一些完成这些功能所需的其他信息(具体在后面会介绍)。做完这些工作,传输层就把添加好信息形成的数据段交给 H1 的网络层,告诉它发送给 H2 主机(用 H2 主机的 IP 地址标识 H2)。

网络层接到这个任务后,就会查找自己的路由表。路由表格中是网络层事先通过一些办法得到的到网络中其他主机(网络)的(最近)路径,也就是这条路径上离本机最近的节点,

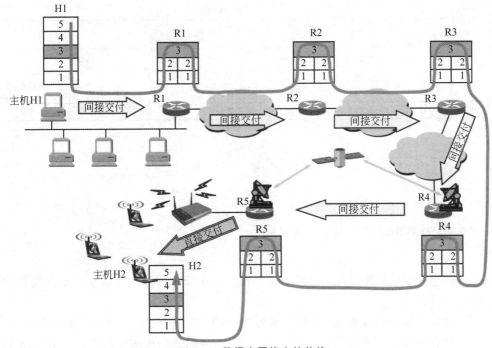

图 7-4 数据在网络中的传输

即下一个节点。主机的路由表比较简单,通常只有两项:一项是到本网络其他主机的路由,一般直接发送到网络中就可以了;另一项是到所有其他网络主机的路由,一般指向本网络的网关。网关通常是连接两个网络的路由器,通过它可以到达其他网络。例如,图 7-4 中的 R1 就是 H1 所在网络的网关,因此,在 H1 上的路由表中,到所有其他网络的路由都通过 R1。

H1 的网络层判断目的主机 H2 不在自己的网络中,通过路由表发现需要将数据包发送给 R1,因此它将 H2 的网络层主机地址添加到数据包中,同时把自己的 IP 地址作为源地址也填加到数据包中,这就像在信封上写好收信人地址和寄信人地址一样。同样,网络层还有其他一些工作要完成,因而还需要添加一些其他必要的数据,如跳数等。然后它把形成的数据报交给数据链路层,请它把数据报发送给 R1。

数据链路层接到这个任务后,会在数据报前加上 R1 的数据链路层地址(对于以太网,就是 MAC 地址)作为该数据帧(链路层数据的名字)的目的地址,并添加其他必要的信息,例如用来校验数据的校验码等,然后把数据帧交给物理层,告诉它发送到本网络中。

以上过程中经过各层的数据包如图 7-5 所示。

物理层接到任务后,在它看来这个数据没有任何结构,就是一个 0/1 串。它把这个 0/1 串根据规则调制成相应的物理信号,如电信号,然后把它们发送到网络上。

下面进入接收过程。因为 H1 所在的网络是一个广播网络,所以在该网络中的所有主机的物理层都会收到 H1 发出的信号。这些主机的物理层会把所有收到的信号转换成 0/1 串交给数据链路层。数据链路层会把这个 0/1 串看作一个数据帧,根据帧格式定义在其中找出目的 MAC 地址,并判断该目的地址是不是自己的 MAC 地址。如果不是,则表明这个数据帧跟自己没有关系,就直接把该数据帧丢掉;如果是,就会从数据帧中去掉数据链路层

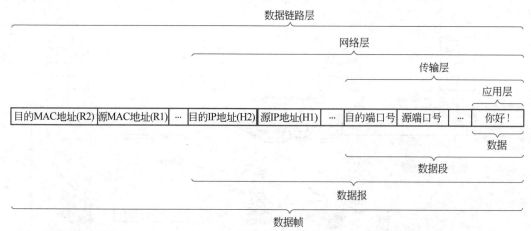

注：数据链路层在数据的末尾还可能填加字段，这里略去。

图 7-5　经过各层的数据包

添加的信息，把其中的数据报提交给网络层。在本例中，R1 的数据链路层将把数据帧中的数据报提交给网络层。

R1 的网络层收到数据报后，会查看数据报中的目的网络地址，这里就是 H2 的 IP 地址。然后 R1 的网络层会查看自己的路由表。R1 路由器的路由表要比主机的路由表复杂很多，它是网络中各个路由器通过一些特定的消息交互形成的。R1 查找到该目的地址的下一站路由器，并把数据报发送给它。在本例中，R1 查找自己的路由表，发现到达 H2 所在的网络的下一步应该是到达 R2。查到下一步地址后，R1 的网络层会将数据报交给自己的数据链路层，并告诉它发送给 R2。

R1 的数据链路层在接到任务后，会将 R2 的数据链路层地址添加到数据报中，形成新的数据帧。然后把数据帧交给物理层，物理层再根据自己媒体链路的情况根据相应的协议把交给它的 0/1 串调整成相应的信号发送出去。

R2 的物理层收到信号后，会重复和 R1 接收一样的过程，将数据传递到自己的网络层，查找路由表，确定下一跳节点是 R3 后，再向下逐层发送给 R3。

这样，数据就会一站一站一直传送到 R5。R1～R5 都是路由器，是网络中负责数据转发的专用设备。从图 7-4 中可以看出，中间可能经过不同的介质网络，例如 R4 到 R5 要通过卫星的无线链路。

当数据报到达 R5 时，R5 的网络层在路由表中查找目的地址时发现 H2 就在自己所在的网络中，因此，它把数据报通过数据链路层和物理层最后广播到自己的网络中。从图 7-4可以看出 H2 所在的网络是一个无线局域网，因此物理层会把 0/1 串调整成无线信号。该网络中的所有主机都会收到该信号。但是，只有 H2 的数据链路层会将数据报提交给自己的网络层，其他主机都会将数据报丢掉。当 H2 的网络层收到数据报后，它检查数据报中的目的地址，发现就是自己的主机地址，因此它会将其中的数据段提交给本机的传输层。传输层会按照数据段格式提取出目的端口号，根据端口号将该数据段中的数据交给相应的应用，这里就是 H2 上的微信应用。微信应用收到数据（即"你好！"）后，会将其显示在界面上。到此，一次消息传递结束。

7.2　将计算机接入网络

7.1 节介绍了数据怎样在网络中被传输。可是,计算机具体连接到网络中是什么样子?应该怎样接入网络呢?本节介绍这些内容。

7.2.1　实现物理连接

要把计算机连接到网络中,现在常见的有两种方式,分别是有线接入和无线接入。有线接入就是用线缆将计算机连接到网络中,这是最早、最直观的一种接入方式。无线接入是目前使用较多的一种方式,因为它更方便。

有线接入至少需要 3 种硬件,即两个接口和一根连接线。第一个接口是网络的接口,或者叫端口(和 7.1 节提到的传输层的端口是两个概念,这里是实际的物理端口,而传输层的端口是逻辑上的,实际上只是一个标号)。一般办公室或者房间中会预装这样的网络端口,这些端口的另一侧连接着网络中的集线器、交换机或路由器的一个端口,如图 7-6 所示。第二个接口在计算机上,由网络接口卡提供。网络接口卡也叫网络适配器,即常说的网卡,如图 7-7 所示。网卡负责将信息转换成相应的电/光信号发送出去并翻译接收到的电/光信号。用连接线把这两个接口连接起来,计算机就接入网络了。接入不同的网络需要不同的网络适配器。现在常见的有线网络只有以太网一种,因此也就没有选择网卡的烦恼了。而且一般网卡都直接集成在主板上,所以单独的网卡比较少见。只有在对网络要求比较高的环境中,计算机上才会配置独立的网卡。网卡需要插入计算机主板相应的插槽中。目前网卡多数通过 PCI 接口接入计算机。

图 7-6　路由器的端口

图 7-7　网卡

现在使用最多的局域网是以太网,所以就以接入以太网为例具体说明怎样把计算机接入网络。首先,必须找一个空闲的网络端口,例如所在房间墙上预装的网络端口或者集线器、交换机、路由器的一个空闲端口。以太网的端口称为 RJ45 端口,如图 7-8 所示,它是个 8 芯端口。要想把网线插入这个端口,必须使用 RJ45 连接器,就是常说的水晶头,如图 7-9 所示。图 7-10 是连接在网线上的水晶头。

图 7-8　RJ45 端口

图 7-9　RJ45 连接器

图 7-10　连接在网线上的水晶头

找到网络端口之后,用网线把网络端口和计算机网卡或者主板上的插口连接起来,计算机就从物理上连接到网络中了。

网线虽然只是一根简单的线,但是也有很多说道。目前以太网主要使用双绞线接入,可以直接购买做好的网线,也可以自己动手做一根网线。如果自己动手做,那么需要一根双绞线、两个水晶头以及一些必要的工具,如压线钳(图 7-11)、电缆测试仪(图 7-12)。

图 7-11 压线钳

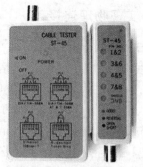

图 7-12 电缆测试仪

每根双绞线中有 4 对(8 根)不同颜色的线,其颜色分别为白绿/绿、白橙/橙、白蓝/蓝、白棕/棕。这 4 对线的两端分别要插入两个水晶头中,这样网线才能够插入端口中。要想使网线畅通且干扰小,两端水晶头中 4 对线的排列顺序是有讲究的。目前有两个排序的标准,分别称为 EIA/TIA568A 和 EIA/TIA568B,这两个标准规定了这 4 对线的排列以及每根线的用处。图 7-13 是这两个标准规定的线序。实际上这两个标准并没有本质区别,只是颜色顺序不一样而已。在这 4 对线中,4/5、7/8 这两对线没有定义,而 1/2 和 3/6 这两对线则分别用于发送和接收信号。仔细看这两个标准,发现它们的区别是把 1/2 和 3/6 这两对线的颜色对调了一下。图 7-12 中的电缆测试仪背面的图形就是这两个标准。

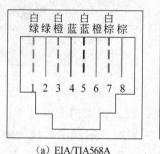

(a) EIA/TIA568A

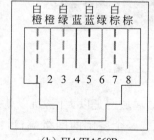

(b) EIA/TIA568B

图 7-13 EIA/TIA568A 和 EIA/TIA568B 标准规定的线序

如果网线两端的线序都是按照 EIA/TIA568A 或者 EIA/TIA568B 的顺序,这样的网线被称为直通线。如果要连接网卡与集线器或交换机的普通端口,那么就需要使用直通线。如果网线一端的线序是 EIA/TIA568A,而另一端是 EIA/TIA568B,则被称为交叉线。交叉线适合连接两个计算机的网卡或者两个交换机的普通端口(为什么?想一下每根线的用处)。通常使用的以太网端口的另一端连接的都是集线器或交换机的普通端口,所以需要用直通线把计算机网卡连接到墙上预留的以太网端口或者直接连接到集线器或交换机的普通端口上。现在的网卡均支持自己检测线序和自动切换,所以一般不用再考虑采用直通线还是交叉线了,但还是应该知道线序。

接入不同的网络需要使用不同类型的网卡。

以太网使用 RJ45 接口,双绞线有 EIA/TIA568A 和 EIA/TIA568B 两种线序标准。

无线接入看不到线缆,笔记本计算机多采用这种方式。在这种接入方式下,数据不再通过线缆中的电信号传输,而是直接通过空中的电磁波传输。当采用这种接入方式时,物理上用户不用做任何事情,但是需要接入的网络有一个无线接入点,通常称为无线路由器,而用户的计算机上则需要有无线网卡。

7.2.2　进行网络配置

安装完网卡,连接好网线之后,还需要做一些工作,计算机才能与网络上的其他计算机通信。首先,必须安装网卡的驱动程序。以前用户需要手工做这件事情,不过现在的操作系统已经能够支持很多常见类型的网卡了,它可以自动检测到网卡的类型和型号,并自动安装相应的驱动程序。对于操作系统不能识别的网卡,就需要访问该网卡生产厂家的网站或者跟经销商联系,获得网卡在相应操作系统中的驱动程序,然后按照配套提供的通常名为 Readme 或者 Install 等的指导文档一步一步安装即可。

驱动程序安装完毕之后,还需要进行一些必要的网络配置。主要是设置一系列相关的 IP 地址。这就好像买到一部手机,还需要有一个电话号码一样,只不过手机的电话号码是绑定在一个小芯片(就是人们常说的手机卡)中,插入手机卡槽中即可。但是,计算机的号码是通过软件配置的。IP 地址是计算机在 Internet 中的唯一标识。在介绍网络配置之前,先介绍一些关于 IP 地址的知识。

计算机上网前需要做的工作包括进行物理连线、安装网卡驱动和配置网络参数。

1. IP 地址

IP 地址说起来很简单。它就是主机在网络中的标识,是由 IP 协议定义在 Internet 的 IP 层(互联网层)中使用的标识。网络通过这个标识区分不同的主机,并把数据包传递给相应的主机。IP 地址的作用是在网络中标识主机或网络设备(确切地说是标识网络端口,如果一个主机上有多个网络端口,就需要多个 IP 地址),所以是不能重复的。每个需要在网络中通信的设备都要有一个唯一的 IP 地址。

现在 Internet 使用的 IP 协议版本号是 4,即常说的 IPv4。IPv4 中定义的 IP 地址是 32 位二进制数。不过 32 位二进制数写起来太麻烦了,而且很容易出错。因此,IPv4 规定了 IP 地址的点分十进制表示法,如图 7-14 所示。这种表示法把 32 位二进制数的 IP 地址分成 4 段,每段 8 位。这 4 个 8 位二进制数分别被转换成十进制数,按顺序排列,中间用句点隔开,就形成了 IP 地址的点分十进制表示。例如,图 7-14 中的 IP 地址 128.11.3.31 实际上表示的是下面的 32 位二进制数:

10000000 00001011 00000011 00011111

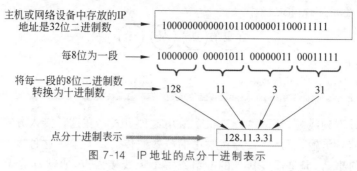

主机或网络设备中存放的IP
地址是32位二进制数

每8位为一段

将每一段的8位二进制数
转换为十进制数

点分十进制表示

图 7-14　IP 地址的点分十进制表示

　　IP 地址是 IP 协议定义的、在网络层用来标识主机或网络设备的地址。
　　IPv4 定义的 IP 地址是 32 位二进制数。通常用点分十进制表示法书写 IP 地址。

　　我们日常用的通信地址都是有层次结构的。例如，对于"北京市朝阳区平乐园 100 号"这个地址，邮局在投递信件时首先会把信件分拣到北京市，再分拣到朝阳区，最后投递到平乐园 100 号。IP 地址也被定义成这样。32 位的 IP 地址被分成两部分，前一部分称为网络号，后一部分称为主机号。每个网络号标识一个网络。路由器设法得到每个网络的位置，并记录下来。当路由器得到一个数据包的目标 IP 地址后，它从中取出网络号，以此查找自己记录的位置信息，找到数据包应该转发的路径。等数据包到达目标网络后，目标网络中的路由器再根据主机号把数据包发送给目标主机。

　　那么，32 位 IP 地址中到底有多少位是网络号呢？为了说明这件事情，每个 IP 地址在使用时必须配套使用一个掩码指明该 IP 地址中前多少位是网络号。掩码有两种表示方式。一种是在 IP 地址后面加上一个斜杠，然后加上网络号的位数，如 162.105.203.25/24 表示 IP 地址的前 24 位为网络号。另一种方式是用点分十进制表示法形成一个类似 IP 地址的表示，即用 32 二进制数表示掩码，掩码的网络号部分全为 1，其余全为 0，例如，24 位网络号的掩码的点分十进制表示为 255.255.255.0。

　　这里还要说明一点。IP 地址实际上是主机上每个网络端口的标识。每个 IP 地址中的网络号部分必须与其所在网络相同。就像你家在北京市朝阳区平乐园 100 号，不能使用北京市海淀区平乐园 100 号作为你的地址，因为邮局按照这个地址会把信件分拣到海淀区，但在海淀区找不到平乐园，那么这封信就会被当作无主信件丢掉了。路由器在路由数据报时也是这样做的。如果一个计算机有两个不同网络端口连接到两个不同的网络中，那么它必须有分属这两个网络的 IP 地址。就好像你家有前后两个门分别属于两条不同的街道，而这两条街道又分属不同的区，那么要想从前后两个门都能收到邮件，就要使用两个不同的地址。

　　每台计算机在网络中必须使用唯一的 IP 地址，即地址不能重复，所以必须由专门机构管理 IP 地址分配的事情。这个工作现在由一个非营利性机构——互联网名称与数字分配机构（Internet Corporation for Assigned Names and Numbers，ICANN）负责。最初 IP 地址是由美国政府授权互联网数字分配机构（Internet Assigned Numbers Authority，IANA）。在 ICANN 成立以后，IP 地址的分配就由 ICANN 统一负责管理了，但是具体执行还是由 IANA 负责。

ICANN 并不直接面向终端用户。它先是把地址分配给地域性的 IP 地址管理机构 (Regional Internet Registry,RIR)。目前有 5 个地域性的 IP 地址管理机构,即 ARIN(北美地区)、LACNIC(拉丁美洲)、RIPE NCC(欧洲地区)、APNIC(亚太地区)、AFRINIC(非洲地区)。在 RIR 之下是国家级注册机构(National Internet Registry,NIR)和本地区注册机构 (Local Internet Registry,LIR)。我国的国家级注册机构是中国互联网络信息中心(China Internet Network Information Center,CNNIC)。RIR 负责将地址空间分配给下一级注册组织,如 NIR 或者 ISP,同时授权它们进行地址空间的指定和分配。而用户再向 NIR 或者 LIR 甚至更下一级的 ISP 申请 IP 地址。

> 掩码表明 IP 地址中有多少位是网络号。
> IP 地址由非营利性机构 ICANN 负责管理。

IPv4 的地址尽管有 3^{32} 个,但还是不够用,同时还有一些其他问题要解决,为此人们提出了 IP 协议高级版本,即 IPv6。在 IPv6 中,地址长度被定义为 128 位二进制数。这样可以有 2^{128} 个 IP 地址。理论上这足够覆盖所有需要接入网络的物体。不过 128 位二进制数的写法是一个不小的问题。IPv6 规定了一种称为冒号十六进制的表示法。首先,把 128 位的 IP 地址分为 8 组,每组 16 位,然后每组写成 4 位十六进制数,每组之间用冒号分隔。例如,二进制 IPv6 地址

00100001110110100000000011010011000000000000000010111100111011
00000010101010100000001111111111111111000101000100111000101011010

按照 16 位一组转换成十六进制,以冒号分隔之后,形成的 IPv6 地址表示为

21DA:00D3:0000:2F3B:02AA:00FF:FE28:9C5A

每个十六进制组中的前导 0 可以省略。全为 0 的组则至少保留一个 0。例如:

FE80:0000:0000:0000:02AA:00FF:FE9A:4CA2

可以表示成

FE80:0:0:0:2AA:FF:FE9A:4CA2

而

0000:0000:0000:0000:0000:0000:0000:0000

则可以写成

0:0:0:0:0:0:0:0

冒号十六进制格式中相邻的连续零位可以被压缩,用双冒号(::)表示。不过,每个地址中只能出现一个双冒号,否则就无法判断出双冒号之间省略多少位了。例如:

FE80:0:0:0:2AA:FF:FE9A:4CA2

可以表示成

FE80::2AA:FF:FE9A:4CA2

而 0:0:0:0:0:0:0:0 则可以表示成::。

IPv6 地址空间也像 IPv4 地址空间一样被划分成不同的用途。一部分地址已经被分配出去,还有很大一部分没有定义。这里就不详细介绍了,读者可以阅读相关的资料了解详细信息。目前 Internet 使用的还是 IPv4。我国已经开始部署 IPv6 并向其过渡。

从图 7-15 中可以看到一台主机配置的 IPv4 地址和 IPv6 地址。

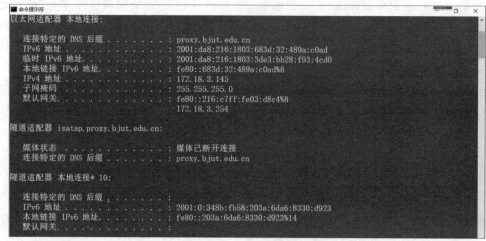

图 7-15　主机的 IP 地址示例

2. 网络配置

做好一切硬件准备以及 IP 地址的知识储备之后,就可以通过操作系统提供的网络配置工具进行网络配置工作了。图 7-16 是网络配置界面,各个操作系统的界面外观可能有区别,但是主要选项是一样的。从图 7-16 中可以看出,有两种配置 IP 地址的方式,分别是自动获取 IP 地址和静态设置的 IP 地址。现在通常选择自动获取 IP 地址的配置方式,即自动配置。自动配置由 DHCP 实现,它配置的 IP 地址是有可能变化的,这将在 7.3.1 节中详细介绍。静态设置的 IP 地址需要用户手工配置,配置好的 IP 地址是不会变化的。

图 7-16　网络配置界面

现在介绍手工配置。从手工配置选项可以看到需要用户提供给计算机的信息包括 IP

地址、子网掩码和默认网关地址。每个计算机必须有一个唯一的 IP 地址,这样网络上的其他计算机才能识别它,才能把数据包发送给它。因此,需要为计算机的网络端口配置 IP 地址。一般一个网络端口至少要有一个 IP 地址,而且该 IP 地址不能与其他端口重复。如果不是自动配置,需要先向所在网络的管理员申请这个网段内一个没有被别的计算机使用的 IP 地址,然后把这个地址在"地址"一栏中填入,并填入本网络的子网掩码。

　　手工配置 IP 地址的第三项要求给出默认网关的 IP 地址。什么是默认网关呢?通常网关是一个网络路由设备,是一个网络的出入口,它知道怎样把数据包传送到其他网络。通常用户的计算机也会知道一些路由信息,但是内容非常少,它并不知道到达 Internet 中所有其他网络或主机的路径。默认网关是与用户的计算机在同一子网的路由器,也是子网的出入口。当用户的计算机不知道应该用什么路由发送数据包时,就可以把数据包交给默认网关,由它转发数据包。因为这两台设备在同一个子网,所以默认网关地址通常与用户计算机的 IP 地址非常像,多数的位是相同的。但是,默认网关的地址不会与用户计算机的 IP 地址相同。同样,默认网关的地址要从网络管理员那里获得。

　　在 Linux 操作系统中,可以在终端窗口用 ifconfig 命令查看网络端口的配置情况,如图 7-17 所示。从图 7-17 中可以看到以太网端口 eth0 的情况。它的 IP 地址是 172.23.77.62。Hwaddr 表示硬件地址,即为这个端口选择的以太网卡的 MAC 地址。每个以太网卡都有一个号码,称为 MAC 地址,它的长度为 48 位二进制数(6 字节),通常表示为 12 个十六进制数,两个十六进制数为一组,各组之间用冒号隔开。从图 7-17 中可以看到这块网卡的硬件地址是 00:08:74:19:CF:BE。其中,前 6 位十六进制数 00:08:74 代表网络硬件制造商的编号,是由 IEEE(Institute of Electrical and Electronics Engineers 电气与电子工程师协会)分配的;而后 6 位十六进制数 19:CF:BE 代表该制造商所制造的某个网络产品(如网卡)的编号。从图 7-17 中还可以看到这个网络端口的一些统计信息,如已经接收和发送的数据包数、字节数、错误的数据包数等。其实,ifconfig 命令不仅能够显示网络端口的信息,它能做的事情还有很多,如配置端口的 IP 地址、子网掩码等。可以用 man 命令查询 ifconfig 命令的手册,或者到网上找一些例子。

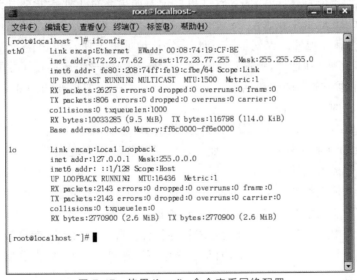

图 7-17　使用 ifconfig 命令查看网络配置

可以用 ping 命令测试网络的连通性。ping 是一条常用命令,它向另一台计算机发送某种特殊的报文并且监听报文的返回。现在用 ping 命令测试本机与另一台 IP 地址为 172.23.77.71 的计算机的网络连通性,结果如图 7-18 所示。

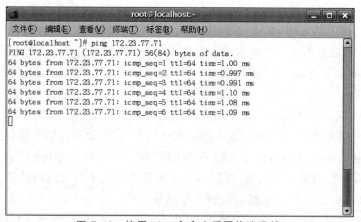

图 7-18　使用 ping 命令查看网络连通性

图 7-18 显示收到了从 172.23.77.71 发回的应答,收到了 64B 以及有关的其他详细信息。这表明本机所在的网络在物理上逻辑上确实都连通了。可是,这时如果运行浏览器,在地址栏中输入 www.bjut.edu.cn 并不能够访问这个网页。这是为什么呢? 这是因为计算机并不知道 www.bjut.edu.cn 在哪里。在网络中是根据数据包中的目的主机 IP 地址传递数据包的,而用户给出的 www.bjut.edu.cn 并不是 IP 地址,而是主机名。用户的计算机需要把这个主机名对应的 IP 地址写到数据包中。网络中有一些称为 DNS 服务器的计算机可以提供这种从主机名到 IP 地址的映射关系的查询服务。

DNS 是 Domain Name System(域名系统)的缩写。域名是什么呢? 先来看一个生活中的例子。北京工业大学位于朝阳区平乐园 100 号。因此,当我们给北京工业大学的同学写信时,信封上的通信地址应该是"朝阳区平乐园 100 号"。可是通常直接写"北京工业大学"也可以,而且人们更愿意这样写,因为这样更好记。如果北京工业大学搬迁到海淀区,那么我们仍然可以使用"北京工业大学"这个地址,邮局会知道北京工业大学不在"朝阳区平乐园 100 号"而在一个新的地址。也就是说,使用名字比地址更方便。在计算机系统中也采用了这种方式。即除了 IP 地址外,一些计算机(特别是一些服务器)还使用了主机名。例如,北京工业大学的主页服务器的主机名就是 www.bjut.edu.cn。如果要访问北京工业大学的主页,可以直接用它的主机名,而不是 IP 地址 220.192.0.130。

但是,网络设备投递数据包时使用的是主机的 IP 地址,而不是名字。所以,计算机必须把用户给出的目标主机名转换成 IP 地址。这种主机名与 IP 地址的对应关系记录在网络中一群称为 DNS 服务器的计算机上。所以,当用户使用主机名给出发送要求时,应用程序要发送数据包时,必须先找到 DNS 服务器,把主机名转换成 IP 地址。这就好像邮局的邮递员看到寄往"北京工业大学"的信件时,必须先找到记录"北京工业大学"与具体通信地址对应关系的本子,在其中查到具体地址后才能投递信件。邮递员的本子就是 DNS 服务器。不同的是,网络设备并不去查这个本子,而是要求用户计算机去查,然后在数据包中写上 IP 地址,而不是主机名。

为了让计算机能够找到 DNS 服务器,用户需要把 DNS 服务器的 IP 地址告诉计算机,即配置 DNS 服务器。通常每个局域网中都会有 DNS 服务器,可以向网络管理员询问 DNS 服务器的 IP 地址。图 7-19 是 DNS 服务器配置界面。从图 7-19 中可以看出,系统允许设置 3 个 DNS 服务器的地址。系统在解析名字时会依次试着联系这 3 个 DNS 服务器,直到成功获得 IP 地址为止。配置好 DNS 服务器之后,退出配置程序,然后再用浏览器访问 www. bjut.edu.cn,就会成功看到北京工业大学的主页了。7.3.2 节将详细介绍 DNS。

图 7-19　DNS 服务器配置界面

7.3　网络基础服务

在网络中,除了 Web、电子邮件这样为满足用户的信息获取或传递需求而提供的服务之外,还有为了方便用户使用网络而提供的一些基础服务,可以看作网络基础设施的一部分,这些服务包括动态地址配置(DHCP)、域名系统(DNS)、网络地址转换(NAT)等。本节介绍这些服务中的 DHCP 服务和 DNS 服务,看看它们是怎样支持用户更容易地使用网络的。计算机网络平台实际上就是在这些基础服务的支持下帮助用户访问网络的。另外,把网络管理也放在本节中介绍,因为它也是网络平台正常运行的基础。

7.3.1　DHCP 服务

DHCP 是动态主机配置协议(Dynamic Host Configuration Protocol)的缩写,它支持 IP 地址的自动配置。有了 DHCP,用户就不用了解那些计算机网络的配置信息也可以使用网络,确实很方便。

DHCP 可以为用户计算机提供动态的 IP 地址、子网掩码、默认网关地址以及 DNS 服务器的 IP 地址等配置信息。有了 DHCP,用户就可以不用申请固定的 IP 地址,也不用向网络管理员询问那些必需的网络配置信息了。

DHCP 服务由 DHCP 服务器和客户端协同提供。通常拥有局域网的组织或者网络运行提供商会在自己的网络中设置一个或多个 DHCP 服务器。这些组织或者运营商先申请到一些 IP 地址,然后交给 DHCP 服务器,让它分配给网络中的计算机(手工配置时,这个任务由网络管理员完成)。每个 DHCP 服务器被设置为可以分配一定范围内的 IP 地址。当网络中的主机需要上网时,主机上的 DHCP 客户端会和 DHCP 服务器联系,申请租用并获得一个 IP 地址。这些主机关机之后,它们使用的 IP 地址被收回,可以重新分配给其他计算机使用。除了 IP 地址,用户还可以从 DHCP 服务器获得其他必需的网络配置信息。

有了 DHCP,用户配置计算机就方便多了,尤其是不熟悉计算机的用户,再也不用考虑 IP 地址、子网掩码、DNS 服务器,只要选择通过 DHCP 自动获得 IP 地址就全解决了。DHCP 还可以提高 IP 地址的利用率。因为关机的用户不再占有 IP 地址。因此,对于 IP 地址有限的网络或者规模比较大、用户又不固定的网络来说,DHCP 服务是一个非常好的解决方案。

DHCP 服务是怎样工作的呢? 首先,要使用 DHCP 服务,主机必须被配置为通过 DHCP 自动获得 IP 地址。这样,当这台主机启动时,它会检查自己有没有得到一个 IP 地址。如果没有,它就在其所属网络中广播一个 DHCP DISCOVER 报文寻找 DHCP 服务器(使用本地网络广播地址 255.255.255.255),并在报文中带有自己的 MAC 地址。网络中的 DHCP 服务器收到这个报文后,在自己管辖的 IP 地址范围内找到一个还没有分给其他主机使用的 IP 地址,然后把这个地址以及能够使用的时间长度、子网掩码放在 DHCP OFFER 报文中广播出去(因为请求的主机还没有 IP 地址,所以只能广播),报文中包含请求主机的 MAC 地址。请求主机收到这个报文后,广播一条 DHCP REQUEST 报文,告诉 DHCP 服务器它接受分配给它的 IP 地址。DHCP 服务器收到广播的这个报文后,会再发回一个 DHCP ACK 报文,并在其中捎带其他必需的配置信息,如 DNS 服务器地址等。DHCP 服务的工作过程如图 7-20 所示。

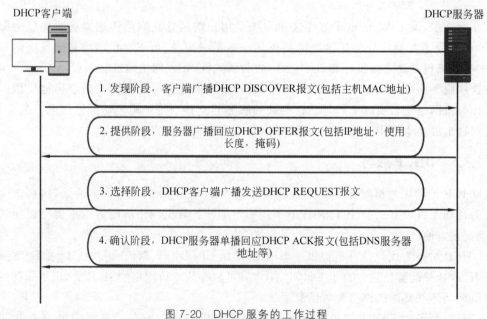

图 7-20 DHCP 服务的工作过程

如果网络中不只存在一个 DHCP 服务器，那么这些 DHCP 服务器都会收到主机广播的 DHCP DISCOVER 报文。这些 DHCP 服务器同样会在自己管辖的 IP 地址范围内选择一个 IP 地址应答主机。主机通常会选择使用第一个应答提供的 IP 地址。DHCP 服务器都会收到主机广播的接受 IP 地址的 DHCP REQUEST 报文。如果 DHCP 服务器发现主机接受的不是自己分配的 IP 地址，那么它就把刚才准备分给该主机的 IP 地址分配给其他需要 IP 地址的主机。

  DHCP 服务可以为用户主机提供动态的 IP 地址、子网掩码、默认网关地址以及 DNS 服务器的 IP 地址等网络配置信息。

  DHCP 服务可以提高 IP 地址的利用率，方便用户配置计算机。

DHCP 服务器分配的 IP 地址有一个租用期限。到期之后，主机就不能使用该 IP 地址了。一般在到达租用期限的一半时，主机就会向 DHCP 服务器发送请求，更新并延长租用期限。如果主机关机了，到期没有申请延长租用期限，那么这个 IP 地址就被收回再分配了。

DHCP 还支持把 IP 地址固定分配给特定的主机。这就如同在主机上进行配置一样，只不过这些信息是在 DHCP 服务器上配置的，而不是在用户主机上。要实现这个目的，需要在 DHCP 配置中把一个 IP 地址和一个主机网卡的 MAC 地址固定映射在一起。当使用该 MAC 地址的主机请求 IP 地址时，DHCP 服务器就会把相应的 IP 地址分配给它。这种方式被称为手工指定 IP 地址。这种方式适合为服务器分配 IP 地址，因为服务器如果每次开机都换个 IP 地址，那么用户就没法访问了。

另外，DHCP 服务器也支持把一群 IP 地址一对一、固定地分配给一群主机。每台主机一旦成功从 DHCP 服务器获得 IP 地址后，就会永久使用该地址。与手工指定 IP 地址不同的是，这种 IP 地址和主机的映射关系不是由管理员手工配置的，而是服务器在第一次分配时随机确定下来的，在以后的分配中就保持不变了。这种方式称为自动指定 IP 地址。这种方式适合机房管理员在首次配置机房的计算机地址时使用。

前面提到的 IP 地址可以重新回收利用的方式是 DHCP 最常见的地址分配方式，称为动态指定 IP 地址。

  DHCP 支持手工指定 IP 地址、自动指定 IP 地址以及动态指定 IP 地址 3 种地址分配方式。

7.3.2 DNS 服务

现在多数用户上网的目的是要获取某种服务，如观看视频、玩交互游戏等。他们通常不关心这些服务是由哪台主机提供的，只要能够得到服务就行。因此，用户访问服务主机时，更愿意说"我要联系提供某某服务的那台计算机"。如果让他们说"连接 IP 地址为……的那台计算机"，他们会感觉很不方便而且很奇怪。因为 IP 地址标识的是一台物理计算机（确切地说，是主机的一个网络端口），它不会对主机的服务功能给出任何暗示，而且 IP 地址也不好记、不好写。另外,当服务从一台主机转移到另一台主机或者主机的 IP 地址发生变化时,用户必须使用新的 IP 地址才能得到服务。因此,如果能够用更好记的名字,尤其是和服务相关的名字,而不是 IP 地址,指明要访问的服务主机就好了。这样,主机的名字就可以与主机所在的物理网络之间没有关系,而只与提供的服务相对应。用户在访问服务时可以很容易地写出目标主机的名字。如果一台主机提供多种服务,那么这台主机可以取多个名字。用户访问不同的服务时可以使用不同的名字连接这台主机。当服务从一台主机转移到另一台主机时,也只要把主机的 IP 地址更改一下,而用户完全可以不知道这件事情,仍然能够使用原来的主机名找到该服务。这就好像使用"北京工业大学"而不是"朝阳区平乐园 100 号"作为寄信地址一样。因为"北京工业大学"比"朝阳区平乐园 100 号"记起来要容易得多,而且意思也更明显。邮局会把寄往"北京工业大学"的信件投递到"朝阳区平乐园 100 号"。当北京工业大学搬到别的地方时,我们仍然可以使用"北京工业大学"作为地址,而邮局会把信件投递到北京工业大学新址。

重 点 提 示

主机名可以与主机提供的服务相对应,它比 IP 地址更容易记,因此用户用主机名访问服务更方便。

服务器替换主机时,可以保持原主机名,这样用户仍然可以使用原来的主机名访问服务。

既然用主机名而不是 IP 地址指明要访问的主机比较好,那么我们就决定采用这个方案。不过,要先想想实现这件事情必须做哪些工作。首先,主机名是用来在网络中标识主机的,因此必须保证不同主机的名字是不重复的。其次,由于网络中的设备使用 IP 地址而不是主机名决定数据包在网络中的投递路线(网络设备的路由表上记录的路径实际上是以 IP 地址中的网络号为索引的,也就是记录着到某个网络可以走怎样一条路),这样数据包必须带有 IP 地址,因此,必须提供一种办法把用户提供的主机名转换成该主机对应的 IP 地址。这种支持主机名的服务称为名字服务。为了实现名字服务,网络中必须有相应的系统能够完成上述两项工作。

为了保证主机名不重复,可以要求每个主机名在使用之前必须先注册。注册的主要任务是查询这个主机名是否已被使用。这需要把全世界所有主机名都放在一个数据库中,然后在这个数据库中查找是否已经存在要启用的主机名。如果没有重名,就可以使用这个新主机名,并把它加入到数据库中,这样其他的主机就不能再使用这个名字了;否则,注册失败,用户必须为其主机重新选一个名字。

至于主机名到 IP 地址的转换,实现起来似乎也很简单。只要在注册成功后,把名字记入数据库时,把该主机的 IP 地址也记下来即可。当用户通过名字访问主机时,系统只要以主机名为关键字到数据库中查询,就可以找到其对应的 IP 地址了。

这个方案看起来很直接,也很简单。不过仔细想想会发现一个很大的问题。全世界有那么多的计算机,而且一个主机可能会使用多个主机名,这样就会产生成千上万个主机名。如果只用一个中心数据库,这个数据库必然很大。在注册主机名时,查询这个巨大的数据库判别是否重名很费时间。而且,用户在为主机起名字时,要想到一个别人没有用过的名字也是件非常不容易的事。更严重的问题是,当用户每次用名字访问主机时,计算机都要查询这个数据库以找到对应的 IP 地址。全世界每时每刻有数不清的用户/进程在网络上发送数据包,也就是每个时刻这个服务器都会有超大量的访问,所以中心数据库的负担之大是可想而知的。

针对这个规模/可扩展性的问题,科学家们沿用以前的策略——分而治之。人们把中心数据库分开,放在不同的计算机上。不过,这里的分开可不是简单地把数据分布到几个小的数据库中就行了。因为那样判别是否重名以及映射 IP 地址时仍然要查找所有数据库,每个数据库的负担不但没有减少,反而还延长了注册和映射查询时间。因此,要想真正解决问题,数据的分布必须要让用户能够很快定位到映射记录所在的数据库主机。要想做到这一点,必须从名字的起法上做文章。为此,人们把主机名划分到不同的域中。不同的域的信息记录在不同的数据库中,存放在不同的主机上。主机名所在的域在其名字上就有体现。这样,计算机看到主机名就可以知道主机名所属的域,然后直接到该域数据库所在的主机上去查询就行,而不用到无关的数据库中去浪费时间了。

人们把可用的名字空间看作一个大的域,用一个句点(.)表示,称为根域。然后把根域再划分成子域,称为顶级。顶级域的名字由其独有的字符串加上表示其上级域——根域的句点构成,如 cn.和 edu.等。顶级域再被划分为子域,称为二级域。二级域还可以再被划分,称为三级域。每个子域的完整名字由其独有的一个字符串加上其上级域的名字构成,两部分之间用句点分开,如 edu.cn.和 bjut.edu.cn.,这种域名被称为绝对域名,而类似 edu 的名字被称为相对域名。每个主机使用的名字必须属于某个域。写域名时常常把域名最后表示根域名的“.”省略。这种命名方案被称为分层次的、基于域的命名方案。这种方案下的整个域名空间可以用一棵如图 7-21 所示的树表示。

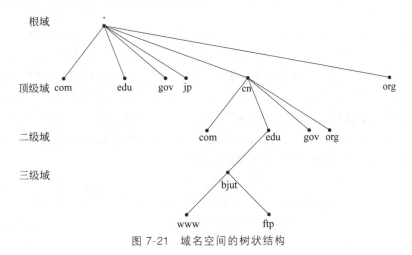

图 7-21 域名空间的树状结构

这种分层次的命名方案带来的好处是:人们可以很容易地想到一个没有使用过的名字。因为不同域的域名是不同的,所以只需要在自己的域中查看是否有人用过这个名字就行了。除此之外,分层次的命名也为域名到 IP 地址的映射带来了方便。采用这种方案,每个域可以只维护自己域内名字的数据库,每个域可以由相应的组织负责。而且每个子域也可以由不同的组织管理,它们向自己的上级域负责。这样,当要把某个主机名映射成 IP 地址时,只需要根据主机名中的域名到相关的数据库中去查找就行了,而不用漫无目的地找遍所有的数据库了。

与 IP 地址一样,全世界的域名由 ICANN 管理。ICANN 批准了 200 多个顶级域。这些顶级域分为两种类型:通用域和国家域。常见的通用域有 com(商业)、edu(教育)、gov(政府机构)、org(非营利性组织)、net(网络供应商)等。每个国家有一个国家域,例如中国的国家域名为 cn,日本的为 jp。

当然,ICANN 也不直接管理全部域名。它只负责批准顶级域以及授权顶级域名注册服务商。而申请二级域名的人只要到管理顶级域的组织申请注册即可。例如,一个公司想为自己注册一个域名 haogongsi.com.,只需到管理 com 域名的服务商或管理机构注册。如果登记员在 com 域内的数据库中没有查到这个名字,那么这个名字就会被登记在数据库中,这个公司就可以使用这个域名了。当然,通常这个公司还要支付一些费用。接着,这个公司就可以用一台主机建立一个数据库。从那以后,想让自己的计算机使用类似 xxx.haogongsi.com.域名的组织或个人就可以到这个公司登记了。当网络中有用户使用 xxx.haogongsi.com.访问主机时,系统就到这个公司的这台数据库主机上查找对应主机的 IP 地址。

采用上述命名方案和分布式数据库实现域名到 IP 地址映射的系统被称为域名系统,即常说的 DNS。

现在整理一下域名系统的思路。我们的目的是让用户能够通过名字指明要访问的服务主机。为此,服务主机应该先有一个与众不同的名字。为了达到名字唯一的目的,需要知道所有正在使用的名字,这需要在某个管理机构注册所有正在使用的名字。管理机构需要维护一个数据库,里面放着所有正在使用的名字。为了减小名字的冲突,名字空间被分割成域,每个域中的名字以自己所在域的域名为后缀。这样,只要保证名字在本域中不重复,即可保证名字在全世界都不重复。因此,就可以不用维护一个完整的中心域名数据库了。每个域维护自己域的域名数据库,完成域名注册的任务。

主机名注册之后,用户就可以使用它们访问其对应的主机了。但是用户以主机名为目标的数据,在进入网络之前必须改用 IP 地址作为目标主机的标识。为此,在主机名注册时,数据库中应该同时记录每个主机名对应的 IP 地址。那些用主机名指明发送目标的数据在进入网络前,系统需要到主机名注册数据库中去查找该名字对应的 IP 地址,然后把得到的目标主机 IP 地址写入数据包中,这样数据才能被网络设备投递到目标主机。通过名字查找对应主机 IP 地址的过程称为名字解析。

从上面的描述可以看出,因为主机名和 IP 地址的映射信息存放在网络中某台计算机的数据库中,所以为了实现使用主机名访问服务的目标,在用户的计算机上必须有能够发送名字解析请求和接收名字解析结果的程序,而负责登记主机名的系统还要能够响应这些用户程序的名字解析请求,提供主机名到 IP 地址的映射服务。用户计算机上帮助解析主机名的程序称为 DNS 解析器,而负责登记主机名并提供主机名到 IP 地址映射的程序称为 DNS 服务器。DNS 解析器实际上是通过与 DNS 服务器建立联系获得名字解析结果的,即它是

DNS 服务的客户端。所以,DNS 系统是客户/服务器模式的分布式系统。

通过主机名查找到对应的 IP 地址的过程称为名字解析。

在用户计算机上帮助解析主机名的程序称为 DNS 解析器。

负责登记主机名并提供主机名到 IP 地址映射的程序称为 DNS 服务器。

DNS 系统是客户/服务器模式的分布式系统。

　　DNS 解析器在解析某个主机名时,必须找到存有该主机名的 DNS 服务器。按照前面的介绍,每个域都有自己的 DNS 服务器,那么 DNS 解析器怎么能找到要解析主机名所在域的 DNS 服务器呢? 它是不是要求管理员把所有的 DNS 服务器的地址都配置在计算机中,然后在其中找到对应域的 DNS 服务器,最后去联系呢? 当然不是这样的。用户在配置计算机时确实配置了一个或者几个 DNS 服务器的地址,但绝对不是所有域的 DNS 服务器地址(数量太大了,需要建一个数据库)。实际上,用户只告诉了计算机一个或几个离它比较近的 DNS 服务器的地址,通常称之为本地 DNS 服务器。它本质上相当于一个代理。

　　当用户要通过主机名联系某台主机时,计算机上的 DNS 解析器便开始工作。名字解析的过程如图 7-22 所示。假定计算机 pc1.sina.com 上的浏览器想访问 www.bjut.edu.cn 主机上的网页。pc1.sina.com 上的浏览器需要在发送请求之前,用 DNS 解析器把 www.bjut.edu.cn 这台主机的 IP 地址找到。DNS 解析器接到任务之后,从本机的配置中找到本地 DNS 服务器的地址,然后向其发送一个消息(图 7-22 中的消息 1),问它是否知道 www.bjut.edu.cn 这台主机的 IP 地址。本地 DNS 服务器查找自己的数据库,发现并没有这个名字的记录。这时它并不直接告诉询问的计算机它没有映射记录,而是向根 DNS 服务器发送一个查询消息(图 7-22 中的消息 2),问它是否知道 www.bjut.edu.cn 这台主机的 IP 地址。每个本地 DNS 服务器都预先配置了根域 DNS 服务器的地址。全世界一共有 13 台根域 DNS 服务器,它们多数分布在北美洲,唯一在亚洲的根域 DNS 服务器在日本。

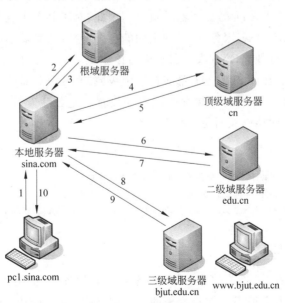

图 7-22　DNS 解析过程

按照前面介绍的命名和注册机制，每个域 DNS 服务器只登记自己域内的域名记录，因此，这些根域 DNS 服务器上面只记录着其下的各个顶级域的记录，其中包含各个顶级域 DNS 服务器的地址。因此，根域 DNS 服务器同样也没有 www.bjut.edu.cn 这个主机名的记录。但是，通过查看主机名的后缀，根域 DNS 服务器发现要查找的名字属于顶级域 cn。根域 DNS 服务器存有这个顶级域 DNS 服务器的地址，因此它把这个地址发回给询问的本地 DNS 服务器（图 7-22 中的消息 3），意思是："我不知道你要找的主机的 IP 地址，你到这个服务器那里问问吧，它应该知道。"本地 DNS 服务器得到这个地址后，便向 cn 域的 DNS 服务器发出询问（图 7-22 中的消息 4）。

顶级域 cn 的 DNS 服务器同样也没有 www.bjut.edu.cn 这个主机名的记录。通过后缀，它发现要查找的主机名属于自己的子域 edu。因为每个域的 DNS 服务器都存有自己子域的 DNS 服务器的地址。所以，顶级域 cn 的 DNS 服务器把 edu.cn 这个子域的 DNS 服务器的地址发回给询问的本地 DNS 服务器（图 7-22 中的消息 5），让它到那里去查找。

按照这样的过程，本地 DNS 服务器将从 edu.cn 这个域的 DNS 服务器获得 bjut.edu.cn 域的 DNS 服务器地址（图 7-22 中的消息 6 和消息 7）。当本地 DNS 服务器向 bjut.edu.cn 域的 DNS 服务器发出查询时（图 7-22 中的消息 8），因为这台服务器便是 www.bjut.edu.cn 主机注册的 DNS 服务器，所以这台服务器在自己的记录中找到主机的 IP 地址，交给查询的本地 DNS 服务器（图 7-22 中的消息 9）。本地 DNS 服务器最后将结果交给主机 pc1.sina.com 上的 DNS 解析器（图 7-22 中的消息 10）。至此，DNS 解析器的工作完成。pc1.sina.com 这台计算机接下来把从 DNS 解析器获得的 IP 地址填写到数据包中，把数据发送到网络中。

从上述查询过程可以看出，名字解析会涉及很多 DNS 服务器，因此会花费很多时间，而且位于树状结构顶端的根域服务器的负担非常大，因为几乎所有的名字解析都要经过它。为此，DNS 服务器采取了一些措施。其中最主要的措施就是缓存机制。DNS 服务器会把解析过程中获得的主机名和 IP 地址的映射记录缓存下来。这样，当再有用户需要解析这些主机名时，就不用去其他服务器查询，直接用缓存的记录应答就可以了，这样既提高了名字解析的速度，又减轻了其他 DNS 服务器的负担。因此，对于某个主机名来说，它的记录就不再只存在于注册的原始 DNS 服务器上，网络中的各个 DNS 服务器都可能缓存了它的记录。存有主机名原始记录的那台 DNS 服务器被称为该主机名的权威 DNS 服务器，该记录被称为权威记录。此外，多数 DNS 服务器都缓存了顶级域 DNS 服务器的地址，这样就可以减少对根域服务器的打扰。当然，这些缓存的内容要设置一定的生存期，以便在原始主机名和 IP 地址信息发生变化时能够及时更新缓存内容。

名字解析过程要访问若干 DNS 服务器，所以要花费很多时间。
DNS 系统采用缓存技术减少查询时间以及 DNS 服务器负担。

7.3.3 网络管理

随着网络规模的扩大，网络故障定位、网络计费、网络安全、网络效率优化等一系列问题都变得复杂起来。再用管理几台主机规模的小型网络的方法，如用 ping 命令探测网络故障点,已经行不通了,需要专门开发一套能够监控网络运行状态、提高网络运行效率的管理软件。

　　要想把网络管理起来,首先必须知道各个设备的状态。因此,在每个设备上都需要有一个监控程序,称为网管软件。网管软件就像一个摄像头,可以实时获得设备的运行状态信息。如果管理员要到每个设备点去看网管软件取出的状态信息,对于大一点儿的网络显然很不方便。因此,需要把各个网管软件获得的状态信息汇总到一个管理员方便访问的地方。另外,要想把网络管理好,必须对这些原始数据进行加工和分析,得出有意义的数据和决策信息。显然在汇聚信息的地方而不是各个网络设备上做这些统计和分析工作比较合适,一来可以得到更全面的信息,二来可以减少对被管理设备的干扰。由此形成了网络管理系统模型,如图 7-23 所示。

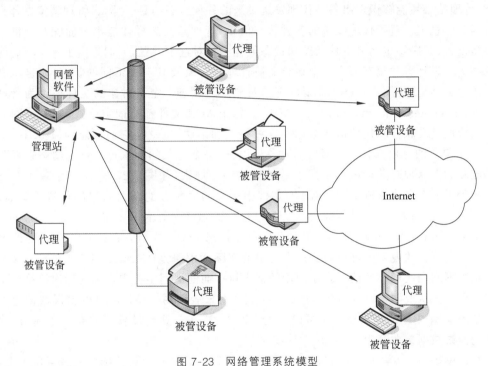

图 7-23　网络管理系统模型

　　在此模型中,所有被管理的设备,如路由器、服务器,都运行一个被称为代理的很小的软件,负责获得被管设备的状态。在网络中的某个位置运行着一台计算机从各个代理获得网络设备的状态,并进行相应的统计、分析、显示以及故障告警等,这台计算机被称为管理站。这样,网络管理员就可以通过管理站获得整个网络的运行状态,及时地发现问题,并通过统计结果对网络进行优化。

　　在图 7-23 所示的模型中,可以看到最关键的是设备上要有代理。只有这样,对于管理站来说,这个设备才是可管理的。网络中的设备类型和厂家各有不同,怎样为这些不同设备编写代理,而这些代理又都能够与管理站通信呢? 按照前面的经验,只要把管理站和代理之间通信的协议标准化,谁编写代理和管理站端软件就都没有问题了。因此,人们定义了代理和管理站之间的通信协议——简单网络管理协议(Simple Network Management Protocol,SNMP)。这样,每个厂家都可以针对自己的设备编写代理软件并预装在自己的设备中,而另外一些组织则可以专注于编写管理站端软件。因为都遵循 SNMP,所以这些代理和管理站端软件之间可以通信。

　　SNMP 称为简单网络管理协议,是因为它确实简单。它只定义了代理和管理站通信时要发送的很少几种消息类型及其格式,如请求消息、应答消息。SNMP 规定,管理站可以向代理发送请求消息,向其索要信息或者命令代理修改某些信息;代理在一些特殊的情况下也可以主动向管理站报告信息。

　　至此已经解决了管理站和代理之间的通信问题。可是,还有另外一个问题。网络中设备的种类非常繁多。它们的状态信息也各不相同。例如,对于路由器来说,它的状态信息可能包括它有多少个网络端口、每个端口的当前状态怎样、收到了多少个数据包、发送了多少字节等;而对于服务器主机,它的状态则可能包括 CPU 的使用状况、目前连接的用户数等。因此,管理站必须能够识别出各种代理发送过来的各种状态信息。那么,管理站依据什么向代理索要信息呢? 对于代理发来的各种状态信息,管理站又怎样才能都看懂呢? 全世界有这么多设备,到底要定义多少种状态和状态值呢? 针对这个问题,人们想出了一个很聪明的解决办法。设计者并没有一个一个地定义被管理的对象及其各种不同的状态,而是定义了一个语法和结构,让用户自己定义要管理的对象及其状态。定义对象的文件被称为管理信息库(Management Information Base,MIB)。每个 MIB 文件都有固定格式,遵循相同的语法。而管理站端软件和代理都能够识别这种格式和语法,也就是它们都能读懂 MIB 文件。MIB 库中定义的对象都有一个对应的对象标识符,每个对象的标识符在整个网络管理系统中是唯一的。这种对象标识符采用了一种树状编号规则,如图 7-24 所示。图 7-24 左方窗格中显示了一个名为 RFC1213-MIB 的文件中定义的对象在对象命名树的位置及其名称。图 7-24 中选定的对象 ifInErrors 在右侧上方 Object ID 文本框中显示的是.iso.org.dod.internet.mgmt.mib-2.interfaces.ifTable.ifEntry.ifInErrors,这与它在树状结构中的位置相对应。在右下方的说明中可以看到这个对象的实际标识符是.1.3.6.1.2.1.2.2.1.14。这个标识符是管理站和代理在通信时真正使用的标识符。而前面用字符串表示的标识符是为了看起来更方便。从说明中可以看到 ifInErrors 这个对象表示网络端口收到的错误数据包的数目。从图 7-24 中间的结果窗口中可以看到 172.23.77.215 这台设备一共有 3 个端口,它们收到的错误数据包数都为 0。

　　每种设备的厂家都可以把自己的设备对象定义在 MIB 对象树状结构的适当位置上,形成对象的唯一标识符,然后按照规定的语法和格式定义自己的 MIB 库。定义好 MIB 库之后,厂家实现自己的设备管理代理。代理中含有获得厂家定义对象的状态值的代码。要想获得这些厂家定义的被管设备的状态,管理站需要加载相应的 MIB 文件,获得这些对象的标识符,然后向设备代理发送请求,索取这些对象的状态值。代理收到管理站索取状态值的请求后,会检查该设备的状态值并应答管理站。加载不同的 MIB 库,管理站就可以从不同的代理获得各种不同对象的状态值了。

网络管理多采用管理站/代理模型实现。

　　代理负责监测被管设备的状态。管理站从代理获取被管设备的状态,进行分析和显示等进一步的处理工作。

　　管理站和代理通过 SNMP 通信,它们之间通过加载相同的 MIB 库获知管理对象的标识符。

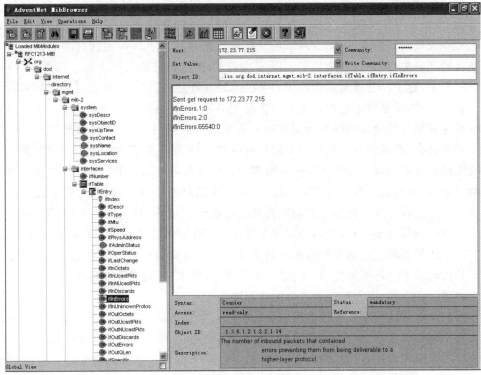

图 7-24　MIB 库浏览器

7.4　网络编程

在介绍了互联网的基本实现机制之后,本节简要介绍怎样写一个网络应用程序,也就是在程序员级别怎样使用/访问网络,或者说怎样让应用程序上网。

在前面关于网络层次结构的介绍中已经提到,网络通信这件大事是很多人、很多组织合作实现的。具体来说,物理层、数据链路层的事情都是交给通信设备公司完成的,而网络层的功能是由网络通信公司和网络设备公司一起实现的,传输层的任务主要是由操作系统在用户的计算机上完成的,更多的应用程序开发者和公司利用前面这些工作的支持完成用户需要的应用软件开发。

本节说明应用程序开发者怎样实现一个能够通过网络交互的应用程序。在互联网层次结构中,应用程序位于应用层,是在传输层之上实现通信的,它直接调用传输层的服务,而与其他各层不用打交道。因此,编写应用层的程序必须清楚传输层的接口,但不需要了解其下各层是怎么回事。但是,只知道传输层的接口并不能很好地使用它,所以,在介绍传输层的接口之前,首先对传输层的功能和机制进行必要的解释。

7.4.1　传输层的功能和机制

传输层的功能是为应用程序提供数据的网络传输服务,它位于应用层和网络层之间。现在实现传输层功能的程序通常是操作系统的一部分,在安装操作系统时,这部分软件就被安装到用户的计算机中了,在编写应用程序时就可以使用这部分服务了。

那么,传输层具体实现什么功能呢?它是在网络层的支持下再完成其他一些必要的任务。它主要完成两大任务。首先,网络层能够把数据包从源主机传递到目的主机。具体怎样实现我们不必关心,总之它做到了。但是,每个数据包要交给目的主机上的哪个应用,网络层就不管了,这个任务就留给传输层。其次,因特网的网络层被设计成提供"尽力而为"的服务。言外之意,就是数据包的传送是尽了最大的努力,能做到什么样就是什么样。具体数据包的投递效果与其经过的网络状况有很大关系。如果网络状况不好,数据包丢失也是可能的。另外,因为数据包要跨越很多不同的网络和链路,每条链路能通过的最大数据包长度也是有限的且可能不同,因此,网络层对数据包大小是有限制的。用户的应用数据通常分成多个数据包,而对于这些数据包之间的前后关系,网络层是不理会的,在它看来它们就是一个个独立的数据包。这些数据包根据网络状况可能会通过不同的路径到达目的主机,所以它们花费的时间可能不一样,到达的顺序与发送的顺序也可能不一样。而对于这些情况,网络层都是不作处理的。这就是尽力而为的含义。用户可能接受不了这些,进一步的补救工作就交给传输层了。这就是传输层的第二个任务,具体来说,就是要在网络层不可靠的传递服务上再做一些工作,以实现用户需要的可靠服务。

下面就来介绍这两个任务是怎样完成的。第一个任务的实现比较简单,传输层的办法就是在数据包中添加一个与应用程序相关的标识,指明这个数据包是哪个应用程序发的以及要发给哪个应用程序,收到数据包的计算机根据这个标识把数据包分发给相应的应用程序即可。这个标识你直接能想到的是用应用程序的进程号吧?进程号是与应用程序最相关的一个标识。但是进程号是在应用程序启动时由操作系统根据当时的情况指定的,应用程序每次启动的进程号是不一样的。如果每次通信时都要临时获取对方应用程序的进程号,那可是件麻烦事,就好像一个人的手机号码每次开机都不一样,每次要跟他打电话都需要询问他当前的号码是什么,那太让人崩溃了!所以这个通信标识必须固定下来。因此,传输层启用了另外一套标识,称为端口号。端口号被定义为16位的二进制数。每个通信的应用程序在启动时告诉操作系统它要使用哪个端口号进行网络通信,操作系统就根据这个端口号收发应用程序的数据包。而有一些服务程序约定使用特定的端口号,例如,Web服务器使用的端口号就是80,和它通信的程序事先知道这个端口号就可以和它通信了。通常在安全提示中提到的关闭某某端口号,说的就是这里的端口号,因为有些入侵程序会扫描计算机上可用的端口号,然后通过它发送数据,制造麻烦。网络层传递数据包使用的目的IP地址类似于邮政中的收信人地址,而目的端口号则相当于收信人姓名。

第二个任务的完成要比第一个任务复杂很多。下面详细介绍传输层怎么解决网络层遗留的各种问题。首先解决数据包丢失的问题。数据包丢失的原因除了链路失效或故障以外,还有一种原因就是接收方不在或者接收方IP地址是错误的。而网络层在发送数据包时并不确认接收方是否在工作,也不判断接收方IP地址是不是对的。所以传输层第一步工作就是在通信之前确认收发双方的状态良好。具体做法就是在发送实际数据之前先发送一个建立联系的数据包,等对方发回应答,然后再确认该应答。这样通过3个数据包的收发确定通信双方都准备好了而且网络链路也确实是可达的。这个过程被称为三次握手建立连接,因此传输层这种事先要握手的服务被称为面向连接的服务。

即使双方都准备好了,后续的数据包在链路传输过程中还是可能丢失,例如链路上出现随机干扰,那怎么办呢? 传输层对链路上的事情是没有办法的,所以它能做的就是想办法判断出数据包的丢失。如果数据包丢失了,就重新发一次,看看能不能送达。为此,它把发送出去的数据包复制一份,留存一段时间,准备在丢失时重发。那么,怎么知道数据包是不是丢失了呢? 传输层采用的办法是每个数据包都要求接收方发回一个确认,如果在约定时间内没有收到确认,它就认为数据包丢失了。因此,每次发送数据包时,传输层都会把该数据复制一份,并启动一个计时器。如果计时器超时,就认为数据包丢失了(当然也可能是对方发回来的确认包丢失了,这时重发数据,对方就会接收到重复的数据)。确认的时候要说明收到的是哪个数据包,因此,传输层把所有数据都按字节编号,将编号放在数据包中(实际上放的是第一个数据字节的编号)。整套方法称为确认重传机制。

接收方在收到数据包后查看编号,根据编号发回确认,同时根据编号对乱序的数据进行重新排序,抛弃重复的数据,整理好数据,然后按照数据包中带有的端口号提交给相应的应用程序。

当双方数据都发送完毕,传输层要求应用程序告诉它这件事情。这时发送方传输层会发个消息告诉接收方的传输层不再发送数据了,这样对方就不再维护跟连接相关的数据和计时器等,这称为关闭连接。

除了上述功能外,传输层还会进行流量控制和拥塞控制,这些对应用程序用户来说感知不明显,因此就不介绍了。

传输层做的这些事情需要收发双方事先约定好。上面这些措施和约定合在一起构成了Internet 的传输控制协议,即 TCP。

TCP 支持两个应用程序之间的数据传输,因此称为端到端的数据传输。因为它采用了连接、确认重传、排序等一系列措施,所以它可以在不那么可靠的网络层传输之上提供可靠传输。它支持数据的双方向发送,即全双工。因为收发数据之前要建立连接,而连接只能双方参与,是点到点的,因此 TCP 不支持一对多或多对多的数据收发。

目前 Internet 传输层采用的编号规则是一个连接内的所有数据逐字节编号,因为是根据网络的情况把用户数据封装成数据包,数据分割可能发生在任何地方,所以在传输层是不看数据的逻辑意义的。应用程序多次交给它的数据可能被封装在一个数据包中,也可能被封装在几个数据包中,一次交给它的数据也可能被拆分到不同的数据包中。因此,TCP 提供的服务也称为字节流服务。

最后还要说明一件事,在目前 Internet 的传输层不仅有通过 TCP 提供的可靠服务,同时还有另一种通过名为 UDP 的协议提供的不可靠服务。UDP 只实现传输层的第一个任务,就是通过端口号把数据包分发给相应的应用程序。它没有理会第二个任务,网络层把数据包传输成什么样就是什么样。它也不建立连接,这个服务也因此称为面向无连接的服务。这样做可以节省很多开销。一些对时间比较敏感、对准确度要求不高的应用程序,例如视频播放,会选择这个服务。因为不需要建立连接,不要求点对点,所以可以实现一对多和多对多传输。

7.4.2　传输层接口

现在来看看如何让应用程序能够通过传输层收发数据。其实也不难,就是在应用程序中使用传输层提供的服务接口即可。这些接口通常是以系统调用的形式提供的,在应用程

序中需要包含实现这些接口的头文件或数据包。例如:

```
#include <sys/types.h>
#include <sys/socket.h>
```

在不同的操作系统中这些接口的形式可能略有不同,但主要流程和功能是大同小异的。下面以 UNIX/Linux 系统的 Socket API 为例来说明,它是网络应用开发最常用的接口。图 7-25 给出了常用的 Socket API 接口函数及其使用流程。

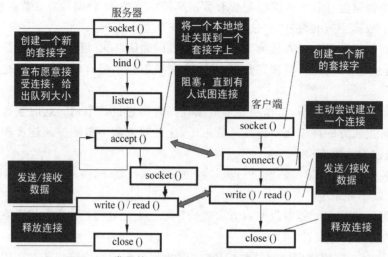

图 7-25　常用的 Socket API 接口函数及其使用流程

现在说明怎样使用这些接口。在第 6 章介绍过网络应用程序体系结构,其中最基本的就是客户/服务器模式,这里就以这种模式为例说明。假定要实现一个文件服务器及其客户端,功能是通过客户端从服务器下载文件或者向服务器上传文件,为此要编写一个服务器程序和一个客户端程序。

两个程序要通信,首先需要有通信的"设备"。就像你要和别人打电话,首先需要有一部手机一样。传输层接口为此提供了一个"设备",叫 socket。这个英文单词的原意是插口、插孔,在网络通信领域翻译成套接字。因此,用户的程序要想通过传输层收发数据,必须先有一个套接字。这个套接字可以通过一个名为 socket 的接口函数获得。下面的语句创建了一个套接字。

```
int s,s = socket(PF_INET, SOCK_STREAM, IPPROTO_TCP);
```

这里函数 socket 就是用来创建套接字的,无论是服务器还是客户端的程序,都要首先创建一个套接字,如图 7-25 所示。socket 函数有 3 个参数。第一个参数说明这个套接字使用的通信网络。这好比你指定手机使用移动网络还是联通网络。本例中 PF_INET 表示用的是 IPv4 网络。如果用 IPv6 网络,则要写 PF_INET6。这些常量是定义好的,用的时候去查一下即可。第二个参数对应的是套接字提供的服务,就好比手机是使用电话功能还是短信功能(当然现在手机这些功能都有,假定二选一时就是这样的)。这里常量 SOCK_STREAM 表示是字节流服务,也就是前面介绍的 TCP 支持的可靠服务。因为要进行文件传输,所以需要可靠服务。如果是视频流,那么这一项可以改成 SOCK_DGRAM,就是数据报服务,也就是 UDP 实现的不可靠服务。第三个参数表示第二个参数选择的服务用什么协议实现。这里常量 IPPROTO_TCP 表示 TCP。如果将来可靠服务还可以由其他协议实现的,那么这里是可以选择的,当然现在只有固定的一个选择。

　　socket 函数的返回值是一个整数,可以理解成套接字的标识号。通过执行 socket 函数,应用程序就获得了一个“插孔”,通过这个“插孔”可以收发数据,并且数据的收发是可靠的,不会丢失,因为它是由传输层的 TCP 维护的。这个“插孔”只能进行一对一通信,现在对方是谁还没有确定,需要后面再定,这就像你有了一部手机,现在还没有开始打电话一样。

　　接下来,如果是服务器程序,那么它需要调用 bind 函数给这个套接字赋予一个地址。就像给你的手机分配一个电话号码,这样别人才能给你打电话一样。手机是通过插入一个电话卡绑定电话号码的,而服务器程序则需要调用 bind 函数为套接字绑定地址:

```
if (bind(s, (struct sockaddr *)&sin, sizeof(sin)) < 0)
    errexit("can't bind to %s port: %s\n", service,strerror(errno));
```

　　bind 函数需要 3 个参数。其中,第一个是套接字的 ID,就是要给哪个套接字绑定地址;第二个参数是地址;第三个参数是地址的长度。从第三个参数可以看出,地址长度是不固定的,因为套接字设计为能够支持多种网络,例如 IPv4 的地址是 32 位,而 IPv6 的地址则是 128 位。套接字的地址不是主机的网络层地址。套接字地址由两部分构成:一部分是主机地址,如 IPv4 地址;另一部分是端口号。通过前面传输层的介绍,我们已经了解为什么是这样了。关于这个函数的地址还有很多细节,这里就不介绍了,写程序时可以查阅文档详细了解。

　　绑定好地址之后,服务器程序要调用 listen 函数。这个函数告诉操作系统:我可以通过这个套接字提供服务了,如果有人联系我,你可以接进来了。listen 函数的形式如下:

```
listen(s, qlen)
```

　　listen 函数有两个参数。第一个参数说明哪个套接字进行监听,第二个参数是等待队列的长度。服务器程序调用 listen 函数之后,就进入监听状态,就好像你准备好了电话,开始留心有没有人给你打电话一样。而操作系统就开始接收该套接字地址的连接请求了。如果有多个请求,则放在队列里排队等待。

　　接下来服务器程序要调用 accept 函数接收到来的连接请求,就好比听到电话铃响时接电话一样。如果调用这个函数时并没有客户端请求到来,那么服务器程序就会处于等待状态。

　　到这里,服务器程序的通信准备就做好了。现在来看客户端程序。同样,客户端程序也需要有一个套接字才能通信。所以,它也要调用 socket 函数申请创建一个套接字。成功获得套接字之后,客户端程序就可以通过它联系服务器了。这通过 connect 函数实现,形式如下:

```
c = connect(s, (struct sockaddr *) &channel, sizeof(channel));
if (c < 0)
    fatal("connect failed");
```

connect 函数有 3 个参数。第一个是套接字标识号,就是指定通过哪个套接字连接服务器。第二个参数是地址,就是服务器的地址,相当于你要拨打的电话号码。最后一个参数是地址的长度。connect 函数做的事情就是 7.4.1 节介绍的传输层的三次握手。它会向服务器发送连接数据包。这时候服务器已经处于监听状态,那么这个连接请求数据包就会被服务器程序所在主机的传输层接收,然后根据其中的端口号,放在对应的套接字等待队列中。

客户端程序并没有绑定地址。实际上它也是需要地址的,只不过它的地址不需要先发布给其他应用程序,因此,它的号码不用自己选定,在调用 connect 函数进行连接时操作系统会自动给它指定一个。这个号码就是它所在主机的 IP 地址加上一个端口号,该端口号是操作系统在空闲的端口号中选出来指定给它的。

在客户端调用 connect 函数发出建立连接的数据包之后,这个数据包会被网络层借助下面两层的帮助投递到连接中指定地址的目的主机,也就是服务器程序所在的主机。收到数据包后,该主机的传输层程序会根据其中的目的端口号把请求放到绑定该端口号的应用程序的等待队列中。如果服务器程序已经调用了 accept 函数,那么系统会给客户端发回建立连接的数据包,和客户端完成三次握手的过程。这样连接就建立起来了,双方接下来就可以收发数据了。对应用程序来说,这个过程的完成就是 accept 函数和 connect 函数都成功执行完毕。

在服务器程序的 accept 函数成功返回后,这个函数会生成一个新的套接字,而这个套接字是和用户建立好连接的套接字。就好像服务器用一部电话接听,但是当一个电话拨进来后,这个电话会被分配到另一个分机上,而原来的电话则可以继续接听其他的电话。这样设计是为了服务器能够同时处理多个不同用户的服务请求。

建立好连接之后,收发数据就很简单了。接口函数库都提供了 send 和 receive 函数,write 和 read 函数也被改造成有类似的收发功能。因为是已经建立好的连接,所以收发数据时就不用再指定对方的地址了。下面的语句是客户端程序在 connect 函数成功返回建立的连接后发送数据:

```
write(s, argv[2], strlen(argv[2])+1);
```

下面的语句是客户端程序在 accept 函数返回建立的连接之后通过连接接收数据:

```
sa = accept(s, 0, 0);
read(sa, buf, BUF_SIZE);
```

服务器程序和客户端程序在通信结束后,需要告诉操作系统释放连接。这样操作系统会发送中断连接的数据包给对方。当收到结束连接的数据包后,操作系统会释放相关资源,这个连接就关闭了,不再能收发数据了。这相当于电话挂机,结束一次通话。这通过调用 close 函数实现,函数的参数是要关闭的套接字的 ID。例如,服务器程序用如下函数调用关闭连接:

```
close(sa);
```

经过上面这几步,客户端程序和服务器程序就可以实现通信了。

下面是一个简单的文件服务器程序代码:

```c
#include <sys/types.h>
#include <sys/fcntl.h>
#include <sys/socket.h>
#include <netinet/in.h>
#include <netdb.h>
#include <stdio.h>
#define SERVER_PORT 12345        /*可以是任意端口号,但客户端和服务器必须协商一致*/
#define BUF_SIZE 4096            /*块传输大小*/
#define QUEUE_SIZE 10
int main(int argc, char * argv[])
{
    int s, b, l, fd, sa, bytes, on = 1;
    char buf[BUF_SIZE];                              /*输出文件缓存*/
    struct sockaddr_in channel;                      /*存放 IP 地址*/
    /*创建绑定到套接字的地址结构*/
    memset(&channel, 0, sizeof(channel));            /* channel 清零*/
    channel.sin_family = AF_INET;
    channel.sin_addr.s_addr = htonl(INADDR_ANY);
    channel.sin_port = htons(SERVER_PORT);
    /*被动打开,等待连接*/
    s = socket(PF_INET, SOCK_STREAM, IPPROTO_TCP); /*创建套接字*/
    if(s < 0)
        fatal("socket failed");
    setsockopt(s, SOL_SOCKET, SO_REUSEADDR, (char *) &on, sizeof(on));
    b = bind(s, (struct sockaddr *) &channel, sizeof(channel));
    if(b < 0)
        fatal("bind failed");
    l = listen(s, QUEUE_SIZE);                       /*指定队列长度*/
    if(l < 0)
        fatal("listen failed");
    /*套接字现在已经建立并绑定完毕,等待并处理连接*/
    while (1) {
        sa = accept(s, 0, 0);                        /*阻塞等待连接请求*/
        if(sa < 0)
            fatal("accept failed");
        read(sa, buf, BUF_SIZE);                     /*从套接字读取文件名*/
        /*获取并返回文件*/
        fd = open(buf, O_RDONLY);                    /*打开要发送回去的文件*/
        if(fd < 0) {
            fatal("open failed");
            buf="open failed";
            write(sa, "open failed\n", 13);
        }else{
            while (1) {
                bytes = read(fd, buf, BUF_SIZE);     /*从文件读取内容*/
                if(bytes <= 0)                       /*检查文件结尾*/
                    break;
                write(sa, buf, bytes);               /*写到套接字中(发送)*/
            }
        }
```

```
        close(fd);                                    /*关闭文件*/
        close(sa);                                    /*关闭连接*/
    }
}
fatal(char* string)
{
    printf("%s\n", string);
    exit(1);
}
```

下面是与服务器程序通信的一个简单的客户端程序代码：

```
/*这是一个客户端程序,该程序可以向服务器程序请求文件
 *服务器通过发送整个文件进行响应
 */
#include <sys/types.h>
#include <sys/socket.h>
#include <netinet/in.h>
#include <netdb.h>
#include <stdio.h>
#define SERVER_PORT 12345      /*可以是任意端口号,但客户端和服务器端必须协商一致*/
#define BUF_SIZE 4096          /*块传输大小*/
int main(int argc, char **argv)
{
    int c, s, bytes;
    char buf[BUF_SIZE];                          /*接收文件缓存*/
    struct hostent * h;                          /*服务器信息*/
    struct sockaddr_in channel;                  /*存放IP地址*/
    if(argc != 3)
        fatal("Usage: client server-name file-name");
    h = gethostbyname(argv[1]);                  /*查找主机的IP地址*/
    if(!h)
        fatal("gethostbyname failed");
    s = socket(PF_INET, SOCK_STREAM, IPPROTO_TCP);
    if(s < 0)
        fatal("socket");
    memset(&channel, 0, sizeof(channel));
    channel.sin_family=AF_INET;
    memcpy(&channel.sin_addr.s_addr, h->h_addr, h->h_length);
    channel.sin_port=htons(SERVER_PORT);
    c = connect(s, (struct sockaddr * ) &channel, sizeof(channel));
    if(c < 0)
        fatal("connect failed");
    /*现在连接已经建立,发送以0结尾的文件名*/
    write(s, argv[2], strlen(argv[2])+1);
    /*接收文件并输出到标准输出设备*/
    while (1) {
        bytes = read(s, buf, BUF_SIZE);         /*从套接字读取文件名*/
        if(bytes <= 0)                          /*检查文件结尾*/
```

```
            exit(0);
        write(1, buf, bytes);                    /*输出到标准输出设备*/
    }
}
```

复习题

1. 网络分层是什么含义？
2. 常见的网络参考模型有哪两个？它们分别把网络分为哪几层？
3. IP 地址是什么？它有什么作用？
4. 子网掩码是做什么用的？它怎样表示？
5. 为什么要配置默认网关、DNS 服务器地址？
6. DHCP 指的是什么？
7. 使用 DHCP 服务能带来什么好处？
8. 简述主机通过 DHCP 获得地址的过程。
9. DHCP 支持哪几种地址分配方式？
10. 使用域名有什么好处？
11. 简述 DNS 的命名方案和数据的分布式存储。
12. 什么叫绝对域名？什么叫相对域名？
13. 简述域名在 DNS 系统中的解析过程。
14. 网络管理通常使用什么协议？

讨论

1. 分析分层的好处。
2. TCP/IP 参考模型为什么能成功？
3. 上网查一查目前有哪些流行的网络管理软件，它们可以提供哪些功能，各有什么优缺点。

实验

编写一个能够实现简单对话的网络应用程序。

第5篇　基础设施与环境平台

　　如今计算机系统已经进入人们生产和生活的方方面面。遍布全球的各种计算机及其相关连接设备和资源已经通过互联网形成了一个最大的服务平台。构成这个大平台的设备及其相关资源称为计算机系统的基础设施。本篇将对这些基础设施进行概览。首先,本书将视野放开,离开常见的 PC 类计算机,介绍在企业和机构中经常会用到的大型服务器和集群的相关概念,然后介绍路由器和交换机等网络互联设备,最后再对放置设备的机房/数据中心及其相关要求进行简要介绍。

第8章　计算机系统基础设施

前面几章的内容告诉我们一个事实,现在的计算机系统已经不再是以孤军奋战的形式为人们工作了。以前,用户各自拥有一台 PC,每天看到的、用到的信息和数据都是这台计算机产生的,或者是通过磁盘等介质复制进来的,一切都是在结果可预知的前提下进行的。现在不同了,各种计算机通过互联网联系起来,实现了最广泛的信息交流和资源共享。如今,当人们面对计算机的时候,从中能得到的信息来自地球的各个角落,日新月异。遍布全球的各种计算机及其相关设备和资源已经形成了互联网这样一个巨大的服务平台。人们每天正是在这个大平台上进行着各种工作、学习和娱乐活动。构成这个大平台的设备及其相关资源称为计算机系统的基础设施。它们就像电力系统中的电厂、变电站、电线杆、电线一样,是提供系统服务的基础。本章就来简要介绍计算机系统基础设施,其中包括网络中两大类主要设备——服务器和网络设备,以及放置它们的计算机机房。

8.1　主要设备

随着网络的出现,计算机服务的形式发生了变化,一批计算机的功能也随之发生了变化。购置这些计算机的目的不再是供用户直接使用,而是要为网络中的广大用户提供服务。这些特殊的计算机可以划分为两类:一类以提供信息服务为主要工作,被称为服务器,如Web 服务器、DNS 服务器;另一类则专门负责为网络中的其他计算机传递数据,这类计算机通常被称为网络设备,路由器、交换机等都属于这类设备。这两类设备虽然本质上仍然是计算机,但是因为有它们特定的使命,因而在设计和性能上都与普通计算机不同。下面分别介绍这两类特殊的计算机。

8.1.1　服务器

服务器这个词既可以指网络中等待其他程序与其联系的应用软件,也可以指在网络环境下运行应用软件、为网上用户提供某种服务的高性能计算机,也就是说它有软件、硬件两个不同含义。本节主要关注硬件概念上的服务器。

传统上按照计算能力把计算机分为巨型机、大型机、小型机和微型机(PC)。不过,对于什么是微型机,什么样的计算机才算得上巨型机,具体的标准在不断变化。一个时期的巨型机过了若干年就变成一般的计算机了。例如,20 世纪 80 年代巨型机的标准是运算速度达到每秒 1 亿次以上、字长为 64 位、主存储器的容量为 4~16MB 的数字式电子计算机。这个标准在今天看来简直太低了,普通的微机都不止这个水平了。而前些年那些被称为中型机的系统,到现在都被称作小型机了。但是,无论在何时,小型机、大型机、巨型机总是对应着一个性能递增的次序。

服务器通常要为网络中大量的用户提供服务,对它的性能要求比较高,因此它的工作都是由性能较强的计算机承担的。小型机、大型机甚至巨型机都会被用来充当服务器。现在由于 PC 性能逐步提高,在要求不很高的场合用 PC 充当服务器也很常见。这里需要说明的是,PC 这个概念也分为两种,一是桌面机,二是服务器,两者都采用微处理器,但后者更强调外部设备配置(尤其是磁盘访问的能力)以及可管理性等,而前者更强调图形显示等用户体验。所谓用 PC 充当服务器,主要还是指"PC 服务器",尽管用"PC 桌面机"有时也能凑合。为了满足性能上的高要求,PC 还可以通过集群优势弥补性能的不足,也就是常说的"三个臭皮匠顶上一个诸葛亮"。常见的做法是,几十台甚至几百台 PC 通过高速网络联合在一起,以一个服务器的名义向外提供服务。目前常用的技术被称为集群技术。通过集群技术产生的系统也就是价廉且灵活的集群系统。

下面从性能的角度,按照巨型机、大型机、小型机、集群系统的顺序简要介绍服务器。

1. 巨型机

巨型机是最昂贵的计算机,也被称为超级计算机。巨型机的功能是如此强大,价格也是如此昂贵,以至于在普通机房中很难见到这种计算机。

巨型机的技术门槛极高,它体现了一个国家的科研和经济发展实力,因而它的研制水平甚至被用来标志一个国家的科学技术和工业发展的程度。

巨型机主要被用于重大的科学研究、国防尖端技术和国民经济领域的大型计算课题及数据处理任务,如大范围天气预报、卫星照片整理、原子核的探索、洲际导弹、宇宙飞船研究等。

图 8-1 是超级计算机 Frontier("前沿")。它是 2022 年国际超级计算大会上评选的全球

图 8-1 超级计算机 Frontier

超级计算机 500 强的第一名。Frontier 是美国能源部与美国 HPE 公司和 AMD 公司合作的项目,计算速度可以达到每秒 1.1×10^{18} 次浮点运算,是首个突破艾(exa,百亿亿)级性能屏障的计算机。Frontier 的占地面积相当于两个篮球场的大小,需要大约 145km 的布线,能够在一秒内处理 10 万部高清电影。Frontier 用于核和气候研究等领域的高级计算。

图 8-2 是我国并行计算机工程技术研究中心研制的"神威·太湖之光"超级计算机。它安装在国家超级计算无锡中心,是我国第一台全部采用国产处理器构建的超级计算机。"神威·太湖之光"安装了 40 960 个中国自主研发的申威 26010 众核处理器。它的持续性能为 9.3 亿亿次/秒,峰值性能可以达到 12.5 亿亿次/秒。2022 年,神威·太湖之光在全球超级计算机 500 强中排名中位列第六。

图 8-2 超级计算机"神威·太湖之光"

2. 大型机

按照分级,大型机应该是比巨型机能力稍差一些的计算机。IBM 公司在这个档次的计算机市场和技术上占据了绝对优势。很多时候甚至提起大型机就是指 IBM System/360 开始的一系列计算机。实际上,一些公司,如 Amdahl、Hitachi Data Systems(HDS)、EMC、HP、Sun,也都制造大型机,只是市场份额不大而已。

图 8-3 是 2022 年 IBM 公司推出的大型机 z16。z16 通过 7nm Telum 处理器能够对交易进行人工智能推理。在进行欺诈分析时,它每天可以处理 3000 亿个推理请求,延迟时间仅为 1ms。大型机上的人工智能功能可用于贷款审批、清算和结算以及零售风险的联合学习。

图 8-3　IBM z16

IBM 公司将其所有 z/Architecture 大型机称为 IBM Z。该系列大型机目前包括 IBM z16/z15/z14/z13 以及 IBM zEnterprise、IBM System z10、IBM System z9 和 IBM eServer zSeries。

大型机与我们平常见到的 PC 有很大不同。大型机通常使用为其量身定做的专用软件,包括操作系统、编译系统以及其他系统软件和上层应用软件。例如,IBM 公司专门为大型机设计开发了操作系统 z/OS。大型机上的程序设计也与人们常接触的有很大不同。例如,在程序设计语言不断更新的现在,IBM 公司的大型机仍然使用一个名为 COBOL 的"古老"的程序设计语言开发程序。这种封闭的系统模式为大型机系统带来了高可靠性和安全性,但是同时也让人们对大型机的世界很陌生。

由于成本巨大,大型机系统的用户一般是一些对信息的安全性和稳定性要求很高的单位,以政府、银行、保险公司和大型制造企业为主。大型机在这些单位中占据着重要地位。例如,美国的银行中三分之二的事务处理运行在大型机上。

3. 小型机

现在很多机房中运行的是被称为小型机的系统。关于小型机,目前没有明确的说法和分类标准。以前,小型机常常指采用 RISC 结构专用处理器、支持 UNIX 操作系统、封闭专用的计算机系统,因而也被称 RISC 服务器或 UNIX 服务器。

RISC (Reduced Instruction Set Computer,精简指令集计算机)是一种 CPU 的设计模

式。与其相对的是 CISC（Complex Instruction Set Computer，复杂指令集计算机）。RISC 是什么意思呢？每个 CPU 都有一个固定的指令集。这些指令通过 CPU 硬件直接完成。如果想让计算机完成一个复杂的任务，通常有两种实现方式：一是设计一条机器指令，用 CPU 硬件直接完成；二是通过软件编程用 CPU 现有的若干条指令完成，例如用加法硬件指令通过软件编程实现乘法。通常采用硬件指令快于软件编程的方式。为此，在计算机的设计中，人们不断地加入新的、复杂的指令以提升计算机的速度。为了支持这些新增的复杂指令，CPU 的设计也变得越来越复杂。可是，后来人们发现，在 CPU 庞大的指令集中，只有约 20% 的指令会被经常使用。也就是说，CPU 复杂的结构实际上效率并不是很高，人们费尽气力增加的、完成特定复杂指令的处理器硬件实际上很少被用到。为此，人们提出了减小指令集的想法，即 RISC。这样，与其相对的、具有复杂长指令的 CPU 就被称为 CISC 处理器。RISC 通过减少指令条数来简化 CPU 的设计，提高 CPU 的效率。在 IBM 公司成功开发出 RISC 系统之后，RISC 技术就成为设计超级计算机普遍采用的模式。常见的 RISC 处理器有 AVR、PIC、ARM、DEC Alpha、PA-RISC、SPARC、MIPS、Power 架构等。这些 CPU 被用在大到各种超级计算机、工作站、高级服务器，小到各类嵌入式设备、家用游戏机、消费电子产品、工业控制计算机上。不过这些都离普通计算机用户比较远，所以知道这些处理器的人也比较少。而 CISC 结构的典型代表就是 Intel 公司的 CPU，它被广泛地用在 PC 领域。由于 PC 的普及，所以人们对这种 CPU 非常熟悉。

实际上，RISC 和 CISC 各有所长。CISC 结构的 CPU 有着丰富的指令集合，使计算机利用一两条指令就能执行非常复杂的操作，而 RISC 结构的 CPU 则可能要用很长的程序才能完成。但是，这也使 CISC 结构的 CPU 设计复杂、成本高。相反，RISC 结构的 CPU 执行效率很高，芯片功耗也较低，进而形成较低的制造成本。

随着技术的进步，RISC 与 CISC 两种结构的差距也在不断减小。很多小型机开始采用 CISC 结构的 CPU 实现。因此，现在人们在提到小型机时不再专指 RISC 结构的计算机了。

图 8-4 是我国浪潮公司的天梭 K1 910 小型机，使用了浪潮公司的 K-UX 操作系统。浪潮天梭 K1 910 最大可支持 8 路、64 个计算核心和 2048GB 内存。

图 8-4　浪潮天梭 K1 910 小型机

重 点 提 示

RISC 和 CISC 是 CPU 设计的两种模式。
早期小型机以 RISC 结构居多，现在 CISC 结构的机型增多。

4. 集群系统

网络的发展使各种服务器的用户量猛增。这要求人们必须提升服务器的性能，用能力更强的计算机。但是，小型机、大型机的价格非常高，巨型机则更是昂贵。在这种情况下，将多台计算机组织起来模拟一台功能强大的计算机的集群技术应运而生，并且迅速地被接受和推广。

集群其实并不是一个新概念。在 20 世纪 70 年代，计算机厂商和研究机构就开始了对集群系统的研究和开发。不过,那时候的集群系统主要是用在科学工程计算上,离普通用户比较远。近年来,网络服务器性能需求的提高以及 Linux 集群技术的出现让集群系统成为网络服务广泛使用的硬件基础,使集群这个词越来越多地出现在大众面前。

集群系统是一组计算机。不过,它们是作为一个整体向用户提供服务的。这里的服务可以是网络共享资料,也可以是计算能力。在集群系统中,单个的计算机被称为集群的节点。集群在用户看来就是一个系统,而不是多个计算机。用户不会意识到集群系统底层的节点,集群系统的节点可以由管理员随时增加和删除。其实在介绍 Web 服务时,已经提到过集群这种形式了,只不过没有使用集群这个术语。当时说:多个计算机一起工作,为用户提供 Web 服务,有一个前端机负责将用户的请求分配给各个工作的计算机。在用户看来,只有一台服务器在为他服务。

总的来说,集群技术可以采用较低的成本提高系统的性能。它可以提高系统的计算能力、可靠性以及可扩展性。集群技术实际上有很多种。它们针对不同的应用,各有各自侧重的设计目标。通常人们按照计算能力、可用性以及可扩展性 3 个目标把集群技术分为 3 类:专注于提高系统计算能力的集群技术被称为高性能计算集群技术,它是出现较早的一种集群技术,用于被称为并行计算的领域;以提高系统的可用性或者说容错性为目标的集群技术被称为高可用性集群技术,它应该算是容错技术研究的产物;而使集群这个词为人们所熟悉的是以提高系统可扩展性为目标的高可扩展性集群技术,这种集群技术也被称为负载均衡集群技术,它被广泛地使用在网络服务器的架设中。

高性能计算集群技术的英文是 High Performance Computing Cluster,简称 HPC 集群。这种集群系统通常要将一个应用程序分割成多块可以并行执行的部分并指定到多个处理器上执行,这个过程也被称为并行处理,因而 HPC 集群也被称为并行计算集群。HPC 集群向用户提供一个单一计算机的界面。前置计算机负责与用户交互,并在接受用户提交的计算任务后通过调度程序将任务分配给各个计算节点执行,运行结束后通过前置计算机将结果返回给用户,程序运行过程中的进程间通信通过专用网络进行。这种集群可以获得很高的计算性能,但通常构成这种集群的成本要比一台同等计算能力的大型机或巨型机低很多。

高可用性集群的英文为 High Availability Cluster,简称 HA 集群。在这种集群系统中,当一个节点不可用或者不能处理用户的请求时,请求会被转到另外的可用节点处理。这个过程对于用户来说是透明的,完全由集群系统自动完成,因此用户会认为系统一直在正常运行,这样系统的可用性就提高了。这种集群技术对需要 24 小时不间断运行的系统来说非常适用。

负载均衡集群系统会把负载尽可能平均分摊给集群节点。它非常适用于那些拥有大量用户的服务,如 Web 服务。集群的每个节点运行同样的服务程序,每个节点都可以处理一部分负载,并且负载可以在节点之间动态分配。在这种集群系统中,需要有一个负载均衡算法,而且它的优劣直接影响系统的效率。Web 服务是使用负载均衡集群技术的典型代表。因为 Web 服务的访问量太大了,所以必须选用高性能的系统才能满足要求。之所以选择集群系统而不用小型机或者大型机,除了小型机和大型机价格太贵以外,还因为集群系统其实比小型机和大型机更适合处理 Web 业务。这是因为 Web 用户请求的处理实际上都是一些简单的任务,大用户量带来的工作强度主要是在用户请求的并发处理上。小型机或大型机的能力通常是体现在复杂单一任务的处理上,高强度的并发处理其实不是它们的优势。而负载均衡集群技术却正好擅长并发处理,其中每个节点的处理能力不一定很强。

Web 服务器集群的概念最早由伊利诺伊大学的国家超级计算应用中心提出,它还实现了一个原型系统。后来加利福尼亚大学伯克利分校的 NOW 小组、NSC 和科罗拉多大学的 Harvest 小组以及 Cisco、IBM 等公司等也都加入 Web 集群的研究行列,并很快推出产品。这些系统的成功证明了 Web 服务器集群是改善 Web 服务的一种有效解决方案。采用集群技术,要扩大系统规模非常容易,只要在集群中增加新的 Web 服务器节点即可。

要实现集群系统,首先需要有多台计算机。然后需要把这些计算机连接起来。最重要的是要有相应的软件协调集群系统中的节点。集群的节点可以选择一般的 PC,也可以选择性能较高的计算机。计算机之间可以采用普通的网络连接,使用普通的网卡。不过,要提高集群系统的效率,最好采用速度较快的、专门的网络互联设备。有许多专为集群系统设计的网络接口卡、交换机,甚至还有带专门通信协议的网络。有些并行集群系统就绕过像 TCP/IP 这样的网络协议进行通信,这样可以得到高带宽和低延迟。因为网络协议包含非常大的开销,这些开销对于广域网很重要,但是在节点相互已知的封闭网络集群系统中就是没必要的、多余的了。现在有很多管理集群系统的软件,它们通常都会支持几种芯片,并且支持常见的操作系统。这些软件支持的集群系统的节点数甚至可以达到无限台,有些还能够支持异构的网络环境。如果对集群系统感兴趣,可以自己查阅相关资料,进一步了解集群系统的概念,学习怎样架设集群系统。

集群技术将多台计算机组织起来协同工作,模拟一台功能强大的计算机。

集群技术分为 3 类:高性能计算集群技术、高可用性集群技术和高可扩展性集群技术。

集群系统具有良好的性价比,因此很多服务都采用集群系统实现。

8.1.2 网络设备

除服务器外,广义的计算机系统中另外一类常见的基础设备就是网络设备。这些设备为计算机之间的通信日夜奋战。但是,它们在用户眼中是近乎透明的,用户几乎感觉不到它们的存在。本节就来简要介绍这些设备。

1. 路由器

路由器是网络中最重要的设备。图 8-5 是常见的路由器。路由器最主要的功能就是为网络中的数据包选择经过的路线,让这些数据包能够又快又好地到达目的地。这个工作可以分为两部分:首先是选路,然后是转发。

图 8-5　常见的路由器

选路即经常听到的路由,这也是路由器名字的由来。选路的过程需要网络中所有的路由器共同参与才能完成。这些路由器通过路由协议相互联络,获得网络的拓扑结构情况,然后计算出网络中两个设备之间的最优路线。路线形成的时机通常有两个。一个时机是在用户将数据包交给网络要求送达目的地时。路由器在接到投递任务后,开始协商并找到一条路线,这被称为按需路由。因为是在数据包到来时才寻找路线,所以按需路由比较慢。但是,这样找到的路线总是最能反映当前网络的状况。按需路由通常用在无线网络中,因为这种网络变化比较快。另一个时机是在数据包投递任务发生之前。路由器启动之后,就与其他路由器沟通路由的事情,然后每个路由器都形成从自己到网络中全部节点的最佳路线。这样,等到有数据包需要传递时,就可以直接按照事先找到的路线投递了。这被称为预先路由。路由器会根据路由协议的规定按照某种方式在需要时更新这些路线,以便能够及时反映网络的情况。一般有线网络中的路由多采用这种方式。

无论按照哪种方式确定路线,当数据包到达路由器时,路由器都要按照选好的路线将其传递给下一个路由器,这个过程被称为转发。这是路由器第二个重要的工作。为了减少数据包在网络中的停留时间,转发过程需要尽可能地快。

此外,路由器还可以把不同网络(如以太网和令牌环网)之间不同格式的数据包互相翻译,这样就把网络互联的范围扩大了,实现了不同网络的互联。路由器还有很多其他重要的功能,如网络计费、网络管理等。

路由器上有很多端口,有些可以连接广域网,有些可以连接局域网。路由器需要管理员配置必需的管理信息,如使用的路由协议、每个端口的地址等。路由器有一个控制台(console)端口,专门提供给管理员,让其在配置路由器时使用。图 8-6 是路由器配置界面。这里"?"是一个命令,它的作用是列出当前配置模式下可以使用的全部命令。在计算机网络原理或者网络管理与配置等课程中,会介绍这些命令的作用和用法。

```
Router1>?
Exec commands:
  access-enable    Create a temporary Access-List entry
  atmsing          Execute Atm Signalling Commands
  cd               Change current device
  clear            Reset functions
  connect          Open a terminal connection
  dir              List files on given device
  disable          Turn off privileged commands
  disconnect       Disconnect an existing network connection
  enable           Turn on privileged commands
  exit             Exit from the EXEC
  help             Description of the interactive help system
  lat              Open a lat connection
  lock             Lock the terminal
  login            Login as a particular user
  logout           Exit from the EXEC
  --More--
```

图 8-6　路由器配置界面

路由器按照能力可以分为接入路由器、企业级路由器以及骨干级路由器。那些能够把家庭或小型企业连接到网络服务提供商网络的路由器称为接入路由器。企业级路由器则负责连接一个校园或企业内的计算机。骨干级路由器把各个企业网络连接起来构成互联网。通常骨干路由器并不直接连接终端计算机。

现在国内生产路由器的厂商主要是华为公司，国外厂商主要有思科公司、北电网络公司等。

重 点 提 示

路由器最重要的两个功能就是路由和转发。
路由器按照能力可以分为接入路由器、企业级路由器、骨干级路由器。

2. 交换机

交换机是网络中心里最常见的设备之一。在一些计算中心甚至普通用户的办公室也经常能够看到交换机。图 8-7 是常见的交换机。

图 8-7　常见的交换机

交换机最主要的功能就是交换。"交换"是来自电话网络的一个术语，在早期就是"转接"的意思，即由接线员负责把一个用户的电话转接到其呼叫的用户的电话上，而现在则多指"转发"。交换机负责把从一个端口接收的数据转发到合适的输出端口上，从而让数据能够通过交换到达或者接近目的地。交换机负责在一个网络内部转发数据包，而路由器能够在不同网络之间转发数据包。

与路由器不同，交换机没有那么宽的视野和能力，它不能知道数据包从出发点到目的地的整个路线。交换机只能把从自己一个端口进来的数据包从另一个合适的端口转发出去。什么是合适的端口？交换机有自己的一套确定办法。例如，以太网中的每个数据包除了带有发送该数据包的主机以及数据包目的主机的 IP 地址外，还都带有两个 MAC 地址，这两个 MAC 地址不是源主机和目的主机的 MAC 地址，而是网络中正在发送该数据包的网络端口（或主机端口）的 MAC 地址以及下一站要接收这个数据包的网络端口的 MAC 地址。也就是说，当数据包在网络中流动时，这两个 MAC 地址是沿着路线一站一站改变的。以太网交换机通过数据包的 MAC 地址确定数据包的去向。交换机通过记录经过的数据包的源 MAC 地址学习网络中各个设备的位置。例如，假设它的端口 1 收到源 MAC 地址为 A1 的数据包，那么它就推断 MAC 地址为 A1 的设备可以通过端口 1 到达。因此，如果接收到需要发送给 A1 的数据包，它就将其转发到端口 1，而不再向其他端口转发。就这样，交换机通过记录数据包的源 MAC 地址及其来自的端口号形成自己的转发表。如果交换机收到数据包，但是在转发表中没有找到该数据包目的 MAC 地址的记录，那么交换机就会向数据包到来端口之外的所有端口转发该数据包。

除了交换外，现在的交换机还有很多其他功能，如支持虚拟局域网。有的还具有防火墙的功能。一般来说,交换机的每个端口都用来连接一个独立的网段。通常属于该网段的多台计算机连接到集线器,集线器再连接到交换机的某个端口。当然也可以把一些重要的计算机直接连接到交换机的端口上。在共享的以太网中使用交换机可以将网络"分段",这可以减小数据包冲突的可能。

按照传输介质和传输速度,交换机可分为以太网交换机、快速以太网交换机、千兆以太网交换机、FDDI 交换机、ATM 交换机和令牌环交换机等。按照应用规模,交换机又可分为企业级交换机、校园网交换机、部门级交换机、工作组交换机以及桌机型交换机 5 种。按照交换机的端口结构,交换机可分为固定端口交换机和模块化交换机两种。

通常我们会听到交换机有存储转发(store and forward)、直通(cut through)、碎片避免(fragment free)3 种不同的交换方式。这都是什么意思呢?

存储转发,就是先存储再转发。交换机把输入端口接收到的数据包先存储起来,接着检查数据包是否有错误。如果没错,就取出数据包的目的 MAC 地址,查表,然后把数据包送往输出端口。存储转发方式可以对进入交换机的数据包进行错误检测,因而可以改善网络性能。存储转发方式还可以支持不同速度的端口之间的转发,让高速端口与低速端口能够协同工作。它的缺点就是数据包在交换机中停留时间太长。

为提高转发速度,交换机在接收到数据包的目的地址,而其他内容还没有全部接收完时,就开始查表,然后把数据包直通到相应的输出端口。这种方式就是直通式交换。由于不需要存储,直通式交换延迟非常小。不过,因为数据包内容并没有被交换机保存下来,所以也无法检查是否有错误。由于没有缓存,也不能将不同速度的输入输出端口直接接通。

我们常用的局域网是以太网。在以太网中,计算机共用同一通信线路。因此,不同计算机发送的数据包就可能发生冲突。按照以太网协议,计算机发送数据包后会检测是否发生冲突,如果有,就停下来过一段时间再重新发送。可是在冲突过程中,已经在网络中留下一些碎片数据包。由于以太网协议的关系,这些碎片数据包的长度通常不超过 64B,而以太网正常的数据包长度都大于 64B。但是 64B 已经足够包含数据包的目的 MAC 地址,所以直通式交换会把这些无用的碎片数据包又转发到网络中,这会浪费网络带宽,增加交换设备的开销。为此,人们对直通式交换进行了一些改良。让它检查数据包的长度是否大于 64B。如果大于 64B,则转发该包;否则就丢弃该包。这种交换方式被称为碎片避免式交换。由于碎片避免式交换也不进行数据校验,所以,它的数据处理速度比存储转发方式快。但是,因为它要检查数据包的长度,因此它的数据处理速度比直通式交换要慢。

比起路由器来,交换机的配置要简单多了。不过现在很多交换机的功能被加强,有些路由器的功能在交换机中也有了,当然其配置也就变得复杂了。

重　点　提　示

交换机最重要的工作就是交换。
交换机有存储转发、直通、碎片避免 3 种交换方式。

3. 网桥

网桥可以把两个局域网连接起来。网桥通常用于连接数量不多的同一类型的网络,这就是它的名字表达的意思。网桥也根据数据包的 MAC 地址确定数据包要转发的方向。网桥的转发表也是它通过学习得来的。其实，网桥的功能看起来和交换机非常相像。只不过交换机的端口通常比较多，而网桥常常只有两个端口，这从它名字上的"桥"字也可以看出来。而且，一般交换机采用硬件进行转发，所以速度要比网桥快。图 8-8 是常见的网桥，从中可以看到带天线的无线网桥。

图 8-8　常见的网桥

与交换机一样，网桥可以将一个较大的局域网分成段，这样可以减少共享域中主机的数目，因而减小数据包冲突的可能性。网桥通常有透明网桥和源路由选择网桥两大类。

重·点·提·示

网桥通常用于连接数量不多的同一类型的网络。
网桥可以将较大的局域网分成段，减小数据包冲突的可能性。

4. 集线器

集线器负责放大网络中的信号，延长网络的距离。集线器一般有很多端口。每个端口可以连接一个设备。但集线器从一个端口上收到数据时，会把它复制到所有其他端口转发出去。也就是说，集线器是共享设备。不过现在也有交换式集线器。

通常人们喜欢按照端口数量区分集线器，如 8 口、16 口或者 24 口集线器。还可按照输入信号的处理方式将集线器分为无源集线器、有源集线器、智能集线器和其他集线器。如果按照带宽划分，常见的集线器有 10Mb/s、100Mb/s、10/100Mb/s 集线器等。图 8-9 是常见的集线器。

图 8-9　常见的集线器

5. 中继器

因为存在损耗，所以线路上传输的信号功率会逐渐衰减，衰减到一定程度时就会造成信号失真。要想延长信号的传输距离，就必须在网络中对信号进行重生、放大。中继器就负责这件事情。中继器是最简单的网络互联设备。它负责在两个节点间完成信号的复制、调整和放大功能，以此延长网络的长度。通常，中继器的两端连接的是相同的媒体。图 8-10 是常见的光中继器。

集线器与中继器的功能和特性非常相似，通常中继器只有两个端口，而集线器有很多端口，因而集线器也被称为多端口中继器。因为集线器有多个端口，所以它比中继器多出一个功能——作为网络汇集点连接多个设备。但是与交换机不同，通过集线器连接的设备都属

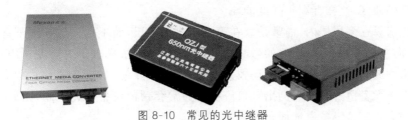

图 8-10 常见的光中继器

于同一个局域网段。

集线器和中继器的主要作用是对信号进行重生和放大。
集线器还可以用来连接同一局域网段的多个设备。

8.2 计算机机房

最后看看放置服务器等计算机设备的机房。为集中放置的电子信息设备提供运行环境的建筑场所被称为数据中心。它可以是一栋或几栋建筑物,也可以是一栋建筑物的一部分,包括主机房、辅助区、支持区和行政管理区等。它可以算是基础设施的基础设施了。可别小看了它,这里面的学问也不少。计算机属于精密仪器,不合适的温度和湿度、不良的空气、不稳定的供电系统都会对计算机造成损害。所以,机房的温度、湿度、洁净度和室内空气流通度都必须严格控制。此外,水、火、电磁干扰、振动、雷电、水甚至老鼠和虫子都会对计算机的正常工作产生不良影响甚至导致重大损失。计算机价格很贵,并且它们做的事情又很重要,所以机房必须绝对安全可靠。因此,机房必须能够防水、防火、防电磁干扰、防振动、防雷、防鼠、防虫以及防盗。这一系列保卫防护工作都由机房承担。由此可以看出,机房的工作也是举足轻重的。为此,我国专门制定了机房建设的一系列标准,如《数据中心设计规范》(GB 50174—2017)。

数据中心建设要考虑温度、湿度、洁净度和室内空气流通度,要注意防水、防火、防电磁干扰、防振动、防雷、防鼠、防虫以及防盗。

8.2.1 机房的位置

要完成安全存放计算机的任务,首先机房的位置就很有讲究。机房一般要建在电力充足、环境清洁、通信与交通运输方便的地方,通常应尽量避免设在那些会产生粉尘、油烟、有害气体以及生产或贮存具有腐蚀性、易燃、易爆物品的工厂、仓库、堆场的旁边。低洼、潮湿、多雷区和地震活动频繁的地方当然也很少用于建设机房。强振动、强噪声以及强电磁干扰会影响计算机的运行,所以机房也会尽量远离强振动源、强噪声源以及强电磁场。如果机房必须设置在那些不适宜的地方,那么就要采取相应的技术措施消除不利因素,如设置电磁屏蔽以避免强电磁场的干扰。在保证电力充足、通信畅通、交通便捷的前提下,机房应选择环境温度较低的地区,这样有利于降低能耗。

如果机房设在多层楼内,通常是放在第二层或第三层,而不是顶层或地下室,这样做是为了防水、防潮,并把太阳辐射热的影响减到最小。同样,机房也很少会设在用水设备的下一层。机房中放置的一些设备体积比较大,所以机房都会有一个比较宽敞的设备进出通道,而且会为大型设备留有足够大的出入口。机房通常会预留设备扩充空间,因此一般机房设计时的使用面积都是设备占地面积和的 5～7 倍。

我国的相关标准对数据中心的选址提出下列要求:

(1) 电力供给应充足可靠,通信应快速畅通,交通应便捷。

(2) 采用水蒸发冷却方式制冷的数据中心,水源应充足。

(3) 自然环境应清洁,环境温度应有利于节约能源。

(4) 应远离产生粉尘、油烟、有害气体以及生产或贮存具有腐蚀性、易燃、易爆物品的场所。

(5) 应远离水灾、地震等灾害隐患区域。

(6) 应远离强振动源和强噪声源。

(7) 应避开强电磁场干扰。

(8) A 级数据中心不宜建在公共停车库的正上方。

(9) 大中型数据中心不宜建在住宅小区和商业区内。

8.2.2　机房的环境条件

1. 温度和湿度

计算机属于精密仪器。过高、过低或陡然变化的温度对计算机设备运行的稳定性、可靠性以及寿命的影响都非常大。过高的温度会使集成电路内离子的扩散与漂移加快。电子的运动速度加快,穿透电流就会增大,容易造成集成电路的损坏。计算机内电阻元件的阻值在温度过高时也会发生变化,也会使计算机出现故障。统计表明,当器件周围的温度超过 60℃时,就会引起计算机设备发生故障。温度每升高 10℃,计算机设备的可靠性就会下降 25％。而温度过低则会使计算机设备的绝缘性能下降,并且容易产生结露,导致接触性故障。过高或过低的温度都会影响计算机晶体振荡器电路时钟的主振频率,这直接影响到计算机的工作效率。温度的剧烈变化会使磁盘等精密机械由于热胀冷缩的影响而出现读写错误,而且热胀冷缩也容易使插头、插座和开关等部件接触不良。因此,机房的温度必须控制在合适的范围内。

为了控制温度,机房都会安装专用的空调机,有些还采用温度自动报警装置监测温度及其变化。

重 点 提 示

　温度对计算机系统的性能影响非常大。
　机房要使用专用空调机控制温度。

除了温度外,湿度对计算机的运行也有很大影响。湿度过高时,电子元件表面就会产生水膜,形成导电通路,影响集成电路的电气性能,导致错误的逻辑判断。湿度过高也使接插件和集成电路的引脚容易氧化和生锈霉烂,造成接触不良或断路。湿度过低也不行。太干燥时,机房中转动的机器、活动地板等由于摩擦容易产生静电。静电电荷积聚到一定程度就会引起磁盘、磁带等设备读写错误,甚至烧坏半导体器件。磁盘带静电还容易吸附灰尘,造成磁头损坏,划坏盘片。因此,机房的湿度也必须进行严格控制。

要想把机房湿度控制在合适的范围内,通常要使用恒温恒湿装置。一般机房内会安装加湿机和除湿机,或者使用具有加湿和除湿功能的空调系统。

> 为控制湿度,机房内要安装加湿机和除湿机,或者使用具有加湿和除湿功能的空调系统。

2. 灰尘和有害气体

灰尘进入设备会使接插件触点接触不良,还会使机械设备的摩擦阻力增加,加快设备的磨损。灰尘覆盖在电子元件上,会影响电子元件散热能力,长期积聚大量热量就会使设备工作不稳定。如果灰尘中含有水分和腐蚀物质,那么就会影响电路的正常工作,严重时会烧坏电源、主板或其他设备部件。现在的设备在运行过程中一般都会产生很多热量。通常设备都采用风冷方式散热。散热孔与对流的空气很容易将灰尘带入设备内部。因此,机房中都要尽量减少灰尘。

通常灰尘的来源有以下几种:

(1) 由进出机房的人员带入。

(2) 由空调系统在送风时带入。

(3) 通过机房的门窗(特别是未经防尘处理的普通房间)流入。

(4) 由机房老化表面(如墙壁、地面、顶棚等)产生的表皮脱落形成。

(5) 机房设备(如打印机等)在运转过程中产生,如纸屑或墨粉颗粒。

(6) 由气压差导致灰尘从外界流入。因为大多数机房在运行时对机房外部都是负压,即外界气压高于机房内气压,这使灰尘容易流入机房。

为了减少机房中的灰尘,机房对出入人员都有严格的控制,无关人员会被禁止进入机房。大的机房会被分成区域,如分为服务器主机区、控制区、数据处理终端区等,以减少设备与无关人员的接触机会。经常有人参观的机房应设置专门的参观通道,通道与主机区用玻璃幕墙隔开。工作人员要配备专用的工作服和拖鞋,并且经常清洗。进入机房的人员要更换专用拖鞋或使用鞋套。

为了防止灰尘从空调系统进入,机房的空调系统中会安装空气过滤器,收集进入机房和回风中的尘埃,空调的风网也会被按时清理。机房四壁及地面通常会选用不起尘、不易积灰、易于清洁的饰面材料,机房的室内装饰也会选用气密性好、不起尘、易清洁的材料,而且机房室内的门、窗一般采用双层密封式。一些机房门前还会设置一个前置门,以减少灰尘进入机房的可能。那些容易产生灰尘的设备,如打印机,通常会与其他设备分区放置。一些机房还会使用设备加大机房内部的气压,使机房内的空气通过密闭不严的窗户、门等的缝隙向外泄气,达到防尘的效果。

机房要定期进行除尘。除尘周期一般根据机房的具体情况而定,例如,每三天清理一次机房内部卫生,每天清洁机房外部卫生,每周对设备吸附灰尘的情况进行检查,每月清洁一次需要清洁的设备等。

如果机房所在地的空气洁净度不够好,含有腐蚀性、导电性气体,如汽车或工厂排出的二氧化硫(SO_2)、硫化氢(H_2S)、氮氧化物(NO_x)、一氧化碳(CO)、氯气(Cl_2)、臭氧(O_3)等气体,也会对设备造成危害。这些有害气体与空气中的水作用后生成酸、碱、盐等腐蚀性物质,对集成电路等精密设备有很大的腐蚀作用。这些气体中,二氧化硫和硫化氢对计算机系统的影响最大。因为这两种气体的腐蚀性较强,而且在大气中的含量也较高。

为了保证机房空气的洁净度,控制有害气体含量,一些机房在空调入风口、通风管道中会设置化学过滤器,并且保证机房的密封性,让室内有足够的正压,防止有害气体侵入。有害气体对设备的腐蚀作用大小与机房温度、相对湿度以及灰尘浓度相关。所以,对有害气体的防护通常与控温、控湿、控尘措施综合考虑。

防尘对机房设备正常运转很重要。

机房要避免灰尘进入,并定期除尘。

可以在空调入风口、通风管道中设化学过滤器,同时保证机房的密封性,保持机房空气的洁净度,防止有害气体腐蚀计算机。

3. 机房中的空调

前面介绍机房的环境控制时都提到了空调,这里对机房内的空调专门进行一些讨论。机房里一般使用专用空调,而不是普通的民用空调,因为这两种空调设计的目标不同,工作重点也不同。机房专用空调的作用是为机房设备提供恒温恒湿的运行环境,因而要力保恒温恒湿。民用空调则是直接服务于人的。为了让人感觉舒适,民用空调要保证低噪音、低风量,通常它还要进行除湿,因为人通过呼吸和经由皮肤的汗液挥发都会产生水汽。而机房却没有湿气来源,一方面机房密封性好,而且机房设备也不会像人一样产生水汽。但是,机房的设备会散发出很高的热量,所以机房专用空调需要大风量循环,风量会很大。而且为了避免凝露,机房专用空调的出风温度通常要比民用空调高。此外,民用空调一般没有加湿功能,只能除湿;但是机房专用空调通常都会有加湿功能,否则机房还要另外设置湿度控制设备。还有,因为机房的要求较高,所以机房专用空调的温湿度控制都可以达到很高的精度;民用空调则不需要按照这么高的标准去实现。

如果机房与其他功能用房设于同一建筑内时,需要设置独立的空调系统。这是因为机房与其他功能用房对空调系统的可靠性要求不一样,环境要求不同,空调运行时间也不同。这样做还可以避免建筑物内其他部分发生事故(如火灾)时影响机房安全。

在机房里设置空调系统时都要考虑系统的负荷。机房的热负荷包括计算机及其他设备的散热、建筑围护结构的传热、太阳辐射热、人体散热、散湿、照明装置散热以及新风负荷等。

在设计机房空调的气流组织形式时,需要综合考虑设备对空调的要求、设备本身的冷却方式、设备布置密度、设备发热量以及房间温湿度、室内风速、防尘、消声等各项指标,还有建筑条件等因素。

设备密度较大且设备发热量也较大的机房,如网络中心的主机房,通常采用活动地板下送上回方式。即把活动地板下的空间用作空调送风的通道,空气通过在活动地板下装设的送风口进入机房;而回风口则设在机房顶棚上,让回风从这里回至空调装置。采用活动地板下送风时,考虑到工作人员和设备运转的需要,出口风速不大于 3m/s,而且送风气流不应直对工作人员。

在一些非专业机房安排的场合,例如大学的研究小组,通常也可能将许多服务器集中放在一个房间,门窗关严实,安装一些空调进行散热。一个常见的误区是将那些服务器摆放得很分散,好像这样就更容易散热。如果是自然通风,这样是有道理的;但在依赖空调散热的情况下,如此安排热交换效率往往会很低。较好的安排是将服务器适当集中起来,与空调的风口之间形成流畅的冷热交换气流,从而让空调能够迅速将热空气带出去。

总之,机房空调系统和设备的选择是根据计算机类型、机房面积、发热量以及对温湿度和空气含尘浓度的要求综合考虑的结果。此外,一般机房都会选用风冷冷凝器的空调。因为如果采用水冷机组,在冬季还要对冷却水系统采取防冻措施。为减少机房里的噪声和振动,机房空调和制冷设备都会尽量选择使用低噪声、低振动、高效率的设备。对于需要长期运行的系统机房,空调系统一般会设有备用装置。

机房要用专用空调保持恒温恒湿以及空气洁净度。

空调的负荷计算要考虑计算机和其他设备的散热、建筑围护结构的传热、太阳辐射热、人体散热、散湿、照明装置散热以及新风负荷等。

8.2.3　机房的电气

在我国的相关标准中把电力系统的负荷按照重要性分为 3 个等级。其中,一级负荷指特别重要的用电负荷,中断供电会造成重大损失,例如,造成人身伤亡、爆炸、火灾或者重大设备损坏、国民经济中重点企业的连续生产过程被打乱,需要长时间才能恢复等;二级负荷指相对重要的用电负荷,中断供电将造成较大损失,如主要设备损坏、大量产品报废、造成大型影剧院、大型商场等较多人员集中的重要公共场所秩序混乱等;不属于一级负荷和二级负荷的供电被列为三级负荷。按照这个标准,国防、交通运输、金融财政、航空等部门的机房都属于一级负荷,一般科研、计算机控制系统的生产单位的机房供电属于二级负荷,计算机应用领域(如数据统计、查询、情报检索等工作)的机房供电属于三级负荷。

按照要求,一级负荷必须由两个电源供电。一个电源发生故障时,另一个电源不应该同时受到损坏,也就是说一级负荷要保证不间断供电。在一级负荷中特别重要的负荷,除了由两个电源供电外,还要增设应急电源,并且其他负荷不能接入应急供电系统。应急电源可以是独立于正常电源的发电机组、供电网络中独立于正常电源的专用馈电线路、蓄电池、干电池等。二级负荷要采用带备用的供电系统。而三级负荷采用一般用户的供电系统即可。

按照我国的相关标准,电力负荷分为 3 级。

一级负荷采用不间断电源供电,二级负荷采用带备用的供电系统,三级负荷采用一般用户的供电系统。

通常机房都会采用不间断电源系统(Uninterruptible Power System,UPS)供电以满足不间断供电的要求。采用 UPS 供电,除保证供电的可靠性外,还可以将供电各项参数较精确地稳定在正常值之内。机房中的设备对供电质量的要求很高,供电指标不正常的波动对设备的工作和寿命都会有很大的影响。

UPS 是一种含有储能装置,以逆变器为主要组成部分、恒压恒频的不间断电源。UPS 按照工作方式可分为后备式、在线互动式以及在线式 3 种类型。

从名字上可以看出后备式 UPS 只是作为后备。在市电输入正常时,后备式 UPS 直接将市电交给设备使用,而不做任何处理,只是同时通过充电电路给蓄电池充电。当市电电网供电发生异常,如断电或者电压变化超过额定范围时,后备式 UPS 就会切换到电池逆变状态,由蓄电池对负载进行供电。后备式 UPS 对市电没有净化功能,因此它的稳压特性不好。在由市电转为电池逆变工作时会有一段约为几毫秒的转换时间。因此,后备式 UPS 不适用于那些不允许有切换时间的场合,仅适合比较简单、不很重要的环境,如办公或家用 PC、不重要的网上终端等。这种 UPS 的优点是价格便宜、结构简单。通常后备式 UPS 容量都比较小。

在线互动式 UPS 是后备式的一个变种。在市电正常时,还是由市电直接供电;当市电电压偏低或偏高时,在线互动式 UPS 内部稳压线路会将电流稳压后输出;当市电异常或停电时,转为电池逆变供电。这种 UPS 有较宽的输入电压范围,噪音低,体积小,但同样存在切换时间。相对来说,它的成本也比较低,能够适应大多数对断电要求不是很严格的场合,但不适合大型数据网络中心和关键用电领域。它的容量通常在 5kVA 以下。

而对于在线式 UPS,不论电网供电是否正常,都由 UPS 内的电池对负载进行供电。当市电供电正常时,它首先将市电由交流电变成直流电,然后逆变器再将直流电重新变成需要的交流电向负载供电。这样,原来市电电网上电压幅度不稳、频率漂移、波形畸变及噪音干扰等电源问题都得到了解决。当市电中断时,蓄电池提供后备能源继续供电。由于不存在市电供电到逆变器供电的转换操作,因此也就不存在转换时间问题了。因为在线式 UPS 可以支持不间断供电、恒稳电压、备份电,所以它适合对供电质量要求较高的场合,如大型数据网络中心、重要的仪器设备、控制系统等。因此,在线式 UPS 是较为主流的一种 UPS。不过,它的价格比较高。

机房里的 UPS 要保证其容量足够支撑要其供电的设备。UPS 容量的单位为伏安(VA)。UPS 要支持的设备的总耗电量决定了其所需的容量。通常设备的参数是以瓦(W)为单位标示的额定功率,这是设备电源的额定输出功率,它与 UPS 直接供给设备的电能伏安数是有区别的。对于某些设备来说,有一部分负载电流没有做功,这是由负载特性引起的。因此,从 UPS 输出到设备的电流总功率被称为虚功,而设备的功率是其获得电流做的有用功。设备有用功与其获得的电流总功率之间存在一个比值,被称为功率因子。即

$$功率(W)=电压(V)\times电流(A)\times功率因子$$

可以看出,设备的功率因子越高,设备本身的效能越好;反之,则设备本身所消耗的能源越多,也就越费电。通常设备的功率因子都小于 1,只有电加热器和灯泡等的功率因子为 1。目前多数计算机类设备的功率因子为 $0.6\sim0.7$。因此,UPS 要支持的所有设备的功率总和应该是 UPS 容量(伏安数)的 $60\%\sim70\%$。

供电时间也是 UPS 的另一个重要技术指标。它一般是指在满负载的情况下电池可以供电的时间。毫无疑问,这个时间越长越好。但是更长的时间意味着更高的成本,也就意味着更高的价格。市电电压输入范围、输出电压频率范围、波形畸变率、电压稳定度是 UPS 与

供电质量相关的一些技术指标。电压输入范围宽表明 UPS 对市电的利用能力强。输出电压频率范围越小表明 UPS 对市电调整能力越强,输出越稳定。波形畸变率用来衡量输出电压波形的稳定性。而电压稳定度则说明当 UPS 突然由零负载加到满负载时输出电压的稳定性。

> UPS 是一种含有储能装置、以逆变器为主要组成部分、恒压恒频的不间断电源。
> UPS 主要参数有容量、供电时间、市电电压输入范围、输出电压频率范围、波形畸变率、电压稳定度等。
> UPS 可分为后备式、在线互动式、在线式 3 种类型。

空调设备、通风设备以及其他动力设备、照明设备、测试设备等机房辅助设备一般单机功率较大,启动电流也很大,对供电质量要求较低,其工作时负荷变化频繁,特别是大功率单机启动时对局部电网电流、电压波动影响很大。所以,这些部分设备通常会与计算机类设备分开,采用另外的电源供电,以避免影响计算机类设备。这些设备负荷不能接入主机用的不间断电源系统。如果这类设备需要不间断电源,那么通常会采用专门为这些被称为感性负载的设备设计的 UPS。

除了采用 UPS 外,机房的供配电中还有很多特别的细节,以保证供电安全和设备的正常运行。例如,一般配电箱柜都有短路过流保护、紧急断电按钮与火灾报警联锁、机房内分别设置维修和测试用电源插座等措施。还有,服务器的启动电流也比稳定运行时大很多,因此在有大量设备的机房中,设备的启动都应分批进行,以避免不必要的跳闸。

> 感性负载应该与计算机类设备采用不同的电源供电,更不应该接入同一不间断电源。

8.2.4　机房的干扰及防护

雷电、振动、噪声、静电、电磁场、水、火、鼠虫以及盗窃都会对机房的正常运行带来影响,所以机房在建设和管理过程中应考虑这些因素,采取相应的防范措施。可以看出,机房确实不是一般的建筑。

1. 防雷、防振和防噪

雷电的破坏性是显而易见的。为了防止雷击,机房通常会采用接闪器、均压环、引下线、接地体等组成防直击雷系统。接闪器指直接截受雷击,用作接闪的器具、金属构件以及金属屋面等。它的功能就是把接引来的雷电流通过引下线和接地体引入大地中泄放,保护建筑物免受雷害。通常接闪器可以分为避雷针、避雷线、避雷带、避雷网几种。

除了直击雷之外,雷电还有一种称为雷电感应的破坏方式。如果电器设备的电源线、信号线、天馈线等遭受雷击电磁脉冲入侵,但事先并未采取相应的等电位、屏蔽或者电涌保护等措施,就会造成电子元器件损坏,进而破坏整个电器设备、网络设备、信息系统,带来重大损失。这就是雷电感应。雷电击中建筑物时,强大的雷电在通过接闪器导入大地的同时,也会以感应雷的形式对建筑物内的电器设备造成危害。连接计算机设备的供电线路、通信线路、接地线路甚至建筑物内部的金属物体等会形成感应雷的通道,以瞬时浪涌形式对设备造成危害。所以,为了解决这个问题,机房的供电电源和通信连接线路上一般都会安装浪涌防护器。一些重要的计算机机房还设计为全屏蔽保护形式。

为了防止雷电沿着建筑物各种金属导线传输到计算机设备中,接闪器的引下线及接地系统都是独立的。另外,所有进出建筑物的金属物,包括各种金属管道、各种电缆的金属外皮、建筑物本身的基础钢筋网以及建筑物内的各种大型金属构件,如配电柜、设备金属外壳、防静电地板等,通常都要连接成一个统一的电气整体,与专门的统一地网相连。所有进出建筑物的金属传输线不能直接接地的部分,如电源相线、计算机通信电源的芯线、电话线、电视传输线、各种报警通信电缆的芯线等,都会被接上合适的避雷器,并将其接地端连接到统一地网。机房的电源一般也采用有金属屏蔽层的电缆全线直接埋地进线或无金属屏蔽层的电缆穿金属管进线。

机房应该采取防雷措施,如安装接闪器、浪涌防护器、采用独立的统一地网等。

振动对计算机的主要部件以及一些精度高的外设影响非常大。例如,硬盘必须避免振动。机房的振动可能来自外部,如公路上的中型汽车、附近的火车或者飞机以及发电厂发电机组这样的大型机组设备等。因此,机房一般都尽量建在远离振动源的地方。实在没办法避开振动源时,则要采取防振和隔振措施。此外,机房中的设备也可能产生振动,如电源、空调等,一般在选购这类设备时要考虑这些因素。如果设备会产生较大的振动,通常要采取建筑结构隔离措施,防止振动扩大和传播。对于那些防振要求高的设备还会采取单独的防振措施,如安装减振器等。

机房工作人员长期在较大的噪声环境下工作会出现头昏、心烦、耳鸣、失眠、植物神经系统与内分泌系统障碍、情绪低落和工作效率低等现象。因此,我国相关标准规定,在计算机系统停机条件下,机房内的噪声在主操作员位置测量应小于68dB。所以机房选址时都会考虑远离强噪声源。如果不能避开噪声源,那么就要采取消声和隔声措施。

机房应设置在远离强振动源和强噪声源的地方。
对于不可避免的振动源和噪声源,要采取相应措施予以隔离。

2. 防静电和电磁干扰

机房中机器转动、机房人员走动时鞋与地板摩擦都很容易产生静电。可不要小瞧静电,静电电荷的积聚可以使静电电压高达上千伏。这么高的电压当然对计算机有很大影响,它可能击穿计算机中的芯片电路。尽管现在大多数芯片电路在设计上提高了抗静电的能力,但是静电电压太高时仍然难逃厄运。统计表明,很大一部分芯片损坏是由于静电放电造成的。

除了破坏芯片外,静电的另一种干扰更让人头疼。当静电带电体触及计算机时,就会对计算机放电,这会给计算机的逻辑元件输入错误的干扰信号,引起程序出错。最麻烦的是,这些静电引起的错误随机性很强,非常难以检测出来。因此,机房中应采取措施减少静电。

摩擦会产生静电,因此机房的地面多采用特殊的活动地板,而不是地毯。这些地板表面能够导静电。一些机房的工作台面及座椅垫套材料也都是导静电的。为减少静电,机房工作人员的工作服也都是不易产生静电的。他们在安装接插件或更换电子元器元件时,都要使用手腕带及脚环导走身上的静电。

对于没办法避免产生的静电,机房大多采用接地措施将其导走。机房内的导体通过接地与大地连接,没有对地绝缘的孤立导体。导静电地面、活动地板、工作台面和座椅垫套都进行静电接地。

此外,湿度对于静电的产生和导走也有很大影响。这也是机房内控制相对湿度的原因之一。

静电会造成芯片损坏、计算逻辑错误。

为防止静电,机房使用不易产生静电的材料,采用设备接地措施将已产生的静电导走,并保证合适的湿度。

有时候设备出现问题,怎么也找不到原因,可是最后只是把引线重新整理一下,甚至只是把它挪动一下,问题就解决了。这种让人感觉莫名其妙的事情就是电磁干扰导致的。

电磁干扰是指电磁信号通过传导、感应、辐射等方式对设备形成干扰的现象。机房中的电源、元件、导线、接头、散热风扇、日光灯以及雷电和静电放电都可能产生电磁干扰。电磁干扰可能会使正在执行的程序中断,磁盘出现数据存取错误,显示器的显示内容混乱,打印机夹纸,存储器数据丢失,还可能导致主板上的芯片被烧毁。所以,在计算机机房建设相关标准中对主机房内无线电干扰场强都有相应的要求,在建设机房时应采取了一系列措施尽量避免或减弱电磁干扰。

在设计机房设备安装布局时,除了美观、操作方便之外,还应考虑电磁兼容性。容易产生干扰信号的干扰源与易产生感应的敏感设备应被分开并尽可能离得远。信号线与电源线、低频线与高频信号线布线都应被分开,距离应在20cm以上。一般机房里布线时都应避免不同信号线并行或可能有干扰信号的引线并行。平行布线长度应尽量缩短。易产生感应的引线、部位应使用接地良好的屏蔽线或屏蔽盒进行静电及电磁屏蔽。一般增加新设备时也都优先选用抗干扰能力强的设备。通常集成度高的设备要比集成度低的设备抗干扰能力强。维修人员在维修设备时应尽量避免改变原电路和引线的排列结构。

电磁干扰引起的错误比较难以查找。

在设计机房设备安装布局时需要考虑电磁兼容性。

布线时要避免不同信号线并行或可能有干扰信号的引线并行。要尽量缩短平行布线的长度。

维修设备时应尽量避免改变原电路和引线的排列结构。

3. 防火和防水

火灾的危害极大,尤其是对于计算机机房这个重要的地方。为了防火,机房内使用的各种材料都尽可能地选用不易燃烧的材料。例如,机房装饰材料选用非燃烧材料或难燃烧材料,围护结构的构造和材料也应满足防火要求,就是存放废弃物也应使用有防火盖的金属容器,存放记录介质的容器也应使用金属柜或其他能防火的容器。

因为机房中分布的供电电缆是引起火灾的一个隐患,所以机房一般都优先选用铜芯电缆,而尽量避免铜铝导线混接。这是因为铜的导电率是铝的 3 倍,铜导线允许的载流量也是同等规格铝导线的近 3 倍(导线在某种条件下的允许载流量是指保证导线在该种条件下长期运行而不至过热烧坏绝缘层所能承受的最大工作电流值)。因为铜和铝的电化学性质不同,两者存在电极电位差异,如果混接,在其接头接触界面就会产生原电池反应,形成电化腐蚀而产生一种电阻率很高的金属氧化物,造成导体局部发热甚至烧断线路,引起火灾。机房的输入、输出用电电缆一般应选择实际载流能力比各端口实际最大工作电流值大一倍的规格品种,使其留有一半的余量。这样可以确保不因导线过载发热造成供电故障或者发生火灾。

为了及时发现火情,机房应设置火灾自动报警系统和灭火系统。机房里采用的是二氧化碳或卤代烷灭火系统,因为水、干粉或泡沫等灭火剂会对设备产生二次破坏。机房吊顶的上下及活动地板下都应设置探测器和喷嘴。机房内的电源切断开关应靠近工作人员的操作位置或主要出入口。空调系统所采用的电加热器应设置无风断电保护。

为保证发生火灾时人员能够安全撤离,机房的安全出口一般不应少于两个,通常设在机房的两端,且机房出口的门都是向疏散方向开启的。

除了火之外,水也是计算机设备的一大隐患。因为水是良导体,所以,如果供电系统进水,就会使线路短路甚至引起火灾,计算机系统进水会使线路短路、设备损坏。因此,机房在建设和日常管理中都要非常注意防水。

机房中水的主要来源有 3 个:建筑物渗水、排水管道漏水、工作人员日常用水。如果机房设置在用水设备下层,那么吊顶上一定要设防水层,并设置漏水检查装置。如果机房内设有用水设备,那么就要采取防止给排水漫溢和渗漏的措施。一般应暗敷给排水干管,引入支管也采用暗装形式。而且暗敷的给水管道一般应使用无缝钢管,管道连接采用焊接方式。与机房无关的给排水管道不穿过机房。管道穿过机房墙壁和楼板处要设有套管,管道与套管之间应采取可靠的密封措施。如果机房内设有地漏,地漏下都要加设水封装置,并有防止水封破坏的措施。机房内的给排水管道应采用难燃烧材料保温,这样可以防止冻裂水管,同时也能避免引起火灾。一般应禁止工作人员将生活用水带入机房。如必须带入,也要远离设备和电源装置。

> 机房要采用防火材料,要设置火灾自动报警系统和二氧化碳或卤代烷固定灭火系统。
> 机房要防止建筑物渗水、排水管道漏水,避免工作人员日常用水损坏设备。

4. 防鼠虫害和防盗

鼠、虫可能会啃咬设备、电缆,也可能会进入设备内部。它们的粪便和尸体会污染机房和设备内部,造成断路、断电、设备损坏等事故。所以机房应想办法防止鼠虫进入,并采取措施清除进入机房的鼠虫。

如果机房设置在老鼠比较猖獗的区域,一般在铺设线路时要采用防鼠性能好的材料。机房内的电缆和电线上也要涂敷驱鼠药剂。为了防止鼠虫进入,机房要密封,并且把各种洞、孔封堵好。一般机房的管理规章会禁止在机房内用餐以及在机房内放置食品和饮料。如果机房中没有食物,鼠虫实际上对计算机设备也没有兴趣,它们就会离开机房了。有些机房内还可以设置捕鼠或驱鼠装置,如超声波驱鼠器,来对付闯入的老鼠。

最后说说盗窃。因为机房中的设备都很昂贵,所以很容易引起窃贼的兴趣。当然,计算机中存放的数据可能价值更大,不过仅仅设备硬件本身的价值对窃贼来说已经足够了。因此,机房应安装防盗设施,如安装防盗门和防盗锁、使用门禁系统和自动报警系统、设置警卫等。禁止无关人员进入机房也是防盗的措施之一。

重·点·提·示

机房要有防鼠、捕鼠设施。
不要在机房用餐或者存放食物。
防盗对机房也很重要。

复习题

1. 巨型机、大型机一般用在什么地方?
2. RISC 和 CISC 的含义是什么?
3. 集群技术分为哪 3 类?
4. 路由器的作用是什么?
5. 交换机的作用是什么?
6. 集线器、中继器、网桥有什么用?
7. 机房建在什么样的地方比较合适? 什么样的地方不适宜放置机房?
8. 温度对机房中的设备有什么影响? 怎样控制机房的温度?
9. 为什么要控制机房的湿度? 应该怎样控制?
10. 怎样做才能减少机房中的灰尘?
11. 为什么要考虑机房空气的洁净度?
12. 为机房选用空调要注意哪些事项? 为什么不能用民用空调?
13. 计算空调的热负荷时,通常要计算哪些内容?
14. 电力负荷分为哪 3 级? 它们对供电系统分别有什么要求?
15. 什么是 UPS? 主要有哪几种 UPS? 它们分别是怎样工作的?
16. 什么是功率因子? 为什么计算 UPS 负载时要考虑设备的功率因子?
17. 空调为什么不能接入为主机供电的 UPS?
18. 机房防雷可以采取哪些措施?
19. 静电会带来什么危害? 怎样可以减小静电的危害?
20. 怎样能够减小电磁干扰?
21. 机房要使用什么样的灭火器? 为什么不能使用干粉或者泡沫灭火剂?
22. 机房防火主要采取哪些措施?
23. 机房防水主要采取哪些措施?
24. 为什么不能在机房中吃食物?

讨论

到网络上查阅资料,讲讲怎样构建一个集群系统,目前常用的集群系统有哪些。

实验

1. 参看有关机房的标准,检查你所在学院的机房是否有不符合规定的地方,提出改进措施。

2. 说出学院机房中所有设备的名字以及它们的主要功能。

参 考 文 献

[1]　唐朔飞. 计算机组成原理[M]. 3 版. 北京：高等教育出版社，2020.

[2]　TANENBAUM A S, BOS H. 现代操作系统(原书第 4 版)[M]. 陈向群，译. 北京：机械工业出版社，2017.

[3]　毛德操，胡希明. Linux 内核情景分析[M]. 杭州：浙江大学出版社，2001.

[4]　NUTT G. 操作系统[M]. 罗宇，吕硕，译. 北京：机械工业出版社，2005.

[5]　STALLINGS W. 操作系统——内核与设计原理[M]. 魏迎梅，译. 4 版. 北京：电子工业出版社，2002.

[6]　王红. 操作系统原理及应用(Linux)[M]. 北京：中国水利水电出版社，2005.

[7]　徐德民. 操作系统原理 Linux 篇[M]. 北京：国防工业出版社，2004.

[8]　蒋静，徐志伟. 操作系统——原理、技术与编程[M]. 北京：机械工业出版社，2004.

[9]　李善平. Linux 内核 2.4 版源代码分析大全[M]. 北京：机械工业出版社，2002.

[10]　刘卫东. 计算机组成与结构[M]. 北京：机械工业出版社，2003.

[11]　袁开榜，王纪成. 计算机原理[M]. 北京：清华大学出版社，1993.

[12]　蒋本珊. 计算机组织与结构[M]. 北京：清华大学出版社，2002.

[13]　李文兵. 计算机组成原理[M]. 北京：清华大学出版社，2006.

[14]　殷肖川，秦莲. 汇编语言程序设计[M]. 北京：清华大学出版社，2005.

[15]　胡越明. 计算机组成与系统结构[M]. 上海：上海交通大学出版社，2002.

[16]　王诚. 计算机组成原理[M]. 北京：清华大学出版社，2004.

[17]　ZOL. 接口类型[EB/OL]. http://detail.zol.com.cn/product_param/index567.html.

[18]　跟小蔡学数据恢复（二）[EB/OL]. http://www.fix.com.cn/news/ReadNews.asp? NewsID＝81＆BigClassID＝5＆SmallClassID＝9＆SpecialID＝6.

[19]　顾学文. 光盘存储发展历史及原理概述[EB/OL]. http://202.113.227.136/grzy/fsong/laser/finals/gxw.pdf.

[20]　系统总线的历史. http://pcpro.com.cn/topic.php?id＝7237.

[21]　IT168 术语解释-内存术语-接口类型[EB/OL]. http://publish.it168.com/cword/1120.shtml.

[22]　IT168 术语解释-主板术语-支持内存类型[EB/OL]. http://publish.it168.com/cword/978.shtml.

[23]　光盘存储原理及相关标准[EB/OL]. http://www.1sao.cn.

[24]　浅谈闪盘的选购与维护[EB/OL]. http://www.hackhome.com/InfoView/Article_87451.html.

[25]　激光打印机工作原理[EB/OL]. HP 中国打印与成像专业技术中心.htm.

[26]　激光打印机通用参数详解[EB/OL]. http://bbs.oczone.cn/thread-4904-1-1.html.

[27]　理性成本分析 原装硒鼓选购指南篇[EB/OL]. http://www.21tx.com/oa/2004/09/29/11482.html.

[28]　光电鼠标基础知识浅解[EB/OL]. http://www.highdiy.com/html/misc/product/304_1.shtml.

[29]　用这么高的 DPI 你需要吗——鼠标光学引擎详解[EB/OL]. http://diy.yesky.com/input/114/2511614_1.shtml.

[30]　IT168 术语解释-鼠标术语详解-接口类型[EB/OL]. http://publish.it168.com/cword/2196.shtml.

[31]　轻舞飞扬的金手指——鼠标与键盘的世界（五）键盘篇[EB/OL]. http://www.peripc.com/news/000000043U1.asp.

［32］ 张雪峰,李荣源,袁海文. 一种用 N+1 个 I/O 口实现的 N×N 矩阵式键盘［EB/OL］. http://www.laogu.com/wz_4808.htm.

［33］ 程序员趣味读物：谈谈 Unicode 编码［EB/OL］. http://tech.163.com/05/0516/10/1JS9KEGA00091589_2.html.

［34］ BIOS 与 CMOS 的区别［EB/OL］. http://club.beareyes.com.cn/blog/? action-viewthread-tid-7650.

［35］ bash 编程［EB/OL］. http://thns.tsinghua.edu.cn/jsj00002/unix2.htm.

［36］ Ellie Quigley. UNIX Shell 范例精解［M］. 刘洪涛,译. 北京：清华大学出版社,2004.

［37］ Bash 和 Bash 脚本［EB/OL］. http://xiaowang.net/bgb-cn/ch01s03.html.

［38］ Shell 编程基础［EB/OL］. http://www.unix-center.net/bbs/viewthread.php? tid=2165&extra=page%3D1.

［39］ bash 入门基础［EB/OL］. http://fanqiang.chinaunix.net/a4/b1/20010416/113830.html.

［40］ shell 的算术运算［EB/OL］. http://linux.tnc.edu.tw/techdoc/shell/c860.html.

［41］ kurose J F, ross K W. 计算机网络：自顶向下方法(原书第 8 版)［M］. 陈鸣,译. 北京：机械工业出版社,2022.

［42］ Tanenbaum A S,wetherall D J.计算机网络［M］. 严伟,潘爱民,译. 5 版.北京：清华大学出版社，2012.

［43］ SMTP 协议［EB/OL］. http://www.vanemery.com/Protocols/SMTP/smtp.html.

［44］ SMTP 协议［EB/OL］. http://www.trilug.org/~jonc/mailserver/PartI.html.

［45］ 互联网地址［EB/OL］. http://edu.cn/20051121/3161915.shtml.

［46］ 大型机学习之初步了解——什么是大型机［EB/OL］. tag.csdn.net/Article/5fea4f47-3e34-40e7-96db-5d6913403432.html.

［47］ 朱颖. 廉颇虽老尚能饭：大型机仍有生命力［EB/OL］. http://www.pconline.com.cn/servers/news/0602/761712.html.

［48］ 什么是小型机？概念与特点及其技术发展趋势［EB/OL］. www.cbismb.com/articlehtml/52748.htm.

［49］ CPU 体系结构 CISC 与 RISC 之争［EB/OL］. zih.it.com.cn/articles/83563.htm.

［50］ 曙光第二代小型机［EB/OL］. http://www.dawning.com.cn/prolist.asp? class=46&iclass=46.

［51］ 精简指令集［EB/OL］. http://wiki.ccw.com.cn/精简指令集.

［52］ 计算机集群技术概述［EB/OL］. http://www-900.ibm.com/cn/support/nav/200201/p56.shtml.

［53］ 宋小光. 教育城域网数据中心的硬件环境建设［J］. 教育信息化,2004，9：14-15.

［54］ 李蔚泽.Linux 架站与网管［M］. 北京：机械工业出版社,2006.

［55］ 唐红亮,陶秀,彭育斌. 计算机机房管理教程［M］. 北京：电子工业出版社,2006.

［56］ 方刚,于晓宝. 计算机机房管理［M］. 北京：清华大学出版社,2005.

［57］ 网管员世界. 扫除机房灰尘劲敌 延长服务器使用寿命［EB/OL］. http://www.ccw.com.cn/server/yyjq/htm2007/20070620_274754.shtml.

［58］ 机房系统［EB/OL］. http://www.tycomputer.com/jszc.htm.

［59］ 什么是全面的机房建设解决方案(2). http://www.365master.com.

［60］ 潘京. 企业信息中心机房供配电系统［J］. 工程建设与设计,2004，3：37-40.

［61］ 周健. 浅析机房供配电系统各项规范要求［J］. 华南金融电脑,2006，10：96-97.

［62］ 李晋汾. 关于计算机房工程电气设计的探讨［J］. 山西农机,2002，3：26-27.

［63］ 王森,高洪军. 浅析计算机房的环境［J］. 计算机与农业,2000，11：13-14.

［64］ 刘万松. 有线电视中心机房的静电防护［J］. 中国有线电视,2003,9：23-25.

［65］ 赵旭东. 雷电对计算机网络的危害及其预防［EB/OL］. http://www.cra-ccua.com.cn/article/articledetail.asp?id=79.

［66］ 鲍岳建. 浅谈防直击雷接闪器与防雷电感应的关系［EB/OL］. http://www.cma-lpinfo.org：81/servlet/Node? Node＝5857.

［67］ 罗兵. 机房的电磁干扰及屏蔽［J］. 科技信息,2006,7：30-32.

［68］ 梁春廷. 浅析机房中的电磁干扰问题［J］. 导弹试验技术,2003(3)：14-16.

［69］ UPS技术综述［EB/OL］. http://publish.it168.com/2002/0409/20020409004101.shtml.

［70］ 前端UPS电源设计与维护［EB/OL］. http://publish.it168.com/2004/0413/20040413007501.shtml.

［71］ 冯志强. 计算机机房热负荷计算［EB/OL］. www.5k5k.net/air/air1/air_13458.shtml.

［72］ 机房专用空调与民用空调技术差异的对决［EB/OL］. www.ktcn.cn.

［73］ David Gallardo. Eclipse 平台入门［EB/OL］. http://www. ibm. com/developerworks/cn/linux/opensource/os-ecov/.

图书资源支持

感谢您一直以来对清华版图书的支持和爱护。为了配合本书的使用，本书提供配套的资源，有需求的读者请扫描下方的"书圈"微信公众号二维码，在图书专区下载，也可以拨打电话或发送电子邮件咨询。

如果您在使用本书的过程中遇到了什么问题，或者有相关图书出版计划，也请您发邮件告诉我们，以便我们更好地为您服务。

我们的联系方式：

清华大学出版社计算机与信息分社网站：https://www.shuimushuhui.com/

地　　址：北京市海淀区双清路学研大厦 A 座 714

邮　　编：100084

电　　话：010-83470236　010-83470237

客服邮箱：2301891038@qq.com

QQ：2301891038（请写明您的单位和姓名）

资源下载： 关注公众号"书圈"下载配套资源。

资源下载、样书申请

图书案例

书圈

清华计算机学堂

观看课程直播